高等学校土建类专业信息化系列教材

建筑工程制图

主　编　张逯见　杨连水　孙　红

副主编　党杨梅　赵子斌　张爱丽

　　　　王新彦

参　编　赵丽平　管振华　张　奇

　　　　刘苗苗　靳　晶

西安电子科技大学出版社

内 容 简 介

本书包括画法几何、制图基础和专业制图三部分内容，具体分为 10 章：绪论，制图基本知识，投影的基本知识和点、直线、平面投影，平面建筑形体的投影，曲面建筑形体的投影，轴测投影图，标高投影，建筑施工图，结构施工图，设备工程图，道路桥涵施工图。本书在编写时围绕建筑企业生产一线的需求，尝试将多方面知识融会贯通，注重知识层次的递进，同时加强了理论与实践的结合。

本书内容涵盖面广，可作为高等院校土建相关专业的教材，也可供建筑工程技术人员学习使用。

图书在版编目(CIP)数据

建筑工程制图 / 张逯见，杨连水，孙红主编. —西安：西安电子科技大学出版社，2021.10
ISBN 978–7–5606–6174–2

Ⅰ. ①建… Ⅱ. ①张… ②杨… ③孙… Ⅲ. ①建筑制图 Ⅳ. ①TU204

中国版本图书馆 CIP 数据核字(2021)第 155297 号

策划编辑 李鹏飞
责任编辑 孙美菊 李鹏飞
出版发行 西安电子科技大学出版社(西安市太白南路 2 号)
电　　话 (029)88202421 88201467　　邮　　编 710071
网　　址 www.xduph.com　　电子邮箱 xdupfxb001@163.com
经　　销 新华书店
印刷单位 陕西精工印务有限公司
版　　次 2021 年 10 月第 1 版 2021 年 10 月第 1 次印刷
开　　本 787 毫米×1092 毫米 1/16 印张 13.5
字　　数 319 千字
印　　数 1～3000 册
定　　价 39.00 元
ISBN 978–7–5606–6174–2 / TU
XDUP 6476001–1

前　言

“建筑工程制图”是建筑类专业的一门实践性很强的专业基础课，其教材编写的目标要围绕建筑企业一线工作需求，着力提高学生的职业技能和技术服务能力，以适应企业的需求。因此，本书在教学内容和编写风格上着力突出以下特点：

(1) 以应用为目的，以必需、够用为原则，精简画法几何的内容，增加专业施工图的内容。在有限的时间内把最需要的知识和技能传授给学生，同时也便于学生抓住重点、提高学习效率。本书配有单独成册的习题集(《建筑工程制图习题集》，张逯见主编)，其中有形式多样的练习题目，力求达到学得容易、教得轻松的目的。

(2) 注重扩大学生的知识面，培养学生的自学能力。通过本书的学习，学生可明确知识的重点、难点和疑点，开阔解决问题的思路，从而培养思维能力。

(3) 注重与工程实际密切结合。本书的专业图例来源于工程实际，并附实际施工图，以供进行实训时使用，便于学生理论联系实际，有利于提高学生识读施工图的能力。

(4) 贯彻新的国家制图标准。本书力求严谨、规范，叙述准确，通俗易懂。

本书视角新，思想新，减少了部分制图内容，强化识图的重要性，希望通过训练、强化来提高学生的识图能力。

张逯见、杨连水、孙红担任本书主编，党杨梅、赵子斌、张爱丽、王新彦担任副主编。其中，张逯见编写第 1 章、第 7 章；杨连水编写第 2 章、第 10 章；孙红编写第 3 章、第 4 章；党杨梅、赵子斌编写第 5 章、第 6 章；张爱丽编写绪论、第 8 章；王新彦编写第 9 章。全书由张逯见策划并统稿，赵丽平、管振华、张奇、刘苗苗、靳晶参与了有关材料的收集和整理。

本书在编写过程中得到了不少相关专业人士的指导和帮助，并吸收了学术界的研究成果，参考了有关资料，在此一并表示感谢。

由于编者水平有限，书中的不当之处恳请读者批评指正。

编　者

2021 年 7 月

前言

目　　录

绪　论

一、本课程的学习目的

工程图样被喻为“工程技术界的语言”。在工程项目中可以借助一系列图样，将建筑物的艺术造型、外表形状、内部布置、结构构造、各种设备、地理环境以及其他施工要求等准确而详尽地表达出来，作为施工的重要依据。

土木建筑工程(包括房屋、给水排水、道路与桥梁等各专业的工程)建设都是首先进行设计，绘制图样，然后按图施工。工程图不仅是工程界的共同语言，也是一种国际性语言，各国的工程图纸都是根据统一的投影理论绘制出来的。各国的工程界人士经常以工程图为媒介，讨论问题，交流经验，引进技术，改革技术。总之，凡是从事建筑工程的设计、施工、管理的技术人员都离不开图纸。没有图纸，就没有任何工程建设。

因此，在高等学校土木建筑工程各专业的教学中，都设置了建筑工程制图这门主干技术基础课。学生学习这门课程可以提高自身的绘图和读图能力，为后续的课程学习、生产实习、课程设计和毕业设计打下基础。

二、本课程的学习任务

建筑工程制图课程的主要学习任务是：

(1) 学习投影法的基本理论和方法。

(2) 培养空间想象能力和图解分析能力。

(3) 学习、贯彻工程制图的国家标准，培养绘制和阅读专业工程图样的基本能力。

三、本课程的学习内容

(1) 制图的基本知识。制图的基本知识包括国家标准规定的基本制图规格、使用绘图工具和仪器的方法及绘图技能。

(2) 投影原理。这部分内容包括用正投影法表达空间几何形体的基本理论和方法，以及图解空间几何问题的基本方法。

(3) 投影图的绘制。通过投影制图的学习，了解和贯彻制图标准中有关符号、图样画法、尺寸标注等的规定，掌握物体的投影图画法、尺寸注法和读法，并初步掌握轴测图的基本概念和画法。

(4) 建筑工程图样的图示特点和表达方法。通过对建筑工程图样的图示特点和表达方法的学习，了解并掌握建筑制图国家标准中符号、图样画法、尺寸标注等的有关规定，初步具备绘制和识读建筑平、立、剖面图和钢筋混凝土结构(如梁、板、柱)图样的能力。

(5) 道、桥工程图图示内容与表达方法。通过对道、桥工程图样图示内容的组成和表达方法的学习，初步具备道、桥施工图的阅读能力。

四、本课程的学习方法

制图是一门实践性较强的课程，在学习过程中，自始至终都要重视对每一个基本概念、投影规律和基本作图方法的理解和掌握，只有学懂前面的知识，后面的知识学习起来才能顺利。在学习投影的基本原理时，要注意其系统性和连续性。在学习时，也要注意进行空间分析，要弄清把空间关系转化为平面图形的投影规律以及在平面上作图的方法和步骤。

建筑工程图纸是施工的主要依据，图纸上一条线的疏忽或一个数字的差错往往会造成严重的浪费甚至返工。因此，一开始学习制图就要养成认真负责、一丝不苟的习惯。

第一章　制图基本知识

第一节　建筑制图标准

一、图纸幅面、标题栏和会签栏

1. 图纸幅面

图纸的幅面是指图纸尺寸规格的大小，简称图幅。图框是指图纸上绘图范围的界线。图纸的幅面及图框尺寸应符合表 1-1 的规定。若图纸的幅面不够，可对图纸的长边进行加长，短边不得加长。图纸长边加长后的尺寸应符合《房屋建筑制图统一标准》(GB/T 50001—2017)。

表 1-1　幅面及图框尺寸

尺寸代号	幅面代号				
	A0	A1	A2	A3	A4
$(b \times l)$/(mm × mm)	841 × 1 189	594 × 841	420 × 594	297 × 420	210 × 297
a/mm	25				
c/mm	10			5	

图纸以短边作为垂直边称为横式，如图 1-1(a)、(b)、(c)所示；以短边作为水平边称为立式，如图 1-1(d)、(e)、(f)所示。一般 A0～A3 图纸宜横式使用，必要时也可立式使用，而 A4 图纸只能立式使用。

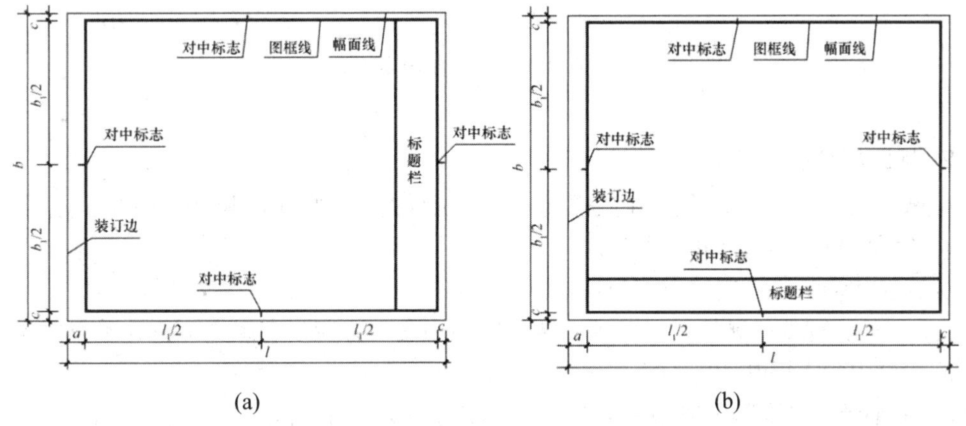

(a)　　(b)

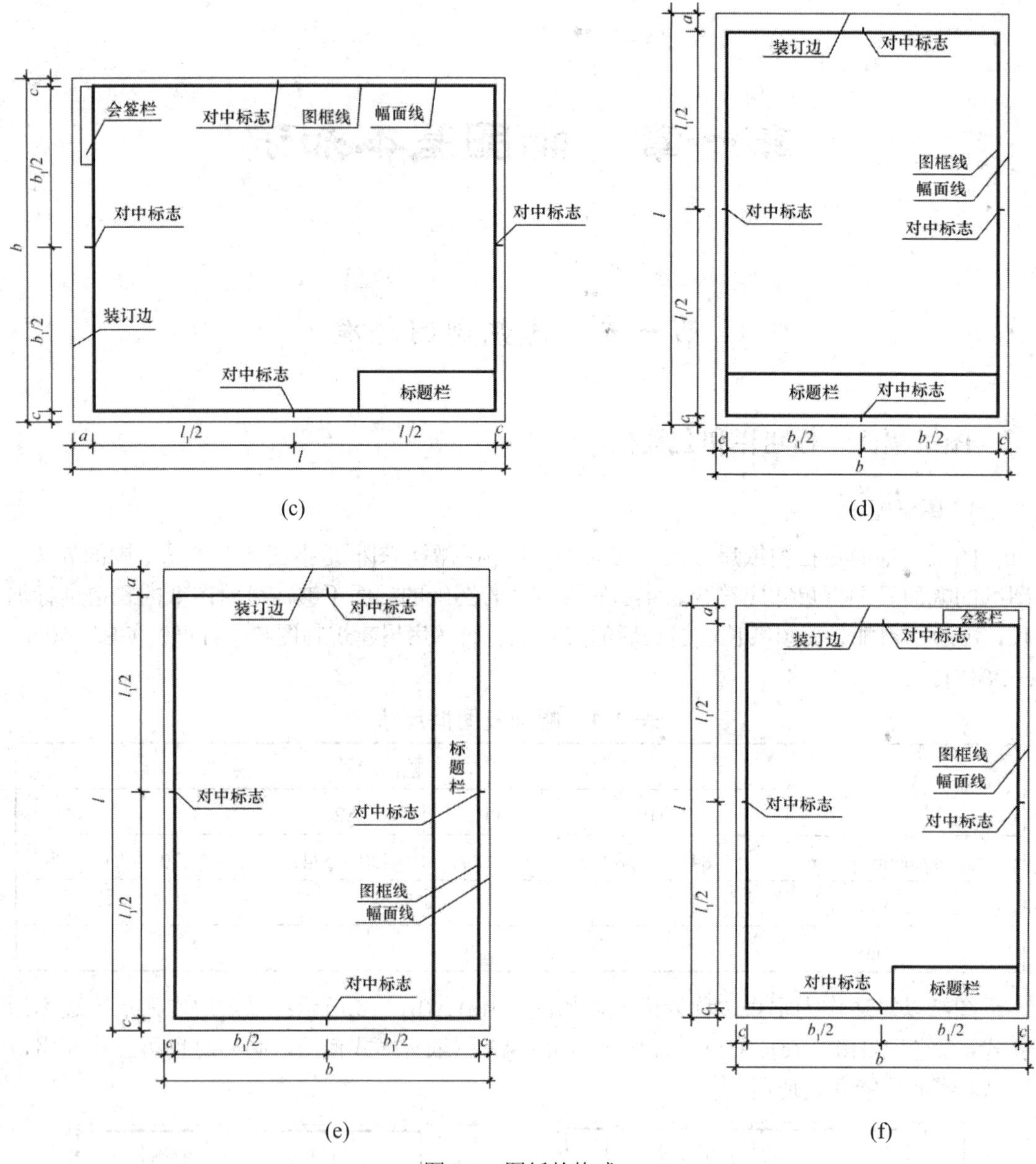

图 1-1 图纸的格式

2. 标题栏和会签栏

标题栏应符合图 1-2、图 1-3 的规定，根据工程的需要确定其尺寸、格式及分区。

会签栏应包括实名列和签名列。

标题栏和会签栏还应符合下列规定：

(1) 涉外工程的标题栏内，各项主要内容的中文下方应附有译文，设计单位的上方或左方应加“中华人民共和国”字样。

(2) 在计算机制图文件中使用电子签名与认证时，应符合国家有关电子签名法的规定。

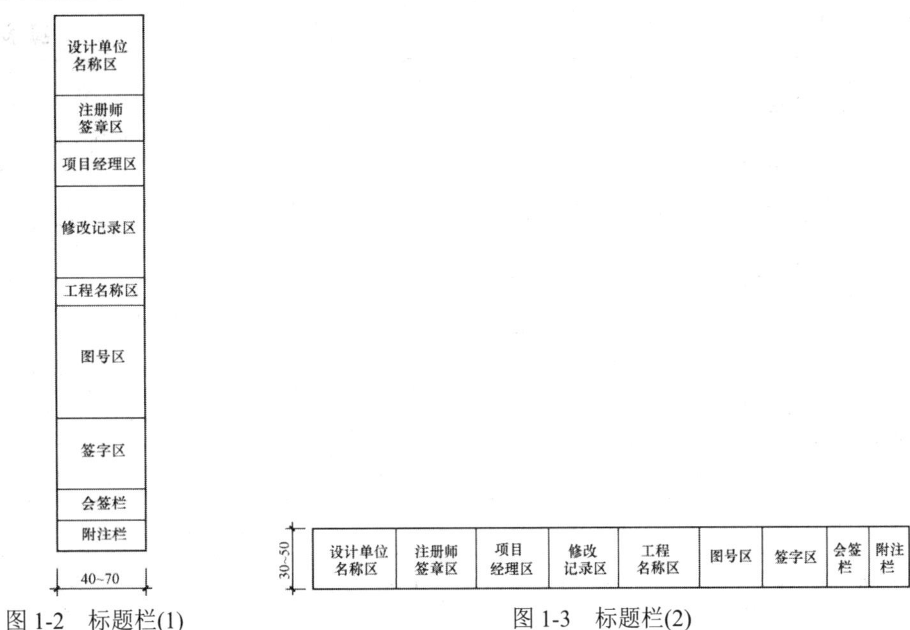

图 1-2　标题栏(1)　　图 1-3　标题栏(2)

二、图线

1. 线宽

每个图样应根据其复杂程度与比例大小，先选定基本线宽 *b*，再选用相应的线宽组。表 1-2 中的线宽 *b* 应根据图形复杂程度和比例大小确定。常见线宽 *b* 的值为 0.13、0.18、0.25、0.35、0.5、0.7、1.0、1.4 mm。

当选定基本线宽 *b* 之后，中粗线线宽为 0.7*b*，中线线宽为 0.5*b*，细线线宽为 0.25*b*。这样一种粗、中粗、中、细线的宽度组称为线宽组。画图时，在同一张图纸内，采用比例一致的图样时应采用相同的线宽组。

表 1-2　图框线、标题栏线的宽度

幅面代号	图框线	标题栏外框线	标题栏分格线
A0、A1	*b*	0.5*b*	0.25*b*
A2、A3、A4	*b*	0.7*b*	0.35*b*

2. 线型

建筑工程制图采用的各种图线的线型、宽度及用途应符合表 1-3 的规定。

表 1-3　各种图线的线型、宽度及用途

名　称		线　型	线　宽	一 般 用 途
实线	粗	——	*b*	主要可见轮廓线
	中粗	——	0.7*b*	可见轮廓线、变更云线
	中	——	0.5*b*	可见轮廓线、尺寸线
	细	——	0.25*b*	图例填充线、家具线

续表

名 称		线 型	线 宽	一 般 用 途
虚线	粗		b	见各有关专业制图标准
	中粗		$0.7b$	不可见轮廓线
	中		$0.5b$	不可见轮廓线、图例线
	细		$0.25b$	图例填充线、家具线
单点画线(点画线)	粗		b	见各有关专业制图标准
	中		$0.5b$	见各有关专业制图标准
	细		$0.25b$	中心线、对称线、轴线等
双点长画线	粗		b	见各有关专业制图标准
	中		$0.5b$	见各有关专业制图标准
	细		$0.25b$	假想轮廓线、成型前原始轮廓线
波浪线			$0.25b$	断开界线
折断线			$0.25b$	断开界线

3. 图线的画法

(1) 在同一张图纸内，相同比例的图样应采用相同的线宽组。

(2) 互相平行的图线，其间隙不宜小于其中的粗线宽度且不得小于 0.7 mm。

(3) 虚线、单点画线或双点画线的线段长度和间隔宜各自相等。

(4) 单点画线或双点画线的两端应是线段，而不是点，虚线与虚线、单点画线与单点画线或者单点画线与其他图线相交时应是线段相交；虚线与实线交接时，当虚线在实线的延长线方向时，不得与实线连接，应留有一段间距。

(5) 在较小图形的绘制中，绘制单点画线或者双点画线困难时，可用实线代替。

(6) 图线不得与文字、数字和符号重叠、混淆，不可避免时，应首先保证文字等清晰。

各种图线的正误画法示例见表 1-4。

表 1-4 各种图线的正误画法示例

图线	正 确	错 误	说 明
虚线与点画线	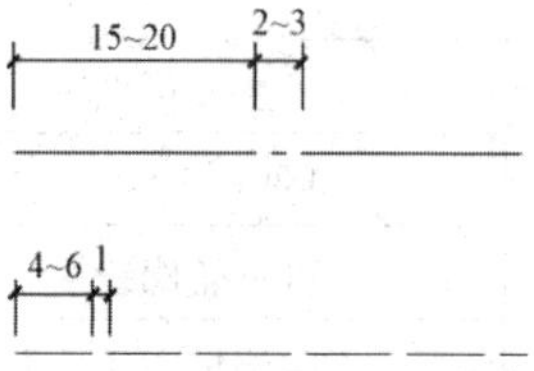 15~20 2~3 4~6 1	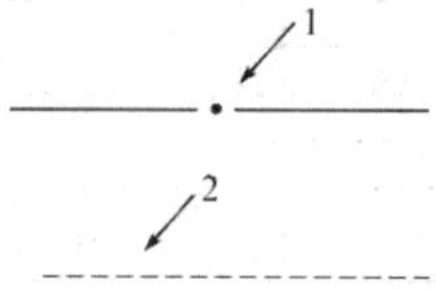 1 2	1. 点画线的线段长度通常画 15～20 mm，空隙与点共 2～3 mm。点常常画成很短的短画，而不是画成小圆黑点。 2. 虚线的线段长度通常画成 4～6 mm，间隙约为 1 mm。不要画得太短、太密

续表

图线	正　确	错　误	说　明
圆的中心线	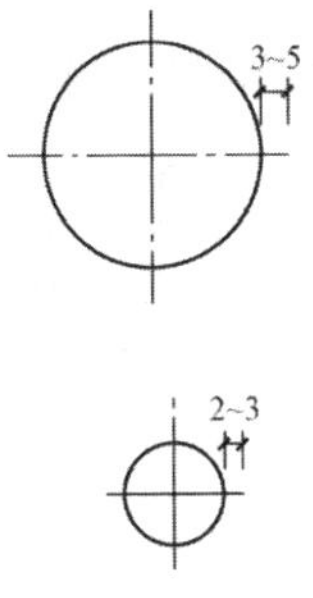	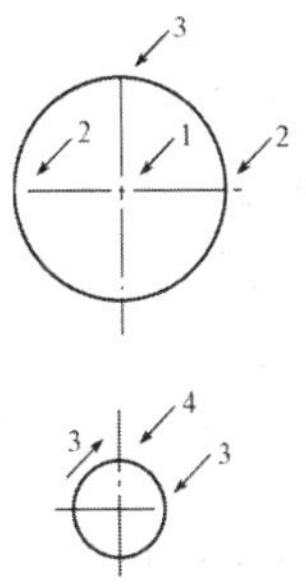	1. 两点画线相交，应在线段处相交，点画线与其他图线相交，也在线段处相交。 2. 点画线的起始和终止处必须是线段，不是点。 3. 点画线应出头 3～5 mm。 4. 点画线很短时，可用细实线代替点画线
图线的交接线	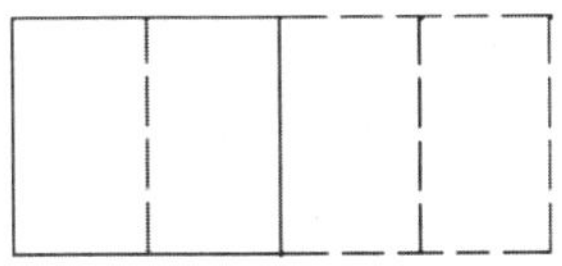	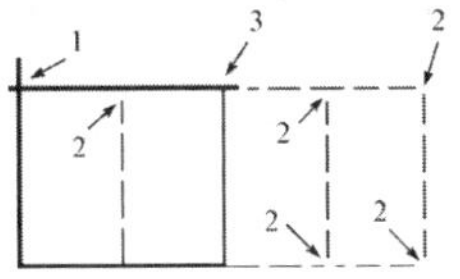	1. 两粗实线相交，应画到交点处，线段两端不出头。 2. 两虚线或虚线与实线相交，应线段相交，不要留空隙。 3. 虚线是实线的延长线时，应留有空隙
折断线与波浪线	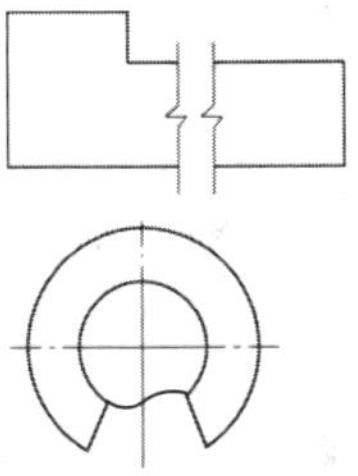	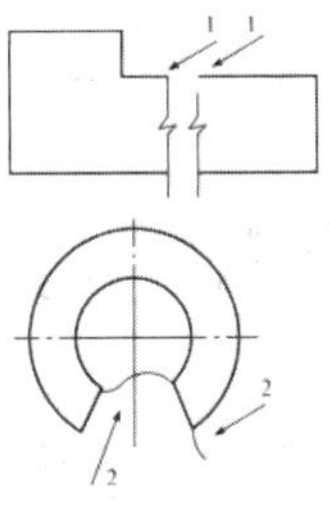	1. 折断线两端应分别超出图形轮廓线。 2. 波浪线画到轮廓线为止，不要超出图形轮廓线

三、字体

工程图样上的各种字，如汉字、数字、字母等，必须字体端正，笔画清楚，排列整齐，间隔均匀，以保证图样的规范性和通用性，避免发生错误而造成工程损失。字的号数即为字体的高度 h，应从 3.5、5、7、10、14、20 mm 中选用。字的高宽之比为 $\sqrt{2}$ ：1，字距为字高的 1/4。汉字的字高应不小于 3.5 mm。

1. 汉字

图样中的汉字应采用国家正式公布的简化字，并用长仿宋体字书写。长仿宋体字有 8 个基本笔画，即点、横、竖、撇、捺、挑、折和钩，如图 1-4 所示。

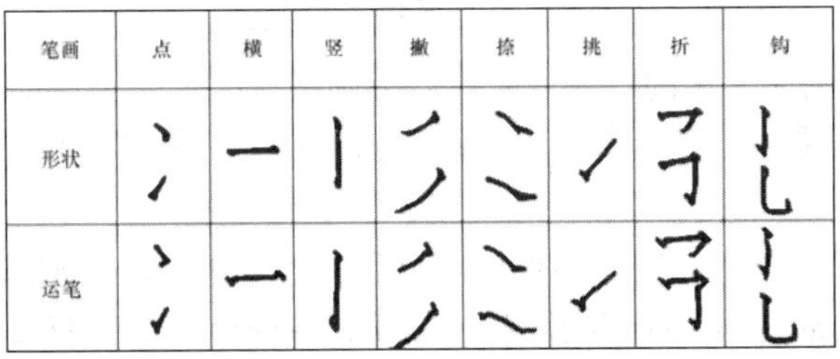

笔画	点	横	竖	撇	捺	挑	折	钩
形状								
运笔								

图 1-4　长仿宋体字的基本笔画

长仿宋体字有 7 种规格，即 20 号、14 号、10 号、7 号、5 号、3.5 号及 2.5 号。每种规格的号数均指其字体的高度，以 mm 为单位。而字宽与高度之比为 2∶3，其中 2.5 号字不宜手写。

长仿宋体字的书写要领是横平竖直、笔端作锋、充满方格和结构匀称，如图 1-5 所示。

建 筑 施 工 图 平 立 剖 面 房 屋

字体工整 笔画清楚 间隔均匀 排列整齐

横平竖直注意起落结构均匀填满方格

技术制图机械电子汽车船舶土木建筑矿山井坑港口

图 1-5　长仿宋体字示例

2. 数字和字母

数字和字母(包括阿拉伯数字和罗马数字)有正体和斜体两种，如图 1-6 和图 1-7 所示。

A B C D E F G H J K L

M N P Q R S T U V W X Y

0 1 2 3 4 5 6 7 8 9

图 1-6　正体字示例

A B C D E F G H J K L

M N P Q R S T U V W X Y

0 1 2 3 4 5 6 7 8 9

图 1-7　斜体字示例

若写成斜体字，则应从字的底线逆时针向上倾斜 75°，斜体字的高度与宽度和正体字相等。书写数字和字母时，字高不应小于 2.5 mm。在同一张图样上，只能选用一种形式的字体。

拉丁字母 I、O、Z 不宜在图样中使用，以防和数字 1、0、2 混淆。

对图样中有关数量的书写应采用阿拉伯数字，各种计量单位应按国家颁布的单位符号的相关标准书写。

四、比例和图例

图样的比例应为图形与实物相对应的线性尺寸之比。比例的大小就是指比值的大小，例如，1∶50 大于 1∶100。比例宜注写在图名的右侧，字的基准线应取水平方向；比例的字高宜比图名的字高小一号或者二号，图名下方应画一条粗实线，长度应与图名文字长度相同，如图 1-8 所示。

平面图 1:100

图 1-8　比例的书写

绘图时选用的比例，应根据图样的用途和所绘制对象的复杂程度从表 1-5 中选用。一般情况下，一个图样应选用一种比例。但有时根据专业制图的需要，同一图样也可选用两种比例。

表 1-5　绘图所用的比例

常用比例	1∶1、1∶2、1∶5、1∶10、1∶20、1∶30、1∶50、1∶100、1∶150、1∶200、1∶500、1∶1 000、1∶2 000
可用比例	1∶3、1∶4、1∶6、1∶15、1∶25、1∶40、1∶60、1∶80、1∶250、1∶300、1∶400、1∶600、1∶5 000、1∶10 000、1∶20 000、1∶50 000、1∶100 000、1∶200 000

五、常用的建筑材料图例

当建筑物或建筑配件被剖切时，通常应在图样中的断面轮廓线内画出建筑材料图例，表 1-6 中列出了《房屋建筑制图标准》(GB/T 50001—2017)中所规定的部分常用建筑材料图例，其余可查阅该标准。在《房屋建筑制图标准》(GB/T 50001—2017)中只规定了常用建筑材料图例的画法，对其尺度比例不做具体规定，绘图时可根据图样大小而定。

当选用《房屋建筑制图标准》(GB/T 50001—2017)中未包括的建筑材料时，可编图例，但不得与《房屋建筑制图标准》(GB/T 50001—2017)中所列的图例重复，应在适当位置画出该材料图例，并加以说明。

不同品种的同类材料使用同一图例时，应在图中附加必要的说明。

表 1-6　常用建筑材料图例

材料名称	图　例	说　　明
自然土壤		包括各种自然土壤
夯实土壤		
砂、灰土		
沙砾石、碎砖三合土	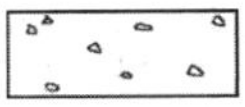	

续表

材料名称	图　例	说　　明
石材		
毛石		
实心砖、多孔砖		包括普通砖、多孔砖、混凝土砖等砌体
混凝土		1. 包括各种强度等级、集料、添加剂的混凝土。 2. 在剖面图上画钢筋时，不画图例线。 3. 断面图形较小，不易绘制表达图例线时，可填黑或深灰(灰度取 70%)
钢筋混凝土		
多孔材料		包括水泥珍珠岩、沥青珍珠岩、泡沫混凝土、软木、蛭石制品等
木材		1. 上图为横断面，上左图为垫木、木砖或木龙骨。 2. 下图为纵断面
金属		1. 包括各种金属。 2. 图形较小时，可填黑或涂灰(灰度取 70%)

六、尺寸标注

1. 尺寸的组成

图样上的尺寸应包括尺寸界线、尺寸线、尺寸起止符号和尺寸数字，如图 1-9 所示。

1) 尺寸界线

尺寸界线用来限定所标注尺寸的范围，应用细实线绘制，一般应与被标注长度垂直，其一端应离开图样轮廓线不小于 2 mm，另一端宜超出尺寸线 2～3 mm。必要时可用图样轮廓线、中心线和轴线作为尺寸界线，如图 1-10 所示。

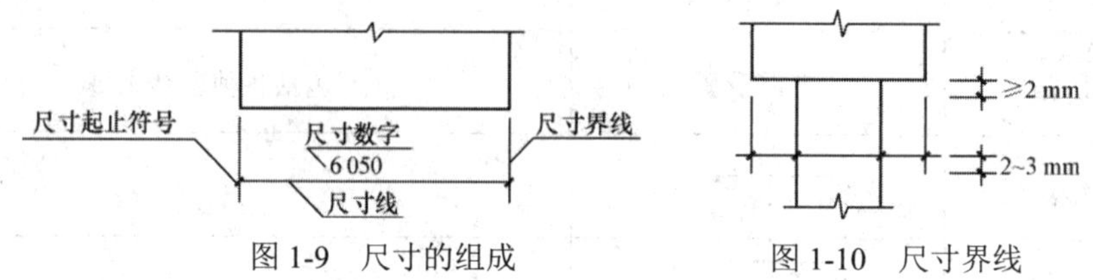

图 1-9　尺寸的组成　　　图 1-10　尺寸界线

2) 尺寸线

尺寸线用来表示尺寸的方向，用细实线绘制，并与被标注长度平行，与尺寸界线垂直相交，两端宜以尺寸界线为边界，也可超出尺寸界线 2～3 mm。互相平行的尺寸线应从被标注的图样轮廓线由近及远地整齐排列，细部尺寸应离轮廓线较近，总尺寸应离轮廓线较远。平行排列的尺寸线的间距为 7～10 mm。图样上的任何图线均不得用作尺寸线。

3) 尺寸起止符号

尺寸起止符号用来表示尺寸的起止，用中粗斜短线画在尺寸界线和尺寸线的相交处，其倾斜方向应与尺寸界线呈顺时针 45° 角，长度宜为 2～3 mm。

半径、直径、角度和弧长的尺寸起止符号宜用箭头表示，箭头宽度 b 不宜小于 1 mm，如图 1-11 所示。若相邻尺寸界线间隔太小，尺寸起止符号可用小圆点表示。

4) 尺寸数字

图样上的尺寸数字是建筑物的实际尺寸，与绘图所用的比例无关，因此不得从图上直接量取。图样上的尺寸单位除了标高和总平面图以米(m)为单位外，其余均必须以毫米(mm)为单位，图样上的尺寸数字不用书写单位。

尺寸数字的方向应按图 1-12(a)的规定注写，若尺寸数字在 30° 斜线区内，也可按图 1-12(b)的形式注写。

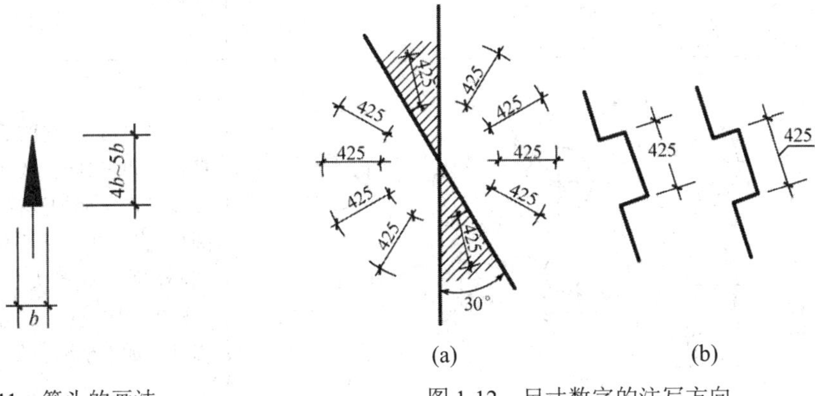

图 1-11　箭头的画法　　图 1-12　尺寸数字的注写方向

尺寸数字应依据其方向注写在靠近尺寸线的上方中部。如果没有足够的注写位置，最外边的尺寸数字可注写在尺寸界线的外侧，中间相邻的尺寸数字可上下错开注写或者用引出线引出进行标注，如图 1-13 所示。

尺寸宜标注在图样轮廓线的外侧，不宜与图线、文字和符号等相交，不可避免时应将尺寸数字处的图线断开，以保证尺寸数字的清晰，如图 1-14 所示。

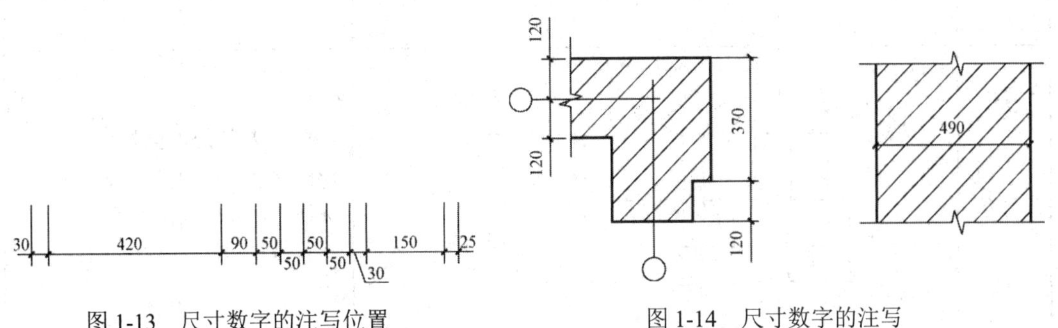

图 1-13　尺寸数字的注写位置　　图 1-14　尺寸数字的注写

2. 尺寸标注示例

尺寸标注的其他规定可参阅表 1-7 所示的示例。

表 1-7　尺寸标注示例

注写的内容	注 法 示 例	说 明
半径	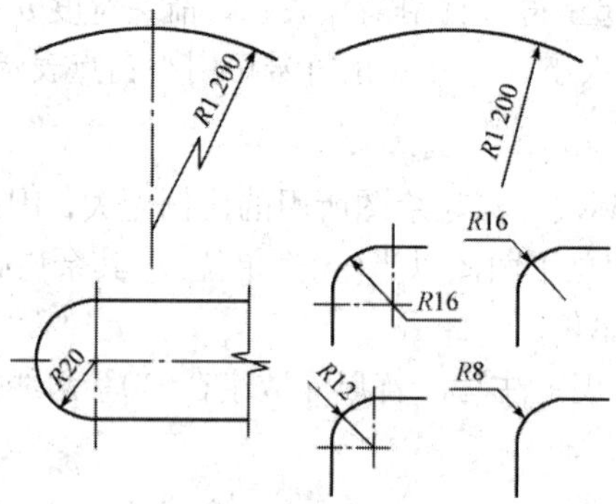 R1 200　R1 200　R16　R16　R20　R12　R8	半圆或小于半圆的圆弧应标注半径，如左下方的例图所示，标注半径的尺寸线应一端从圆心开始，另一端画箭头指向圆弧，半径数字前应加注符号“*R*”。 较大圆弧的半径可按上方两个例图的形式标注，较小圆弧的半径可按右下方四个例图的形式标注
直径	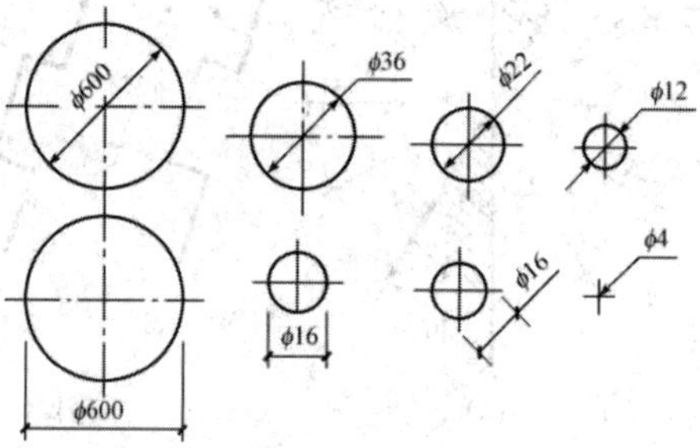 ϕ600　ϕ36　ϕ22　ϕ12　ϕ16　ϕ16　ϕ4　ϕ600	圆及大于半圆的圆弧应标注直径，如左侧两个例图所示，并在直径数字前加注符号“*ϕ*”，在圆内标注的直径尺寸线应通过圆心，两端画箭头指至圆弧。 较小圆的直径尺寸可标注在圆外，如右侧六个例图所示
薄板厚度	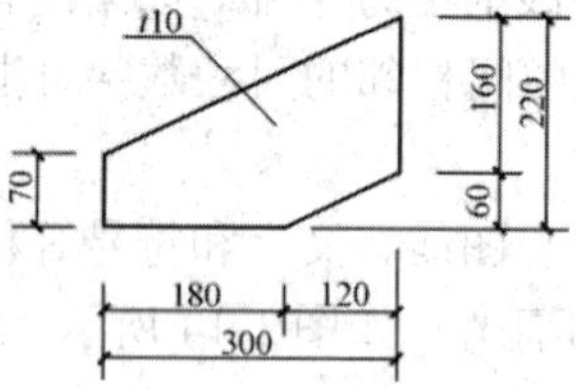 t10　70　160　220　60　180　120　300	应在厚度数字前加注符号“*t*”
正方形	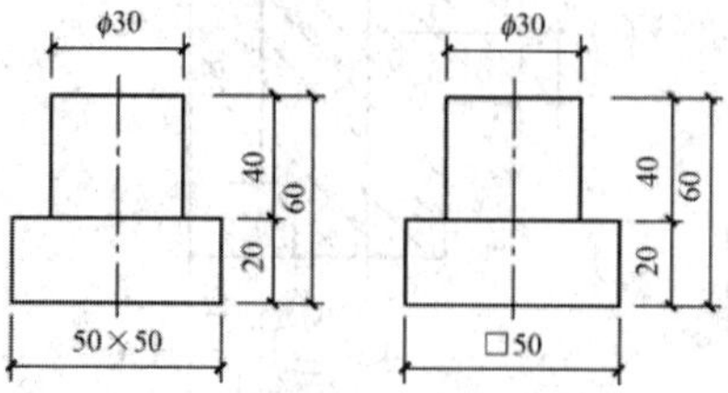 ϕ30　40　60　20　50×50　ϕ30　40　60　20　□50	在正方形的侧面标注该正方形的尺寸，可用“边长×边长”标注，也可在边长数字前加正方形符号“□”

续表

注写的内容	注法示例	说明
坡度	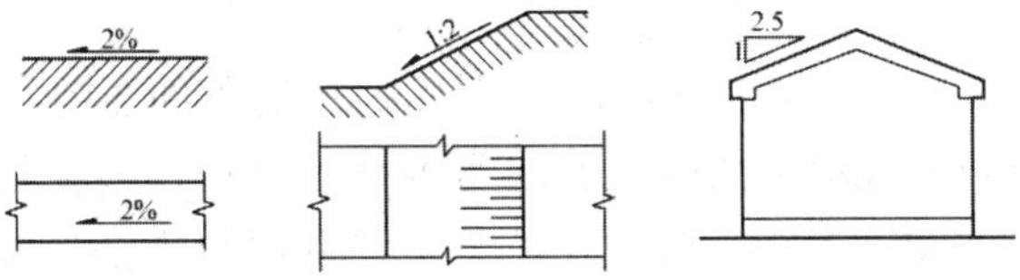 2%　2%　1:2　2.5　1	标注坡度时，在坡度数字下应加注坡度符号，坡度符号为单面箭头，一般指向下坡方向。 坡度也可用直角三角形形式标注，如右侧的例图所示。 图中在坡面高的一侧水平边上所画的垂直于水平边的长短相间的等距细实线称为示坡线，也可用它来表示坡面
角度、弧长与弦长	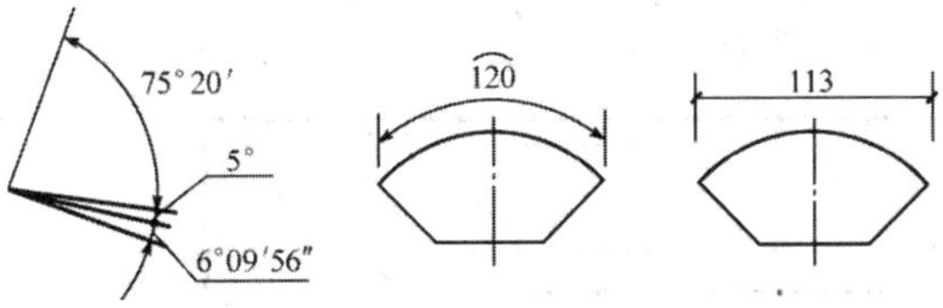 75°20′　5°　6°09′56″　$\frown{120}$　113	如左侧的例图所示，角度的尺寸线是圆弧，圆心是角顶，角边是尺寸界线。尺寸起止符号用箭头，如没有足够的位置画箭头，可用圆点代替。角度的数字应沿尺寸线方向注写。 如中间例图所示标注弧长时，尺寸线为同心圆弧，尺寸界线垂直于该圆弧的弦，起止符号用箭头，弧长数字上方加圆弧符号。 如右侧的例图所示，圆弧的弦长的尺寸线应平行于弦，尺寸界线垂直于弦
连续排列的等长尺寸	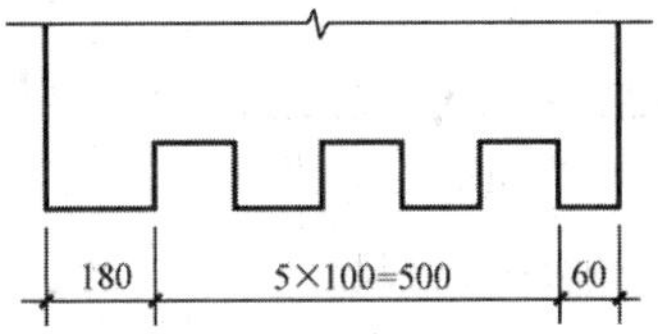 180　5×100=500　60	可用“个数 × 等长尺寸 = 总长”的形式标注
相同要素	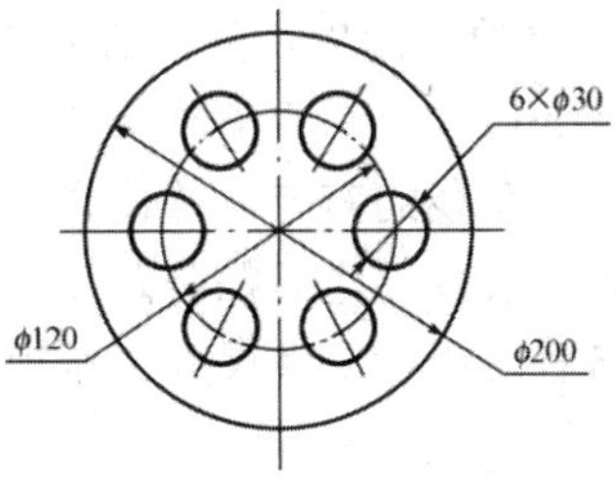 6×φ30　φ120　φ200	当构配件内的构造要素(如孔、槽等)相同时，可仅标注其中一个要素的尺寸及个数

第二节　制图工具及仪器的使用方法

一、制图工具

1. 图板

图板是指用来铺贴图纸及配合丁字尺、三角板等进行制图的平面工具。图板板面要平整，相邻边要平直，如图 1-15 所示。图板板面通常为椴木夹板，边框为水曲柳等硬木制作，其左面的硬木边为工作边(导边)，必须保持平直，以便与丁字尺配合画出水平线。图板常用的规格有 0 号(900 mm × 1 200 mm)图板、1 号(600 mm × 900 mm)图板、2 号(450 mm × 600 mm)图板，分别适用于相应图号的图纸。学习中，多用 1 号图板或 2 号图板。画图时不得把丁字尺头靠在图板的右边、下边或上边画线，也不得用丁字尺的下边画线。

2. 丁字尺

丁字尺由相互垂直的尺头和尺身构成，尺头的内侧边缘和尺身的工作边必须平直光滑。丁字尺是用来画水平线的。画线时左手把住尺头，使它始终贴住图板左边，然后上下推动，直至丁字尺工作边对准要画线的地方，再从左至右画出水平线，如图 1-15 所示。

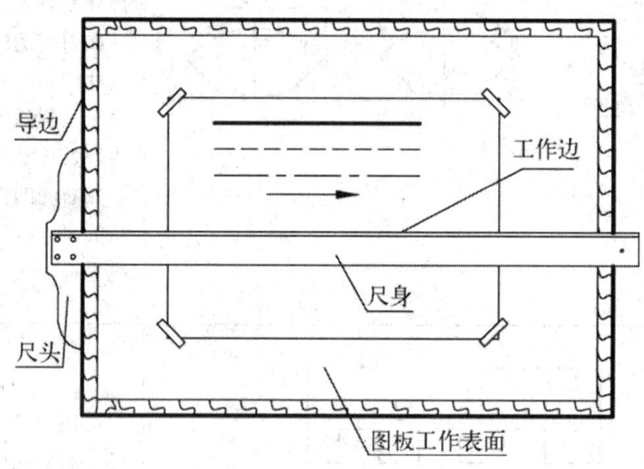

图 1-15　图板和丁字尺

3. 三角板

一副三角板有两块，一块为 30°、60°直角三角板，另一块为 45°等腰直角三角板。三角板与丁字尺配合使用可以画出竖直线或 30°、45°、60°、15°、75°等的倾斜线。画线时先把丁字尺推到线的下方，将三角板放在线的右方，并使它的一条直角边靠贴在丁字尺的工作边上，然后移动三角板，直至另一条直角边靠贴竖直线；再用左手轻轻按住丁字尺和三角板，右手持铅笔，自下而上画出竖直线。丁字尺与三角板配合的画线方法如图 1-16 所示。

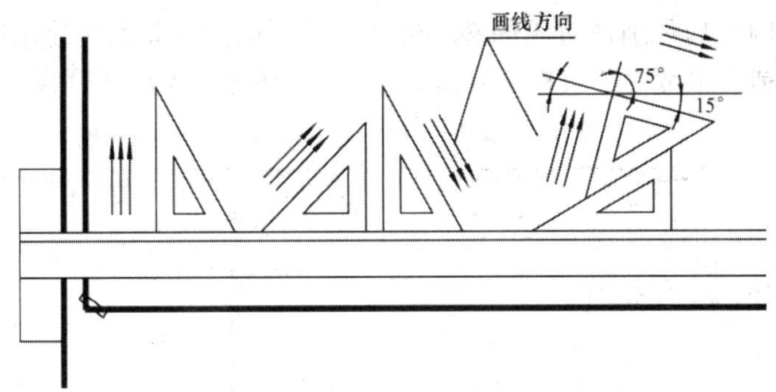

图 1-16　丁字尺与三角板配合的画线方法

4. 比例尺

比例尺是直接用来放大或缩小图线长度的度量工具。直尺上刻有不同的比例，绘图时不必通过计算，可直接用它在图纸上量取物体的实际尺寸。目前，常用的比例尺是在三个棱面上刻有六种比例的三棱尺，如图 1-17 所示。尺上刻度所注数字的单位为米(m)。比例尺只能用来量度尺寸，不能用来画线。常用比例尺有以下两种：

(1) 百分比例尺：1∶100、1∶200、1∶250、1∶300、1∶400、1∶500。

(2) 千分比例尺：1∶1 000、1∶1 250、1∶1 500、1∶2 000、1∶2 500、1∶5 000。

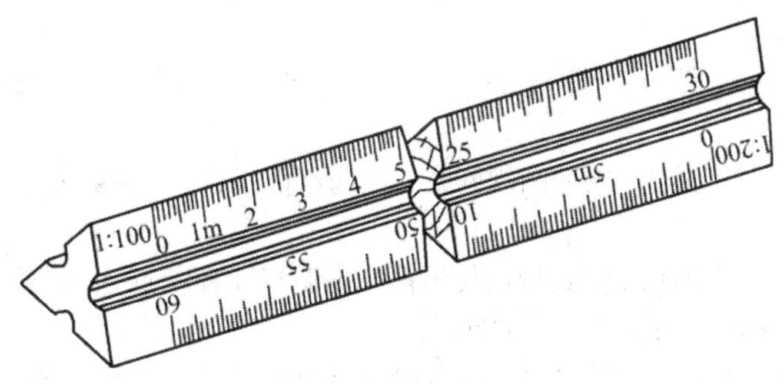

图 1-17　比例尺

5. 曲线板

曲线板是用来画非圆曲线的，其使用方法如图 1-18 所示。绘制曲线时，首先按相应作图法作出曲线上一些点，再用铅笔徒手把各点依次连成曲线，然后找出曲线板上与曲线相吻合的一段，画出该段曲线，接着同样找出下一段。注意前后两段应有一小段重合，曲线才显得光滑。依次类推，直至画完全部曲线。

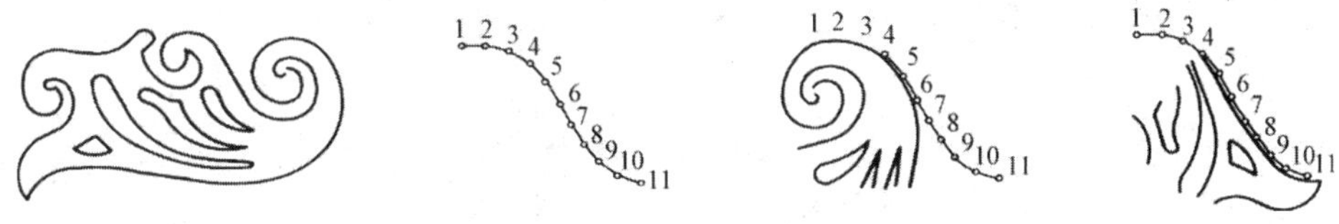

图 1-18　曲线板及其用法

6. 制图模板

在手工制图条件下，为了提高制图的质量和速度，人们把建筑工程专业图上的常用符号、图例和比例尺均刻画在透明的塑料薄板上，制成供专业人员使用的尺子，也就是制图模板。建筑制图中常用的模板有建筑模板、结构模板、给水排水模板等。图 1-19 所示为建筑模板。

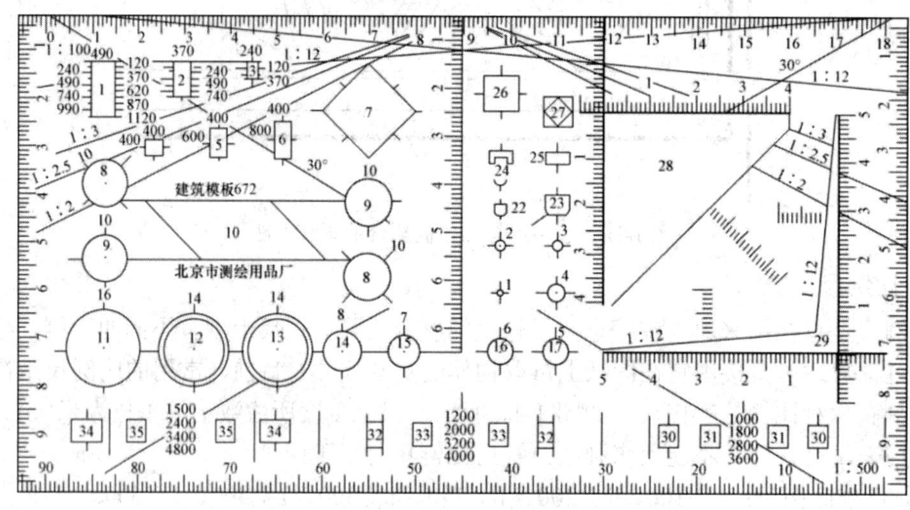

图 1-19　建筑模板

二、制图仪器

1. 圆规

画较大半径圆或圆弧时，应使圆规两腿大致与纸面垂直。当画更大半径的圆或圆弧时，应使用接长杆。

圆规是画圆或圆弧的仪器。圆规在使用前应先调整针脚，使针尖略长于铅芯(或墨线笔头)；铅芯应磨削成 65° 的斜面，斜面向外。

画圆或圆弧时，可由左手食指来帮助圆规针尖扎准圆心，调整两脚距离，使其等于半径长度。画图时应从圆的中心线开始，顺时针转动圆规，同时使圆规朝前进方向稍微倾斜。圆和圆弧应一次画完。圆规的使用方法如图 1-20 所示。

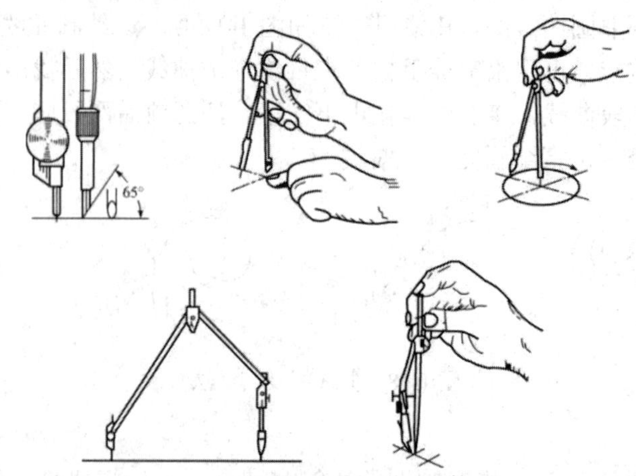

图 1-20　圆规及其使用方法

2. 分规

分规与圆规相似，只是两条腿都装了圆锥状的钢针，两只钢针必须等长，既可用于量取线段的长度，又可等分线段和圆弧，如图 1-21 所示。分规的两针合拢时应对齐，叶片外侧不允许沾上墨水，每次的加墨量以不超过 6 mm 高度为宜。上墨描图后，应将墨线笔内残存的墨水拭去。

3. 墨线笔

墨线笔又称鸭嘴笔或直线笔，是描图上墨的工具，如图 1-22 所示。墨线笔笔尖上的螺母是用来调节两叶片间距离的，从而控制墨线的宽度。加墨时，应在图纸范围外进行，用小钢笔或吸管将墨水注入两叶片之间。

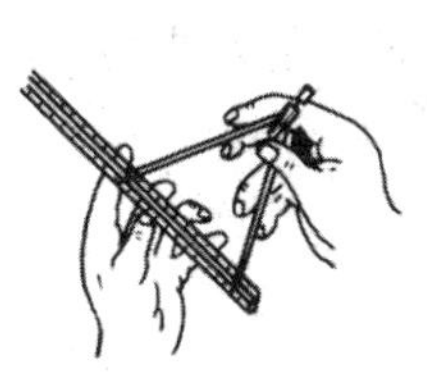

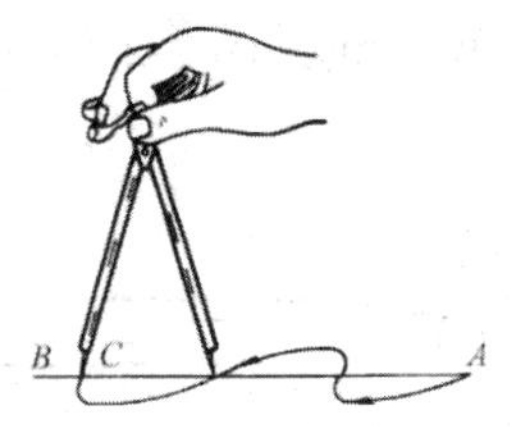

图 1-21 分规的使用方法

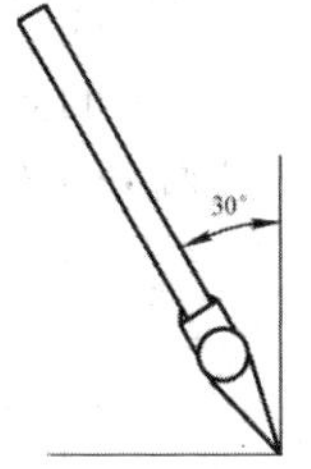

图 1-22 墨线笔

4. 绘图墨水笔

绘图墨水笔是用来描图或在图纸上画墨线的仪器，它代替了传统的墨线笔。画线时，要使笔尖与纸面尽量保持垂直，如发现墨水不畅通，应上下抖动笔杆用通针将针管内的堵塞物捅出。针管的直径有 0.18～1.4 mm 等多种，可根据图线的粗细选用。因其使用和携带方便，所以是目前常用的描图工具，如图 1-23 所示。

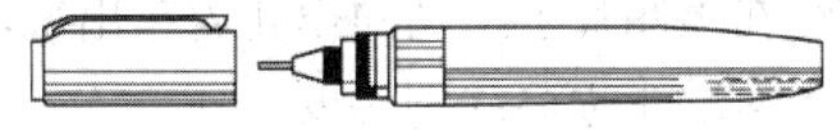

图 1-23 绘图墨水笔

5. 绘图蘸笔

绘图蘸笔主要用于书写墨线字体，与普通蘸笔相比，其笔尖较细，写出来的字笔画细长，看起来很清秀；同时，也可用于书写字号较小的字，如图 1-24 所示。使用绘图蘸笔写字时，每次蘸取的墨水不要太多，并应保持笔杆的清洁。

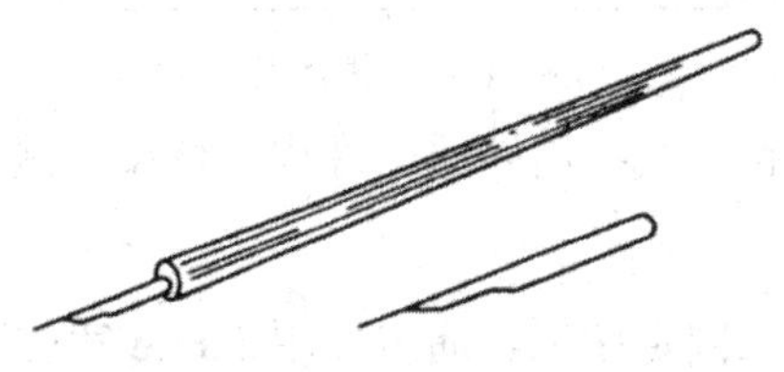

图 1-24 绘图蘸笔

三、制图用品

常用的制图用品有图纸、铅笔、擦图片、橡皮、胶带纸、毛刷、砂纸等。

1. 图纸

图纸有绘图纸和描图纸两种。绘图纸用于画铅笔或墨线图，要求纸面洁白、质地坚实，并以橡皮擦拭不起毛、画墨线不洇为好。

描图纸也称硫酸纸，专门用于针管笔等描图使用，并以此复制蓝图。

2. 绘图铅笔

绘图铅笔有多种硬度：代号 H 表示硬芯铅笔，H～3H 常用于画稿线；代号 B 表示软芯铅笔，B～3B 常用于加深图线的色泽；HB 表示中等硬度铅笔，通常用于注写文字和加深图线等。

铅笔的笔芯可以削成楔形、尖锥形和圆锥形等。尖锥形铅芯用于画稿线、细线和注写文字等；楔形铅芯可削成不同的厚度，常用于加深不同宽度的图线。笔尖的铅芯露出 6～8 mm，笔尖的其余部分为 25～30 mm(见图 1-25)。使用铅笔时，用力要均匀，画长线时，应一边画一边旋转铅笔。

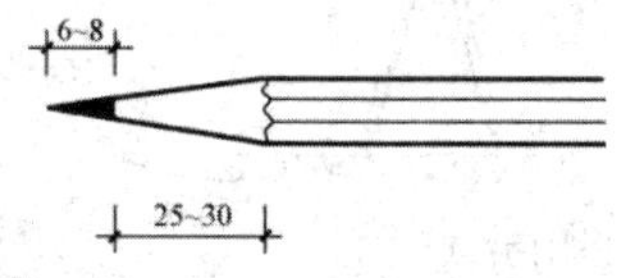

图 1-25　铅笔的削法

铅笔应从没有标记的一端开始使用。画线时握笔要自然，速度、用力要均匀。当用圆锥形铅芯画较长的线段时，应边画边在手中缓慢地转动且始终与纸面保持一定的角度。

3. 擦图片与橡皮

擦图片是用于修改图样的，图片上有各种形状的孔，如图 1-26 所示。使用时，应将擦图片盖在图面上，使画错的线在擦图片上适当的模孔内露出来，然后用橡皮擦拭，这样可以防止擦去近旁画好的图线，有助于提高绘图速度。

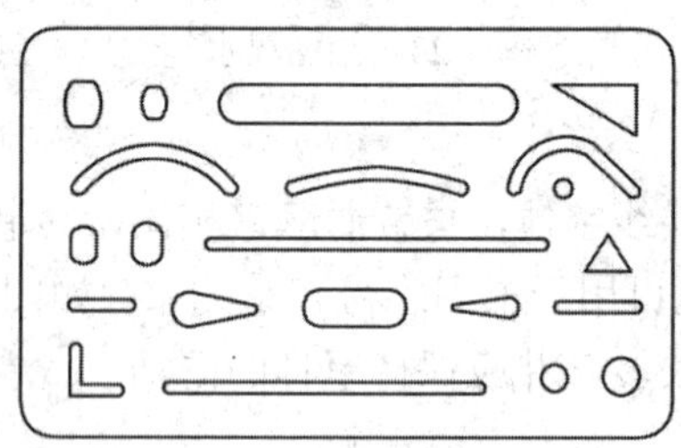

图 1-26　擦图片

橡皮有软硬之分。修整铅笔线多用软质的橡皮，修整墨线多用硬质的橡皮。

4. 透明胶带纸

透明胶带纸用于在图板上固定图纸，通常使用 1 mm 宽的胶带纸粘贴。绘制图纸时，不要使用普通图钉来固定图纸。

5. 砂纸

工程制图中，砂纸的主要用途是将铅芯磨成所需的形状。砂纸可用双面胶带固定在薄木板或硬纸板上。

第三节　几 何 作 图

一、几何等分

1. 等分线段

将已知线段 *AB* 分成 5 等份，如图 1-27(a)所示。

作图步骤如下：

(1) 已知线段 *AB*，过 *A* 点作任意直线 *AC*，用直尺在 *AC* 上截取整刻度线(本例为 5 等分)，得 1、2、3、4、5 点，如图 1-27(b)所示。

(2) 连 *B*、5 两点，过其余整刻度线分别作 *B*5 的平行线，与 *AB* 的交点即为所求等分点，如图 1-27(c)所示。

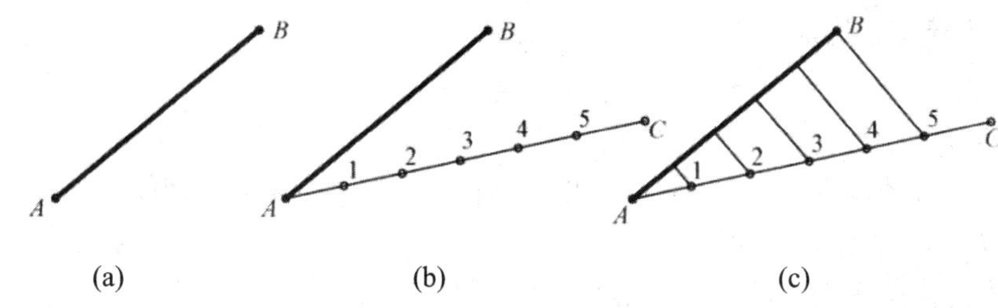

图 1-27　等分已知线段 *AB* 的画法

2. 等分平行线间的距离

如图 1-28(a)所示，将已知两平行线 *AB* 与 *CD* 的距离分成 4 等份。

作图步骤如下：

(1) 置直尺 1 点于 *CD* 上，摆动尺身，使刻度 5 落在 *AB* 上，截得 1、2、3、4 各等分点，如图 1-28(b)所示。

(2) 过各等分点作 *AB*(或 *CD*)的平行线即为所求，如图 1-28(c)所示。

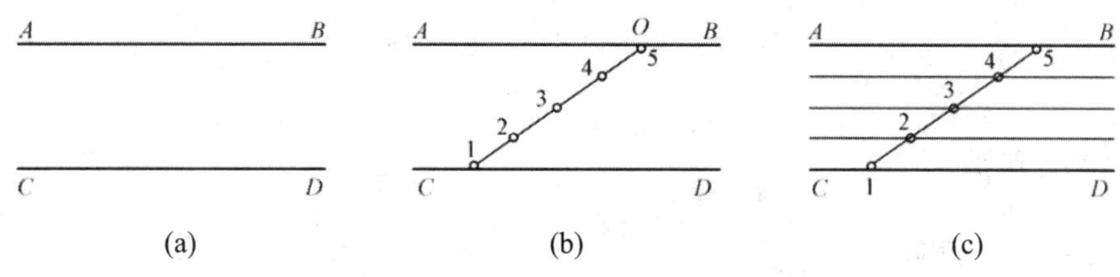

图 1-28　分两平行线 *AB* 和 *CD* 间的距离为 5 等份

二、作圆的内接正多边形

1. 圆的内接正五边形

已知圆 *O*，如图 1-29(a)所示，求作其内接正五边形。

作图步骤如下：

(1) 作半径 *OF* 的等分点 *G*，以 *G* 为圆心，以 *GA* 为半径作圆弧，交直径于 *H*，如图 1-29(b)所示。

(2) 以 *A* 点为圆心，以 *AH* 为半径作圆弧，交圆周于 *E* 点，以 *AE* 的长度依次在圆周上截取各等分点。顺次连接各等分点，即为所求，如图 1-29(c)所示。

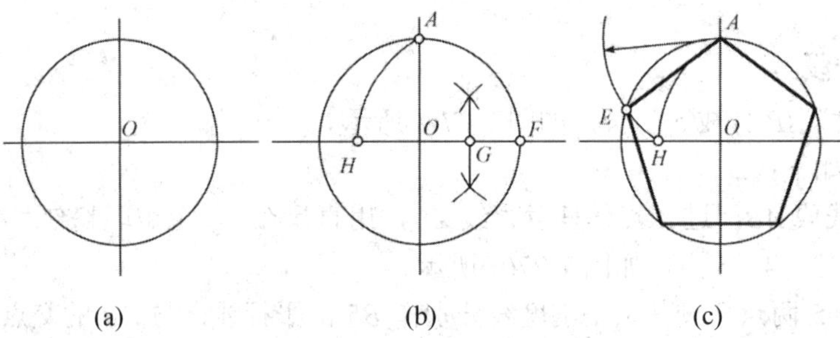

图 1-29 圆的内接正五边形的画法

2. 圆的内接正六边形

已知圆 *O*，如图 1-30(a)所示，求作其内接正六边形。

作图步骤如下：

(1) 分别以直径端点 *A*、*B* 为圆心，以所作圆的半径为半径画圆弧，与圆周交于除 *A*、*B* 之外的 4 个点，如图 1-30(b)所示。

(2) 依次连接所作点，即得正六边形，如图 1-30(c)所示。

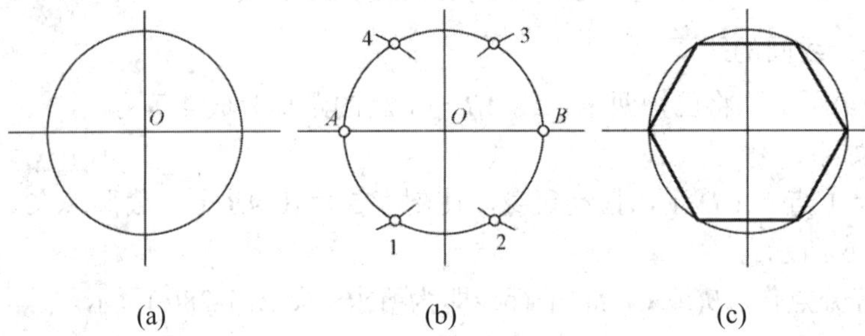

图 1-30 圆的内接正六边形的画法

三、椭圆的画法

1. 同心圆法作椭圆

已知椭圆的长轴 *AB* 和短轴 *CD*，如图 1-31(a)所示，用同心圆法作椭圆。

作图步骤如下：

(1) 分别以长、短轴 *AB* 和 *CD* 为直径作大小两个圆，并等分两圆周为若干等份，如图 1-31(b)所示。

(2) 过大圆各等分点作短轴的平行线，与过小圆的各对应等分点作长轴的平行线相交，得椭圆上各点。用曲线板将各点连接起来，即为所求，如图 1-31(c)所示。

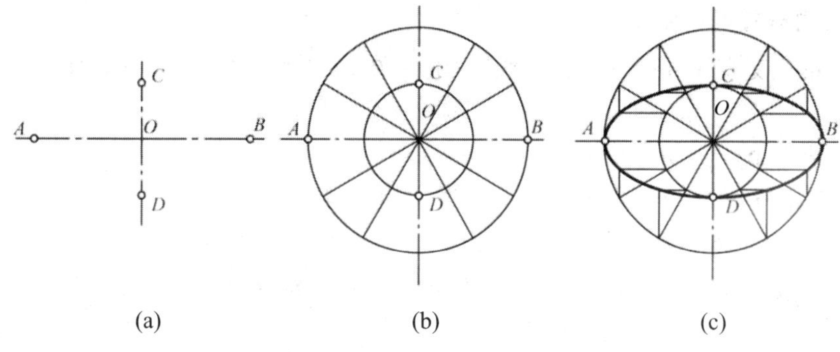

图 1-31　用同心圆法作椭圆

2. 四心圆弧法作椭圆

已知椭圆的长、短轴 *AB*、*CD*，如图 1-32(a)所示，用四心圆弧法作近似椭圆。

作图步骤如下：

(1) 连接 *AC*。

(2) 以 *O* 为圆心，*OA* 为半径，作圆弧交 *DC* 的延长线于 *E*。以 *C* 为圆心，*CE* 为半径作圆弧交 *CA* 于点 *F*，如图 1-32(b)所示。

(3) 作 *AF* 的垂直平分线，交长轴于 O_1，交短轴(或其延长线)于 O_2，如图 1-32(c)所示。

(4) 在 *AB* 上截 $OO_3=OO_1$，在 *CD* 的延长线上截取 $OO_4=OO_2$。以 O_1、O_2、O_3、O_4 为圆心，O_1A、O_2C、O_3B、O_4D 为半径作圆弧，连接各弧在 O_2O_1、O_2O_3、O_4O_1、O_4O_3 的延长线上相交的 *G*、*I*、*H*、*J* 四点，即为所求，如图 1-32(d)所示。

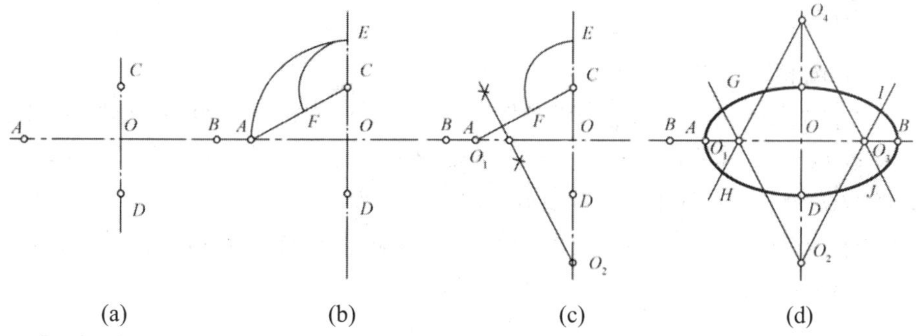

图 1-32　用四心圆弧法作椭圆

四、圆弧连接

利用圆弧与直线相切、圆弧与圆弧内切和外切的几何关系，可以构思出线条流畅、富有美感和联想的图形(如广场、公园的路面或者某些高速公路)。绘制平面图形时，经常需要用圆弧将两条直线、一个圆弧与一条直线或两个圆弧光滑地连接起来，这种连接作图的方法称为圆弧连接。圆弧连接的作图过程是先找连接圆弧的圆心再找连接点(切点)，最后作出连接圆弧。当两圆弧相连接(相切)时，其连接点必须在该两圆弧的连心线上。若两圆弧的圆心分别在连接点的两侧，此时称为外连接(外切)；若位于连接点的同一侧，则称为内连接(内切)。

1. 用圆弧连接两已知直线

已知两条相交直线 *ab*、*cd* 及长度 *R*，试以 *R* 为半径作圆弧连接 *ab* 和 *cd*，如图 1-33 所示。

作图步骤如下：

(1) 分别作与 *ab*、*cd* 相距为 *R* 的平行线，相交得 *O* 点。

(2) 过 *O* 点作 *ab*、*cd* 的垂线，得切点 *e*、*f*。

(3) 以 *O* 点为圆心，*R* 为半径，作圆弧 $\overset{\frown}{ef}$，$\overset{\frown}{ef}$ 即为所求的连接圆弧。

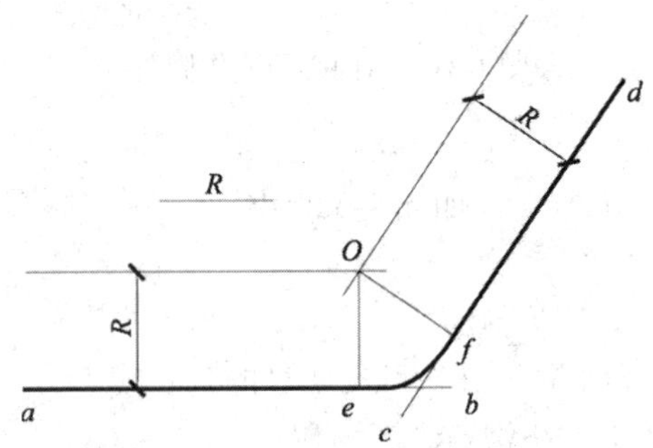

图 1-33　以圆弧连接两已知直线

2. 用圆弧连接一已知直线和一已知圆弧

已知半径为 R_1 的圆 O_1，圆外直线 *ab* 及长度 *R*，试以 *R* 为半径作圆弧连接圆 O_1 及直线 *ab*，如图 1-34 所示。

作图步骤如下：

(1) 作与 *ab* 相距为 *R* 的平行线。

(2) 以 O_1 为圆心，以$(R-R_1)$为半径作圆弧，与平行线相交于 *O* 点，如图 1-34(a)所示。

(3) 过 *O* 点向 *ab* 作垂线，得切点 *c*，连接 OO_1 并延长与圆周相交得切点 *d*。

(4) 以 *O* 为圆心，*R* 为半径，作圆弧 $\overset{\frown}{cd}$ 即为所求。

当所求的连接圆弧与圆 O_1 为外切时，只需将上述作图步骤(2)中的$(R-R_1)$改为$(R+R_1)$，如图 1-34(b)所示，其余作图步骤相同。

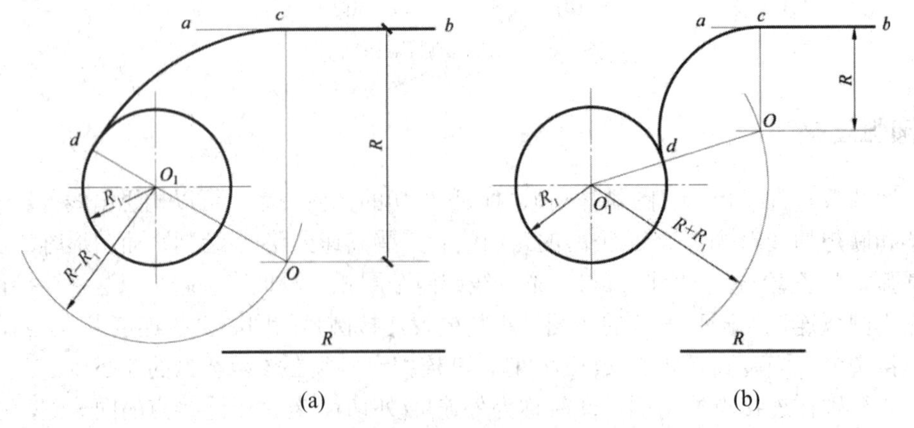

图 1-34　用圆弧连接已知圆弧和直线

3. 用圆弧连接两已知圆弧

已知半径为 R_1 的圆 O_1，半径为 R_2 的圆 O_2 及长度 R，试以 R 为半径作圆弧连接圆 O_1 和 O_2，如图 1-35 所示。

当圆弧与两已知圆弧内切时，作图步骤如下：

(1) 分别以 O_1、O_2 为圆心，以($R-R_1$)及($R-R_2$)为半径作圆弧，相交得 O 点。

(2) 分别连接并延长 OO_1、OO_2，与圆 O_1、O_2 交于 a、b 两点。

(3) 以 O 为圆心，R 为半径，在 a、b 间作圆弧即为所求的连接圆弧，如图 1-35(a)所示。

当圆弧与两已知圆弧外切时，只需将上述作图步骤(1)中的($R-R_1$)、($R-R_2$)改为($R+R_1$)、($R+R_2$)，如图 1-35(b)所示，其余作图步骤相同。

当圆弧与两已知圆弧内外切时，只需将上述作图步骤(1)中的($R-R_2$)改为($R+R_2$)，如图 1-35(c)所示，其余作图步骤相同。

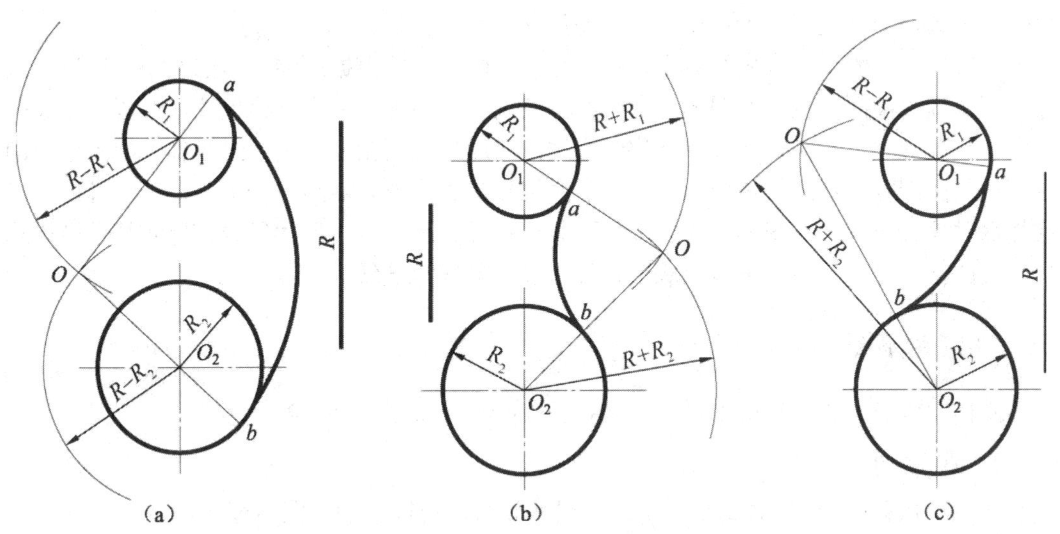

图 1-35　用圆弧连接两已知圆弧

第四节　制图方法及步骤

一、制图前的准备工作

1. 准备工具

绘制工程图必须准备图板、丁字尺、三角板、比例尺、圆规、针管笔等工具和仪器，还应准备若干 HB、2H、2B 绘图铅笔、绘图纸或描图纸等用品。

绘图前，还需将铅笔削好、磨细，如需描图还需将针管笔灌好墨水备用，并把各种工具仪器用品放置在绘图桌上的适当位置，以方便取用。

2. 安排工作地点

了解绘图的任务，明确绘图要求，然后选好图板，使其平整面向上，放置于合适的位置，要保证光线能从图板的左前方射入，并将需要的工具放在方便之处，以便顺利地进行制图工作。

3. 固定图纸

根据图样大小裁切图纸且光面向上，并用胶带纸粘贴图纸四角固定在图板上，使其贴平服、不起翘。固定图纸时，一般应按对角线方向顺次固定，使图纸平整。

当图纸较小时，应将图纸布置在图板的左下方，但要使图板的底边与图纸下边的距离大于丁字尺的宽度。

二、绘制底稿

画底稿时，要用削尖的 H 或 2H 铅笔轻淡地画出，并经常磨削铅笔；对于需上墨的底稿，在线条的交接处可画出头一些，以便清楚地辨别上墨的起讫位置。

画底稿的一般步骤为先画图框、标题栏，后画图形。根据所绘图样的大小、比例、数量进行合理的图面布置，如图形有中心线，应先画中心线，并注意给尺寸标注留有足够的位置。画图形时，应先画轴线或对称中心线，然后画主要轮廓，最后画细部。如图形是剖视图或剖面图时，则最后画剖面符号，剖面符号在底稿中只需画出一部分，其余可待上墨或加深时再全部画出。图形完成后，再画其他符号、尺寸线、尺寸界线、尺寸数字横线和仿宋字的格子等。最后仔细检查底图，擦去多余的底稿图线。

三、加深铅笔图

底稿完成后，要仔细检查校对，确定无误时方可画墨或加深铅笔线。

1. 加深要求

(1) 在加深时，应该做到线型正确、粗细分明、连接光滑、图面整洁。

(2) 加深粗实线用 HB 铅笔，加深虚线、细实线、细点画线以及线宽约 l/3 的各类图线都用削尖的 H 或 2H 铅笔，写字和画箭头用 HB 铅笔。画图时，圆规的铅芯应比画直线的铅芯软一级。

(3) 在加深前，应认真校对底稿，修正错误，并擦净多余的线条和污垢。加深图线时用力要均匀，使图线均匀地分布在底稿线的两侧。

2. 加深步骤

(1) 铅笔加深。首先加深细实线、点画线、断裂线、波浪线及尺寸线、尺寸界线等细的图线；再加深中实线和虚线；然后加深粗实线，次序是先加深圆及圆弧，再自上至下地加深水平线，自左至右地加深竖直线和其他方向的倾斜线；最后画出材料图例，标注尺寸，写好技术说明，填写标题栏。

(2) 画墨线。画墨线过程中，应注意图线线型要正确，应粗细分明、连接准确和光洁，保持图面整洁。画墨线并没有固定的先后次序，随图的类别和内容而定，可以先画粗实线、虚线，后画细实线，也可先画细线。为了避免触及未干墨线和减少待干时间，一般是先左后右、先上后下地画。

绘图时，要注意图面的整洁，减少尺寸数字在图面上的挪动次数；不画时用干净的纸张将图面蒙盖起来。图线在加深时不论粗细，色泽均应一致。在绘制较长的线时应适当转动铅笔以保证图线粗细均匀。

四、描绘墨线图

墨线应用针管笔绘制，应保持针管笔的畅通，灌墨不宜太多，以免溢漏污染图面。墨线图的描绘步骤与铅笔图相同，可参照执行。画错时应用双面刀片轻轻地刮除，刮时应在描图纸下垫上平整的硬物，如三角板等，防止刮破图纸。刮后用橡皮擦拭，再将修刮处压平后方可画线。

五、图样校对与检查

整张图纸画完以后应经细致检查、校对、修改以后才算最后完成。首先应检查图样是否正确；其次应检查图线的交接、粗细、色泽以及线型应用是否准确；最后校对文字、尺寸标注是否整齐、正确，符号是否符合国标规定。

六、平面图形分析

平面图形由若干直线线段和曲线线段按一定规则连接而成。绘图前，应根据平面图形给定的尺寸，明确各线段的形状、大小、相互位置及性质，进而确定正确的绘图顺序。

1. 平面图形的尺寸分析

平面图形中的尺寸，按其作用可分为定形尺寸和定位尺寸两类。要标注平面图形的尺寸，首先就必须了解这两类尺寸，并对其进行分析。

1) 定形尺寸

在平面图形中，确定平面图形各组成部分的形状和大小的尺寸称为定形尺寸，如直线的长度、圆及圆弧的直径(半径)、角度的大小等。图 1-36 中的尺寸 *R*8、*R*26、*R*9、*R*10、*R*5、13 均为定形尺寸。

2) 定位尺寸

在平面图形中，确定平面图形各组成部分之间相互位置的尺寸称为定位尺寸。在平面图形中，每个组成部分一般均需要两个方向的定位尺寸。但当几何图形或线段的位置与基准线重合时，该定位尺寸不必标注。图 1-36 中圆弧 *R*9 的圆心在对称轴线上，故其长度方向的定位尺寸不必标注，而宽度方向的定位尺寸为 11。

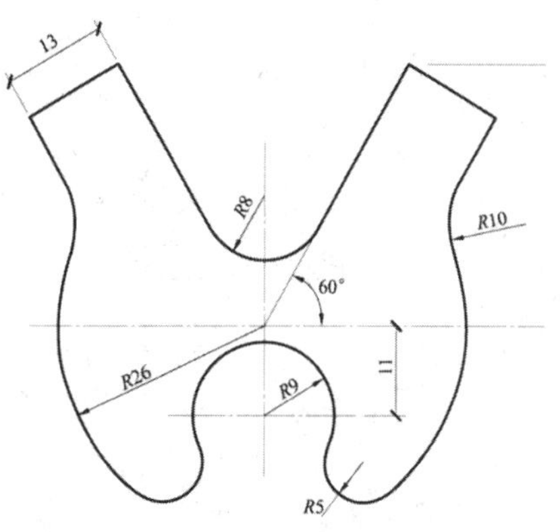

图 1-36　平面图形的尺寸分析

标注定位尺寸时，必须将图形中的某些线段(一般以图形的对称线、较大圆的中心线或图形中的较长直线)作为标注尺寸的基点，称为尺寸基准。图

1-36 中分别以竖直对称轴线和圆弧 $R26$ 的水平轴线为长度和宽度两个方向的基准。

在分析尺寸时，常有一个尺寸既是定形尺寸又是定位尺寸的情况。图 1-36 中的尺寸 13，它既是被标注线段的长度尺寸，又是与圆弧 $R10$ 相切的直线的定位尺寸。

2. 平面图形的线段分析

1) 已知线段

定形和定位尺寸全部给出，作图时可直接作出的线段称为已知线段。图 1-36 中的圆弧 $R26$、$R9$ 及角度为 60°、高度为 32 的直线都为已知线段。

2) 中间线段

给出定形尺寸，定位尺寸不全，需根据与其他线段的连接关系才能作出的线段称为中间线段。图 1-36 中的圆弧 $R8$，其圆心左右方向的位置已经定位在对称轴线上，上下位置则需根据和两侧的直线相切来确定。

3) 连接线段

只给出定形尺寸，没有定位尺寸的线段称为连接线段。图 1-36 中的圆弧 $R5$、$R10$ 为连接线段。

3. 平面图形的作图步骤

平面图形的作图步骤可归纳为以下几点：

(1) 作出基准线，并根据定位尺寸作出定位线，如图 1-37(a)所示。

(2) 作出已知线段，如图 1-37(b)所示。

(3) 作出中间线段，如图 1-37(c)所示。

(4) 作出连接线段，如图 1-37(d)所示。

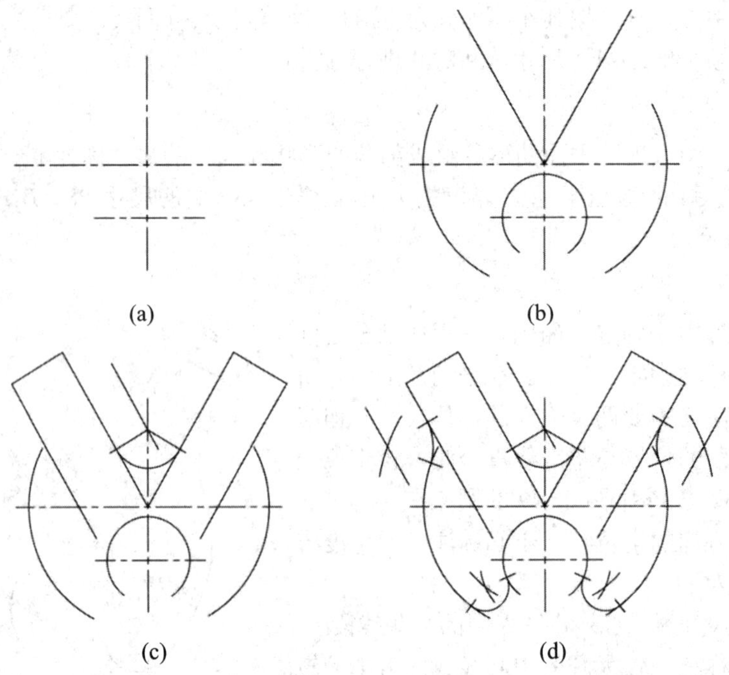

图 1-37　平面图形的作图步骤

第五节 徒手画图

徒手图也叫草图，是不用仪器，仅用铅笔以徒手、目测的方法绘制的图样。

草图是工程技术人员交谈、记录、构思、创作的有力工具，工程技术人员必须熟练掌握徒手作图的技巧。

一、徒手作图的基本要求

(1) 分清线型，粗实线、细实线、虚线、点画线等要能清楚地区分。

(2) 画草图用的铅笔要软一些，例如可用 B、HB 铅笔；铅笔要削长一些，笔尖不要过尖，要光滑一些。

(3) 画草图时，持笔的位置高一些，手放松一些，这样画起来比较灵活。

(4) 画出的草图要使图形不失真，基本平直，方向正确，长短大致符合比例，线条之间的关系正确。

(5) 画草图时，不要急于画细部，先要考虑大局。既要注意图形的长与高的比例，也要注意图形的整体与细部的比例是否正确。有条件时，草图最好用 HB 或 B 铅笔画在方格纸(坐标纸)上，图形各部分之间的比例可借助方格数的比例来解决。

二、徒手画水平线及倾斜线

1. 画水平线

徒手画水平线时，铅笔要放平一些。初学画草图时，可先画出直线两端点，然后持笔沿直线位置悬空比划一两次，掌握好方向，并轻轻画出底线。然后眼睛盯住笔尖，沿底线画出直线，并改正底线不平滑之处。画竖直线时方法相同。画水平线和竖直线的姿势如图 1-38 所示。

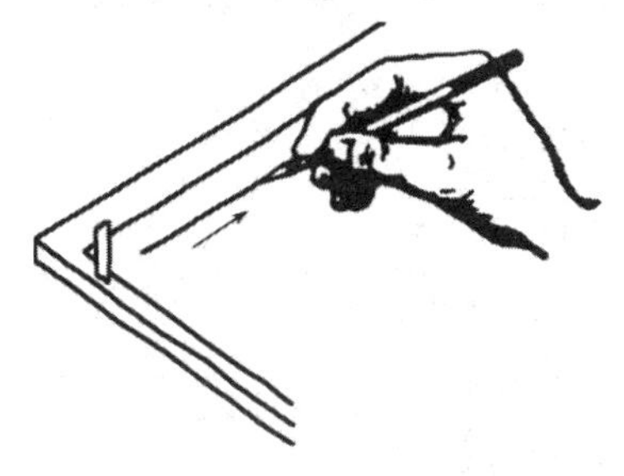

(a) 画水平线

(b) 画竖直线

图 1-38 徒手画水平线和竖直线

徒手画直线的四个要领：① 定出直线的起点和终点；② 眼看终点，摆动前臂或手腕试画；③ 从起点沿直线方向画出一串衔接的短线；④ 将上述短线按规定线型加深为均匀连续的直线。

2. 画倾斜线

画倾斜线时，手法与画水平线相似，如图 1-39 所示。

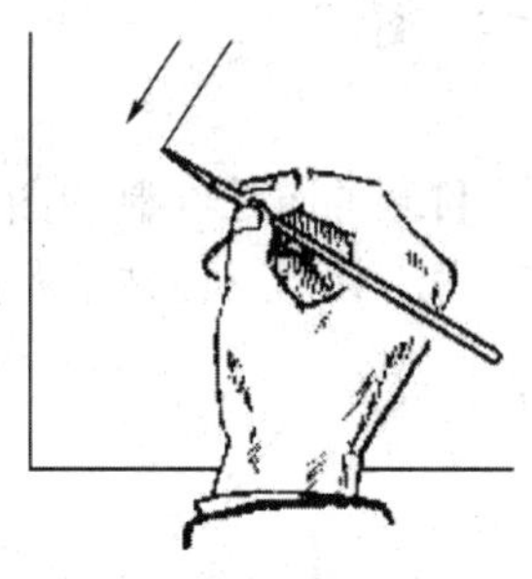

(a) 由上向下左倾斜

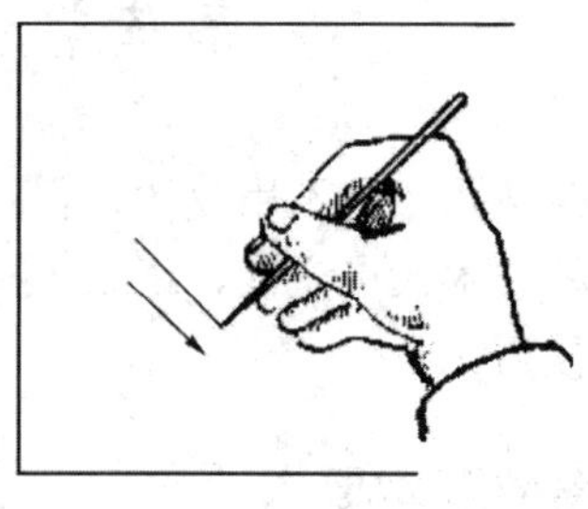

(b) 由上向下右倾斜

图 1-39　徒手画倾斜线

3. 30°、45°、60°斜线方向的确定

画一定角度的斜线时，可先徒手画一直角，再分别近似等分此直角，从而可得与水平线成 30°、45°、60°角的斜线，如图 1-40 所示。

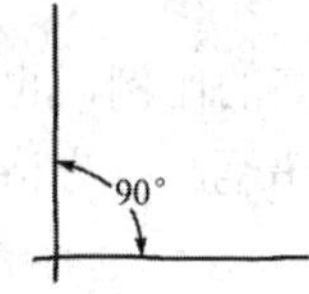

(a) 徒手画一直角

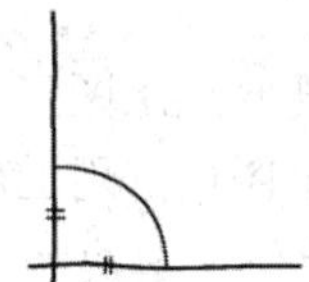

(b) 在直角处作一圆弧

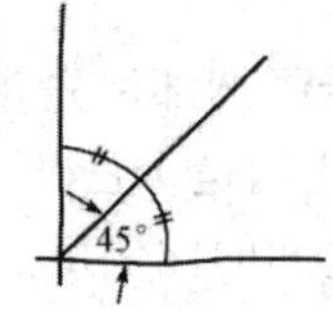

(c) 将圆弧二等分，作 45°线

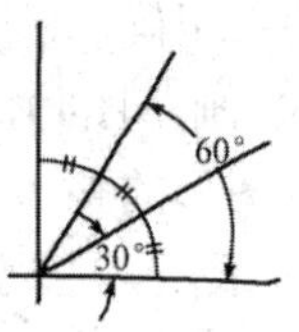

(d) 将圆弧三等分，作 30°和 60°线

图 1-40　徒手画倾斜线

三、徒手画图的步骤及画法

1. 徒手画图的步骤

徒手画图的步骤与用仪器和工具画图时基本相同。徒手画拱门楼如图 1-41 所示。

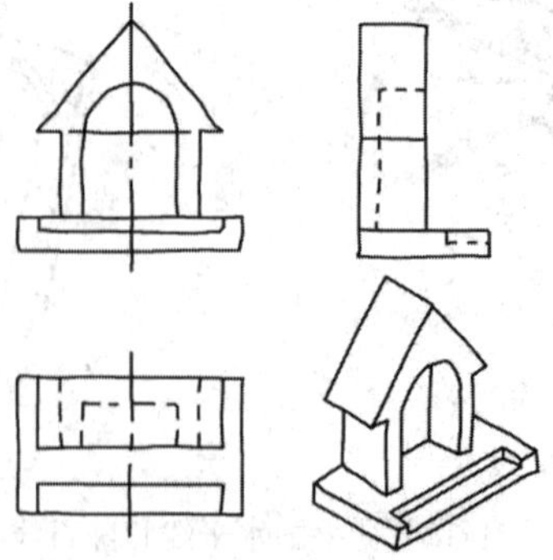

图 1-41　徒手画拱门楼

2. 徒手画图的方法

圆和椭圆的徒手画法如图 1-42 和图 1-43 所示。画圆时，小圆周可不画 45°直径线。

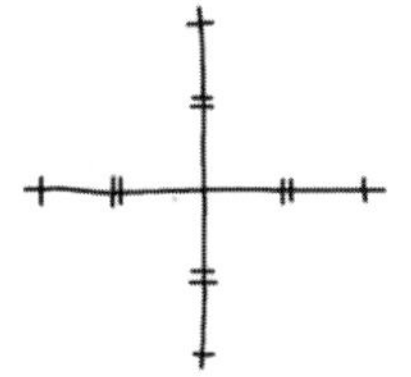
(a) 徒手过圆心作垂直等分的两直径

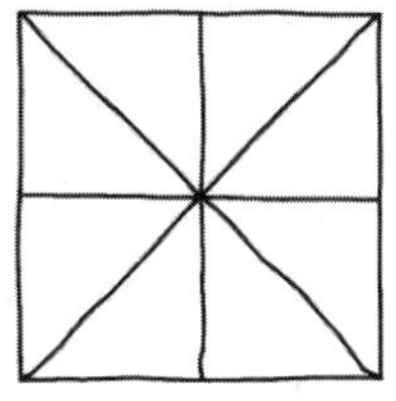
(b) 画外切正方形及对角线

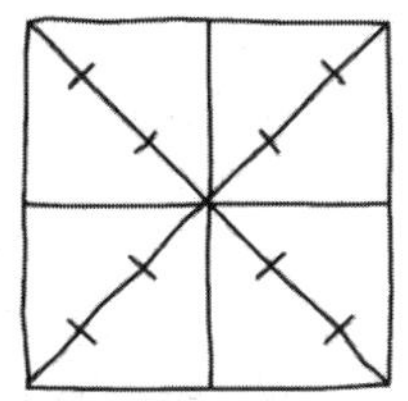
(c) 大约等分对角线的每一侧为三等份

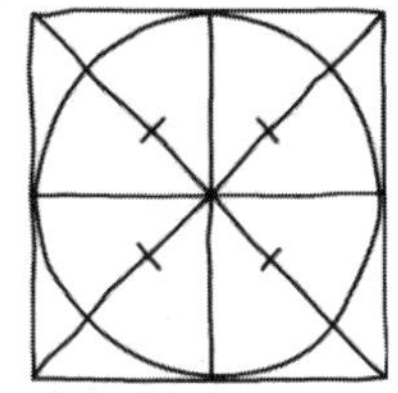
(d) 以圆弧连接对角线上最外的等分点(稍偏外一点)和两直径的端点

图 1-42　徒手画圆

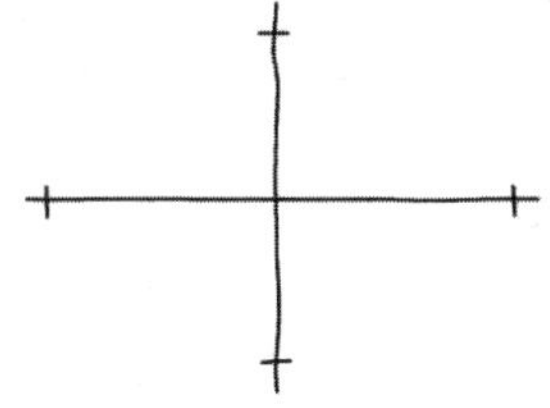
(a) 徒手画椭圆的长轴和短轴

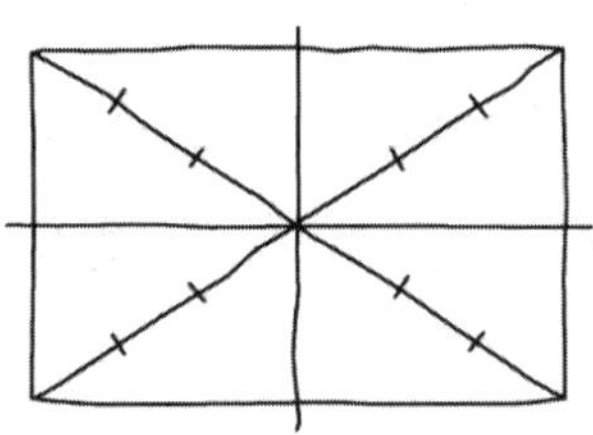
(b) 画外切矩形及对角线，大约等分对角线的每一侧为三等份

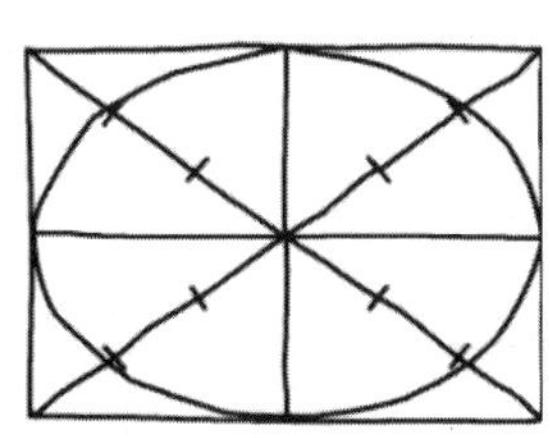
(c) 以光滑曲线连接对角线上最外的等分点(稍偏外一点)和长短轴端点

图 1-43　徒手画椭圆

【本章小结】

本章主要介绍了图纸幅面、标题栏、签字栏、图线、字体、比例、图例、常用的建筑材料图例、尺寸标注等建筑制图标准，常用制图工具、仪器的使用方法，几何作图方法，制图方法及步骤，徒手画图方法等内容。通过本章的学习，可以对制图的基本知识有初步认识，为日后的学习打下基础。

【课后练习】

1. 什么是图纸的幅面与图框?
2. 图线的画法有哪些要求?
3. 什么是尺寸界线？如何标注尺寸界线?
4. 制图中常用的比例尺有哪些?
5. 简述绘图铅笔的硬度与使用。
6. 什么是圆弧连接？圆弧连接的作图过程是怎样的?
7. 简述铅笔图加深步骤。
8. 徒手作图的基本要求有哪些?

第二章 投影法的基本知识和点、直线、平面投影

第一节 投影法的概念及分类

一、投影法的概念

在日常生活中，当物体被灯光或日光照射时，在地面或墙面上就会产生影子，这就是投影现象，如图 2-1 所示。人们对这一现象加以科学的抽象，总结光线、物体和影子之间的关系，形成了根据投影原理绘制物体图形的方法。

假定空间点 *S* 为光源，发出的光线只将形体上各顶点和棱线的影子投射到平面 *P* 上，如图 2-2 所示，得到的图形便称为投影。这里，点 *S* 称为投影中心，光线称为投射线，平面 *P* 称为投影面，这种得到形体投影的方法称为投影法。

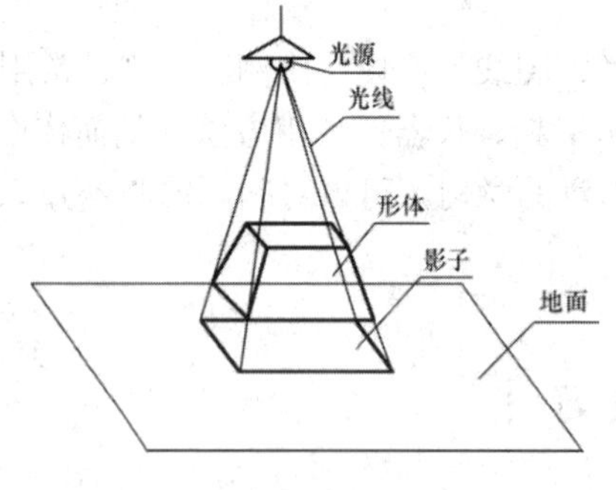

图 2-1 影子的产生

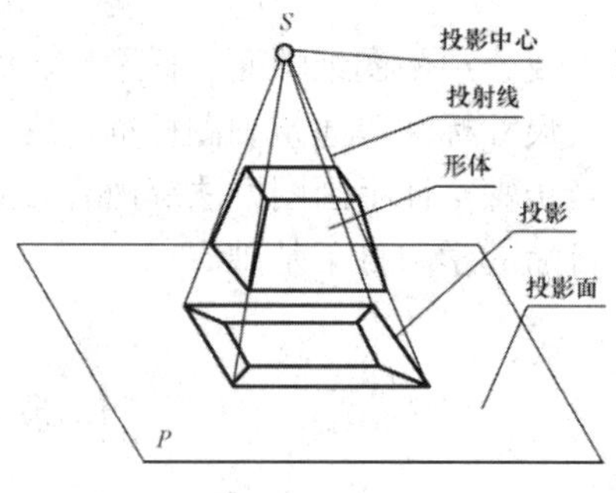

图 2-2 投影法

要产生投影，必须具备下面 3 个条件：

(1) 投射线；

(2) 投影面；

(3) 空间形体(包括点、线、面等几何元素)。

二、投影法的分类

根据投射线的不同，可将投影法分为中心投影法和平行投影法两类。

1. 中心投影法

投影线由一点发出的投影称为中心投影，如图 2-3 所示，形体的投影随光源的方向和与形体的距离而变化，光源距形体越近，投影越大，越不能反映形体的真实大小，但此时真实感较强。

2. 平行投影法

如果投影中心距投影面无限远，则投影线可视为相互平行的直线，由此产生的投影称为平行投影。根据互相平行的投影线与投影是否垂直，平行投影又分为正投影和斜投影，如图 2-4 所示。

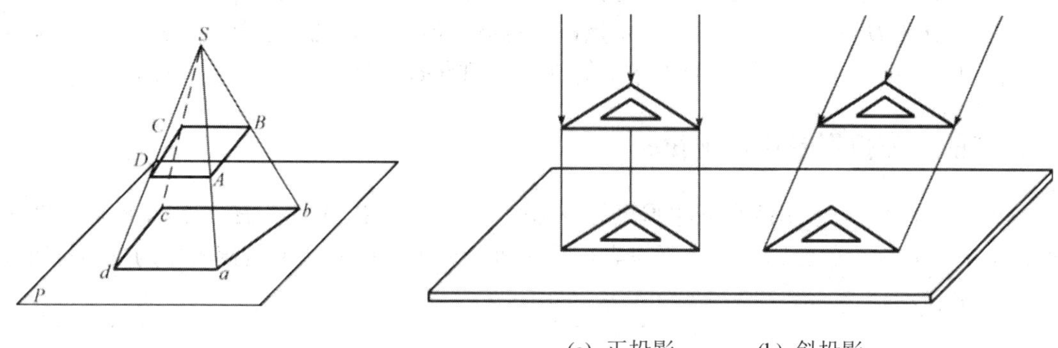

(a) 正投影　　(b) 斜投影

图 2-3　中心投影　　　图 2-4　平行投影

(1) 正投影。如果投影线与投影面相互垂直，则作出的平行投影称为正投影，也称为直角投影，如图 2-4(a)所示。采用正投影法，在三个互相垂直相交且平行于物体主要侧面的投影面上所作出的物体投影图，称为正投影图，如图 2-5(a)所示。正投影图能够较为真实地反映物体的形状和大小，即度量性好，多用于绘制工程设计图和施工图。

(2) 斜投影。投影线斜交投影面所作出的物体的平行投影，称为斜投影，如图 2-4(b)所示。用斜投影法可绘制斜轴测图，如图 2-5(b)所示。

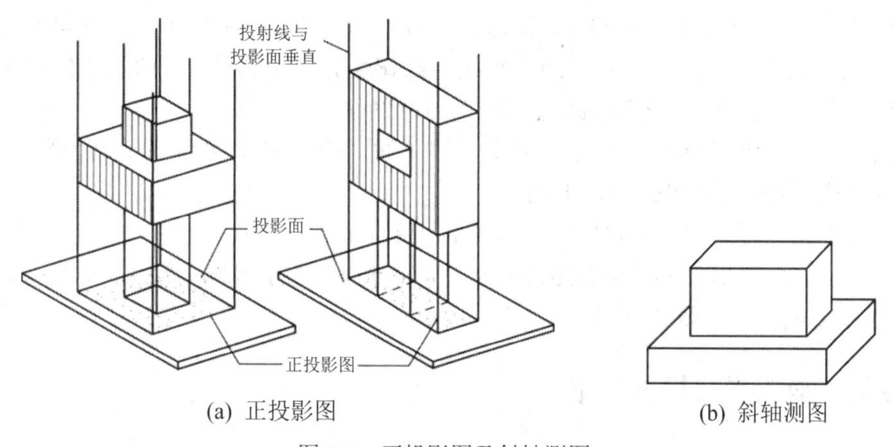

(a) 正投影图　　(b) 斜轴测图

图 2-5　正投影图及斜轴测图

斜投影图有一定的立体感，作图简单，但不能准确地反映物体的形状，视觉上会产生变形和失真，只能作为工程的辅助图样。

第二节 点的投影

一、点的单面投影

点在某一投影面上的投影，实际上是过该点向投影面作垂线的垂足，因此点的投影仍然是点。

如图 2-6 所示，给出投影面 *H* 和空间点 *A*，过 *A* 点向 *H* 面作垂线，得到垂足 *a*，则 *a* 点就是 *A* 点在 *H* 面上的投影。已知 *A* 点，则 *a* 点是唯一确定的；但是若已知 *a* 点，则不能确定 *A* 点。所以说，点的单面投影不能确定空间点的位置。

二、点的两面投影及投影规律

如图 2-7 所示，给出两个互相垂直的投影面 *H* 和 *V*，作出 *A* 点在 *H* 面上和 *V* 面上的投影，*A* 点在 *H* 面上的投影称为水平投影，用字母 *a* 表示，在 *V* 面上的投影称为正面投影，用字母 *a′* 表示。

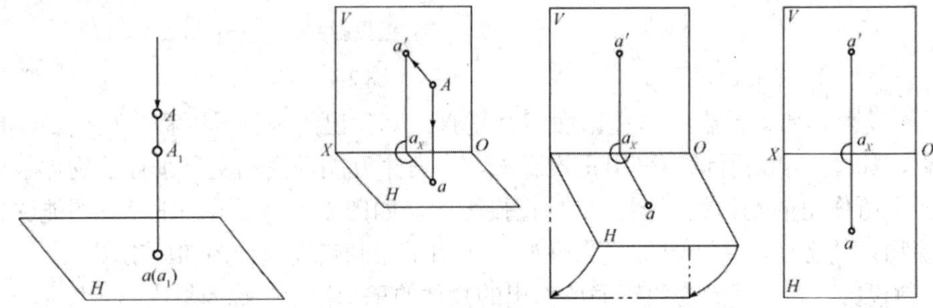

图 2-6 点的单面投影　　图 2-7 点的两面投影

若已知 *A* 点，则可作出 *a* 和 *a′*；反过来，若已知 *a* 和 *a′*，也可用图点的单面投影作出 *A* 点来。具体做法为：自 *a* 点引 *H* 面的垂线，自 *a′*点引 *V* 面的垂线，两垂线的交点即为空间 *A* 点。因此，点的两个投影能确定空间点的位置。

现在把点的两面投影展到一个平面上，即 *V* 面不动，*H* 面绕 *X* 轴旋转 90°，就得到了点的两面投影图。其投影规律如下：

(1) 点的正面投影和水平投影的连线垂直于 *OX* 轴。

(2) 点的正面投影到 *OX* 轴的距离等于空间点到 *H* 面的距离，点的水平投影到 *OX* 轴的距离等于空间点到 *V* 面的距离。

三、点的三面投影及投影规律

1. 点的三面投影

点 *A* 在三面投影体系中的投影如图 2-8 所示。过点 *A* 分别向 *H* 面、*V* 面和 *W* 面作投影线，投影线与投影面的交点 *a*、*a′*、*a″* 就是点 *A* 的三面投影。点 *A* 在 *H* 面上的投影 *a* 称

为点 A 的水平投影，点 A 在 V 面上的投影 a'，称为点 A 的正面投影，点 A 在 W 面上的投影 a'' 称为点 A 的侧面投影。

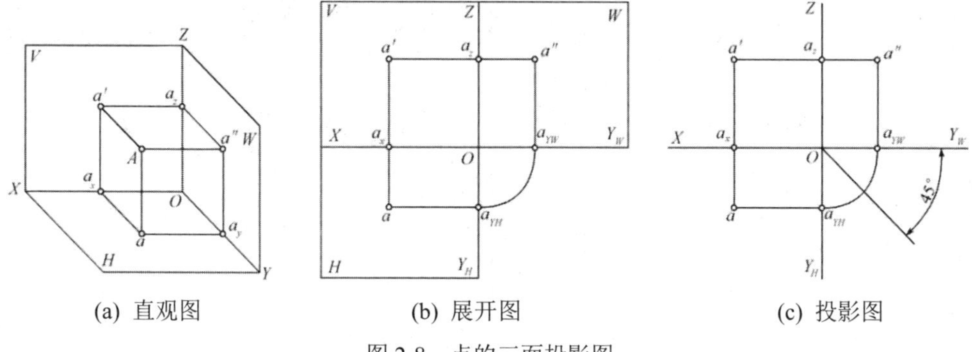

(a) 直观图　　(b) 展开图　　(c) 投影图

图 2-8　点的三面投影图

2. 点的三面投影规律

如图 2-9 所示，过点 A 分别作垂直于投影面 H、V、W 面的投射线，交得点 A 的水平投影 a、正面投影 a'、侧面投影 a''，则 $Aa'\perp V$ 面、$Aa''\perp W$ 面、$Aa\perp H$ 面，从而形成一个长方体 $Aaa_xa'a_za''a_yO$，相对的两面平行且全等，同方向的三组边分别对应平行且长度相等，且 $Aa''a_ya /\!/ V$ 面，$Aa''a_za' /\!/ H$ 面，$Aaa_xa' /\!/ W$ 面。以 V 面位置不动，将 H 面向下旋转 90°，W 面向右旋转 90°，A 点的 X 坐标 x_A 为 A 点到 W 面的距离、A 点的 Y 坐标 y_A 为 A 点到 V 面的距离、A 点的 Z 坐标 z_A 为 A 点到 H 面的距离，即点 A 的坐标为 $A(x_A，y_A，z_A)$。

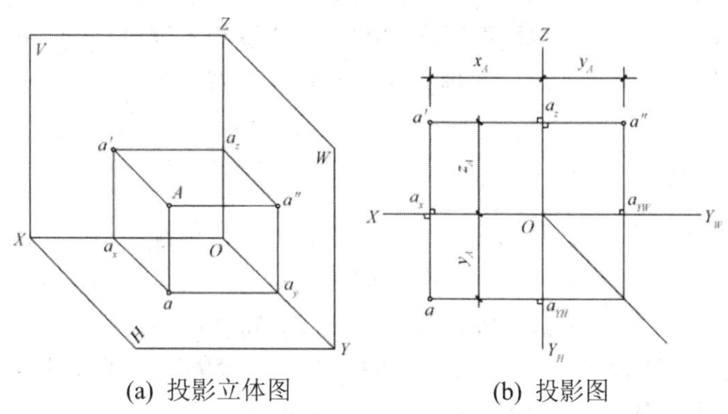

(a) 投影立体图　　(b) 投影图

图 2-9　点的坐标

(1) 点的投影特性：

$aa'\perp OX$(长对正)，$a'a''\perp OZ$(高平齐)；

$aa_{YH}\perp OY_H$，$a''a_{YW}\perp OY_W$，$Oa_{YH} = Oa_{YW}$(宽相等)。

(2) 点的投影与投影轴的距离反映了该点的坐标，也反映了该点与相邻投影面的距离：

$a_za' = a_{YH}a = x_A(Oa_x) = W_A(Aa'')$

$a_xa = a_za'' = y_A(Oa_y = Oa_{YH} = Oa_{YW}) = V_A(Aa')$

$a_xa' = a_{YW}a'' = z_A(Oa_z) = H_A(Aa)$

(3) 点的投影连线垂直于投影轴：

$aa'\perp OX$(长对正)，$a'a''\perp OZ$(高平齐)

$aa_{YH}\perp OY_H$，$a''a_{YW}\perp OY_W$，$Oa_{YH} = Oa_{YW}$(宽相等)

【例 2-1】　已知点 A 的正面投影 a'，水平投影 a，求点 A 的侧面投影。

【解】　根据点的投影特性，作图过程如图 2-10 所示。

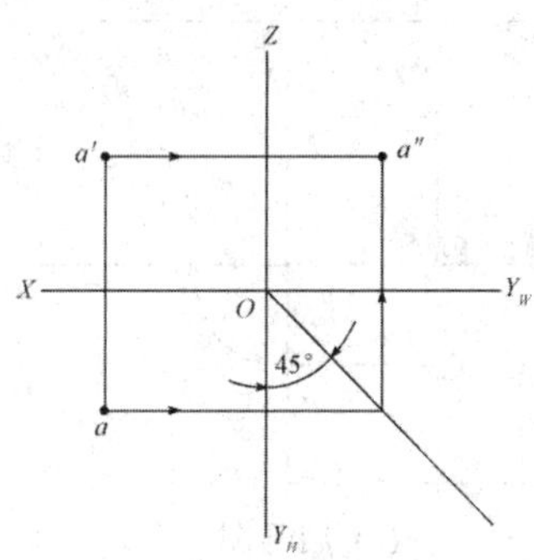

图 2-10　求作点 A 的侧面投影

根据“高平齐”从正面投影 a' 作 OZ 轴的垂线并延长，根据“宽相等”从水平投影 a 作 OY_H 的垂线并延长至 45° 角平分线上，然后从此交点作 OY_W 的垂线并延长与过 a' 作 OZ 轴的垂线延长线相交得点 A 的侧面投影 a''。

第三节　直线的投影

直线是点沿着某一方向运动的轨迹。已知直线两个端点的投影时，连接两个端点的投影即可得到直线的投影。直线与投影面之间按相对位置的不同可分为一般位置直线、投影面平行线和投影面垂直线三种，后两种直线称为特殊位置直线。

一、一般位置直线

相对于各投影面均倾斜的直线称为一般位置直线，也称倾斜线，如图 2-11(a)所示。一般位置直线倾斜于 3 个投影面，3 个投影面均有倾斜角，这些倾斜角被称为直线对投影面的倾角，分别用 α、β、γ 表示。一般位置直线的投影特性如下：

(1) 直线的 3 个投影都是倾斜于投影轴的斜线，长度缩短，不反映实际长度。

(2) 各个投影与投影轴的夹角不反映空间直线对投影面的倾角。

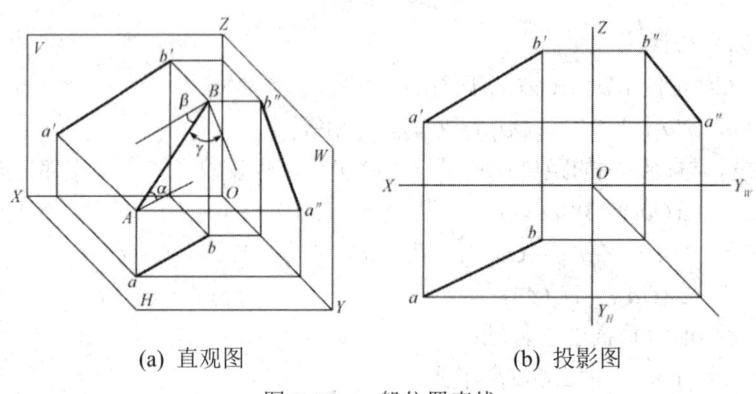

(a) 直观图　　(b) 投影图

图 2-11　一般位置直线

读图时，只要有两面投影是倾斜的，则该直线必为一般位置直线。

二、投影面平行线

投影面平行线是指平行于某一个投影面，而倾斜于其他两个投影面的直线。它有水平线、正平线和侧平线 3 种状态。

(1) 水平线是平行于水平投影面的直线，即与 H 面平行但与 V 面、W 面倾斜的直线。

(2) 正平线是平行于正立投影面的直线，即与 V 面平行但与 H 面、W 面倾斜的直线。

(3) 侧平线是平行于侧立投影面的直线，即与 W 面平行但与 H 面、V 面倾斜的直线。

表 2-1 列举了投影面平行线的投影特性。

表 2-1　投影面平行线的投影特性

名称	直观图	投影图	投影特性
水平线	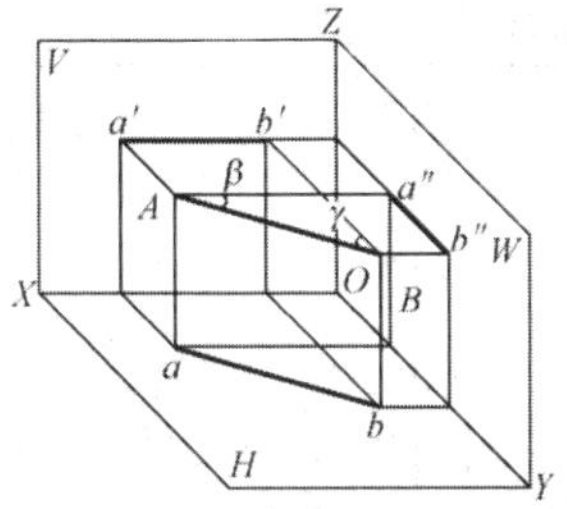	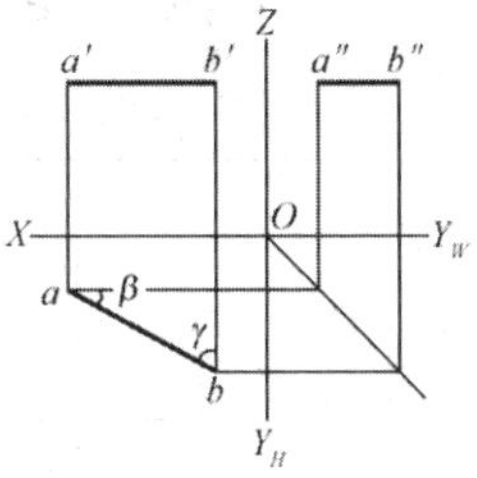	(1) 水平投影反映实长。 (2) 水平投影与 X 轴和 Y 轴的夹角分别反映直线与 V 面的倾角 β 和 γ。 (3) 正面投影和侧面投影分别平行于 X 轴及 Y 轴，但不反映实长
正平线	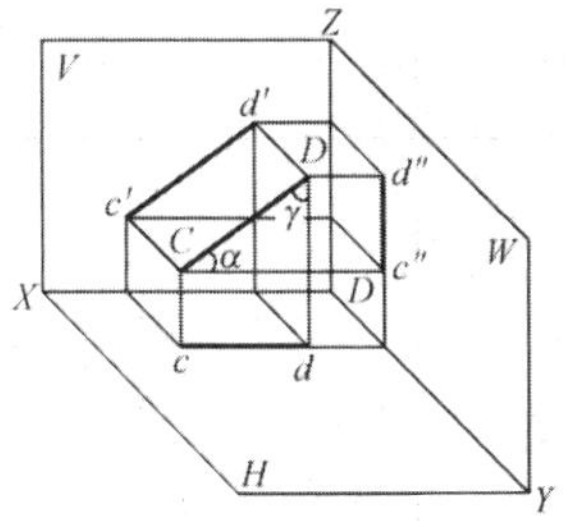	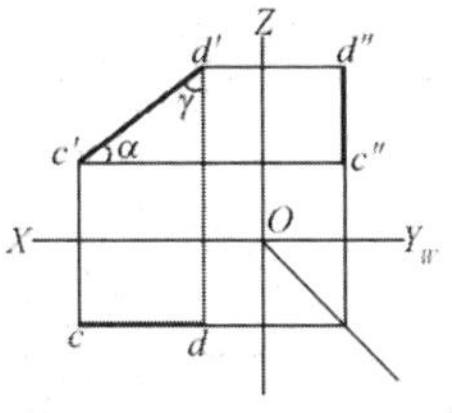	(1) 正面投影反映实长。 (2) 正面投影与 X 轴和 Z 轴的夹角，分别反映直线与 H 面和 W 面的倾角 α 和 γ。 (3) 水平投影及侧面投影分别平行于 X 轴及 Z 轴，但不反映实长
侧平线	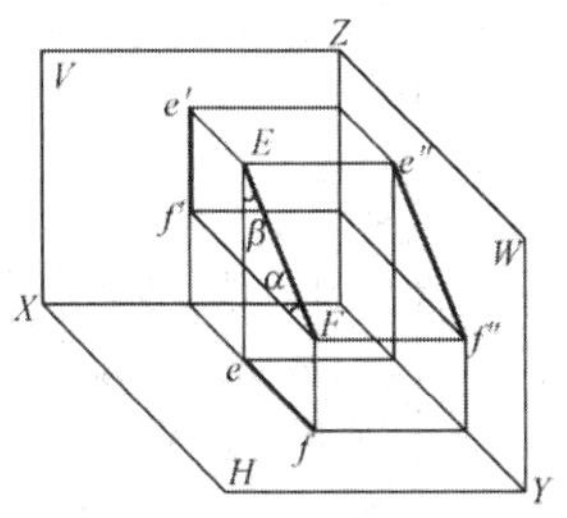	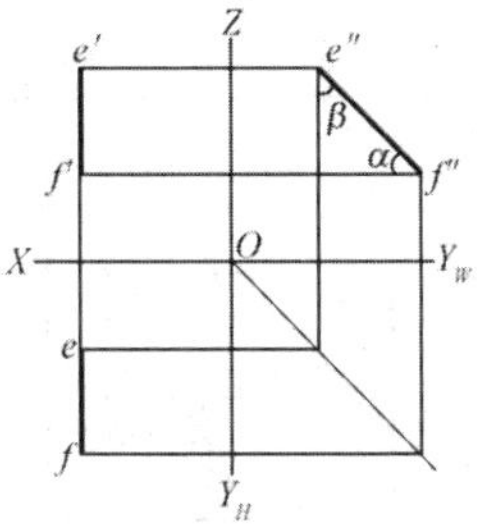	(1) 侧面投影反映实长。 (2) 侧面投影与 Y 轴和 Z 轴的夹角，分别反映直线与 H 面和 V 面的倾角 α 和 β。 (3) 水平投影及正面投影分别平行于 X 轴及 Z 轴，但不反映实长

投影面平行线在它所平行的投影面上的投影反映实长，且该投影与相应投影轴的夹角反映直线与其他两个投影面的倾角；直线在另外两个投影面上的投影分别平行于相应的投影轴，但不反映实长。

在投影图上，如果一个投影平行于投影轴，而另一个投影倾斜，那么这个空间直线一定是投影面平行线。

三、投影面垂直线

投影面垂直线是垂直于某一投影面，平行于另外两个投影面的直线。投影面垂直线可分为铅垂线、正垂线和侧垂线，其投影特性如表 2-2 所示。

(1) 铅垂线是垂直于水平投影面的直线，即只垂直于 H 面同时平行于 V 面、W 面的直线。

(2) 正垂线是垂直于正立投影面的直线，即只垂直于 V 面同时平行于 H 面、W 面的直线。

(3) 侧垂线是垂直于侧立投影面的直线，即只垂直于 W 面同时平行于 H 面、V 面的直线。

表 2-2　投影面垂直线的投影特性

名称	直观图	投影图	投影特性
铅垂线	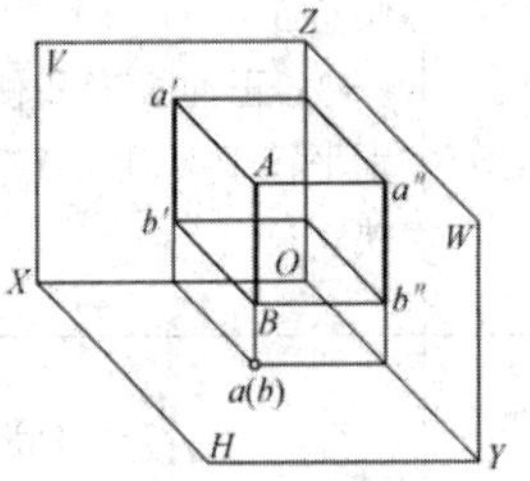	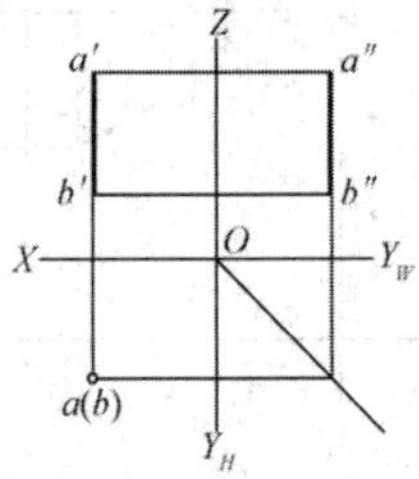	(1) 水平投影积聚成一点。 (2) 正面投影及侧面投影分别垂直于 X 轴及 Y 轴，且反映实长
正垂线	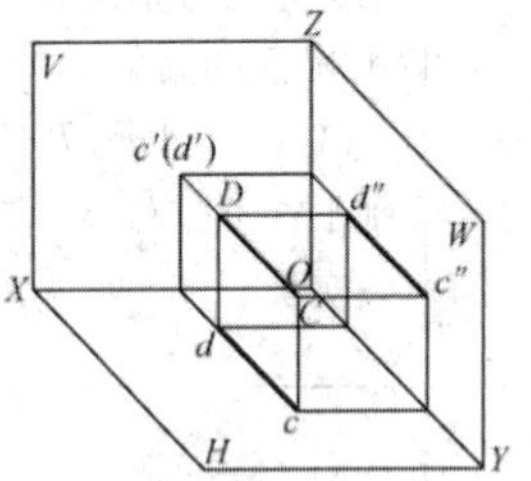	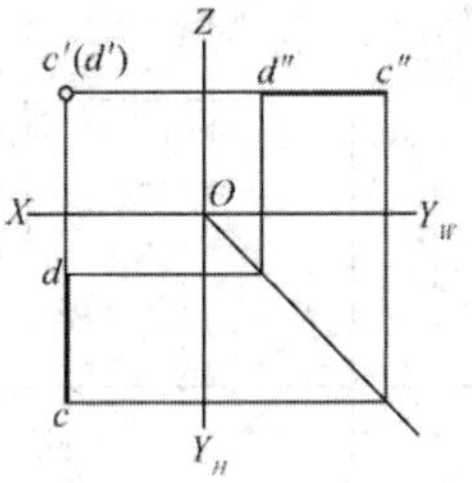	(1) 正面投影积聚成一点。 (2) 水平投影及侧面投影分别垂直于 X 轴及 Z 轴，且反映实长
侧垂线	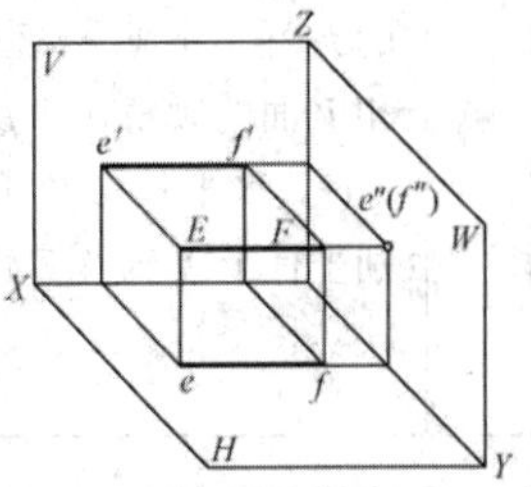	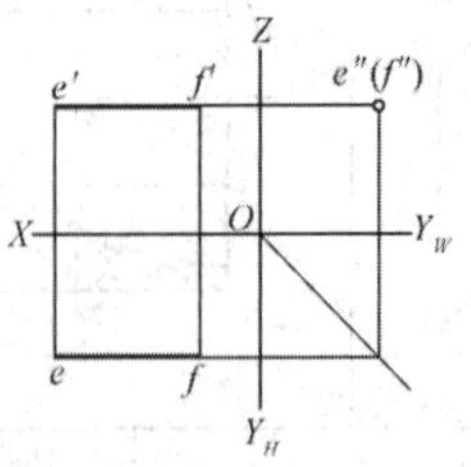	(1) 侧面投影积聚成一点。 (2) 水平投影及正面投影分别垂直于 Y 轴及 Z 轴，且反映实长

投影面垂直线的投影特点为投影面垂直线在它所垂直的投影面上的投影积聚为一点，在另两个投影面上的投影反映实长且垂直于相应的投影轴。

在投影面上，只要有一面投影积聚为一点，那么它一定为投影面垂直线，并且垂直于积聚投影所在的投影面。

四、直线上的点的投影

点在直线上，则点的各个投影必在该直线的同面投影上，且点分直线的两线段长度之比等于其点的投影分线段的投影长度之比；反之亦然。

如图 2-12 所示，垂直于 *H* 面的直线 *AB* 的水平投影积聚成一点，*AB* 上的点 *C* 的水平投影 *c* 也必积聚在其上；与 *H* 面倾斜的直线 *DE* 的水平投影 *de* 为直线，*DE* 上的点 *F* 的水平投影 *f* 必在 *de* 上。同理，直线上的点的正面投影、侧面投影也必在该直线的正面投影、侧面投影上。由初等几何可知，点 *F* 分割 *DE* 的长度比与 *F* 点的投影分 *DE* 的同面投影的长度比相等，即有 $DF:FE=df:fe=d'f':f'e'=d''f'':f''e''$。

判断点是否在直线上可以通过直线上点的投影特性检验。如图 2-13 所示，判断点 *C*、*F*、*K*、*M* 是否在直线 *AB*、*DE*、*GH*、*JN* 上，用直线上点的投影特性就可以检验。在两面投影体系中可以判定点 *C*、*F* 在直线 *AB*、*DE* 上，点 *K* 不在直线 *GH* 上，而点 *M* 是否在直线 *JN* 上需增加一个投影面即用三面投影体系才能判断。

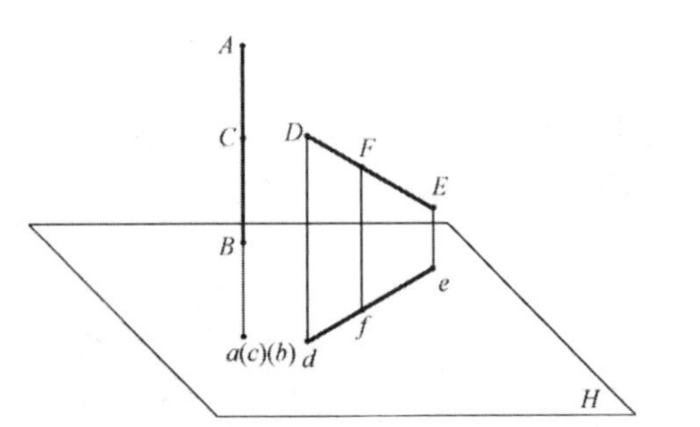

图 2-12　直线上的点的投影特性

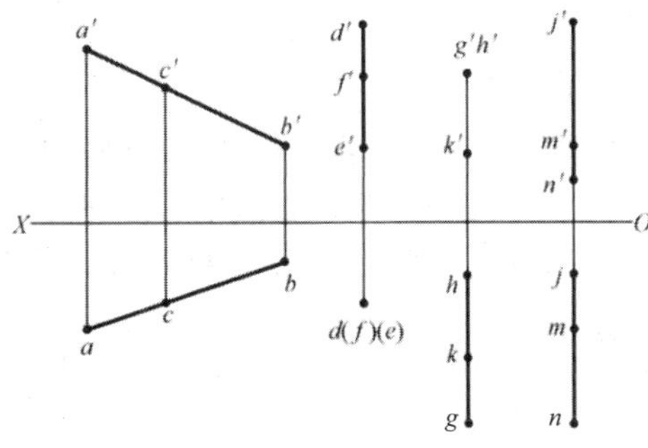

图 2-13　判断点是否在直线上

【例 2-2】　如图 2-14(a)所示，已知直线 *AB* 及点 *C*、*D*，检验点 *C*、*D* 是否在直线 *AB* 上。

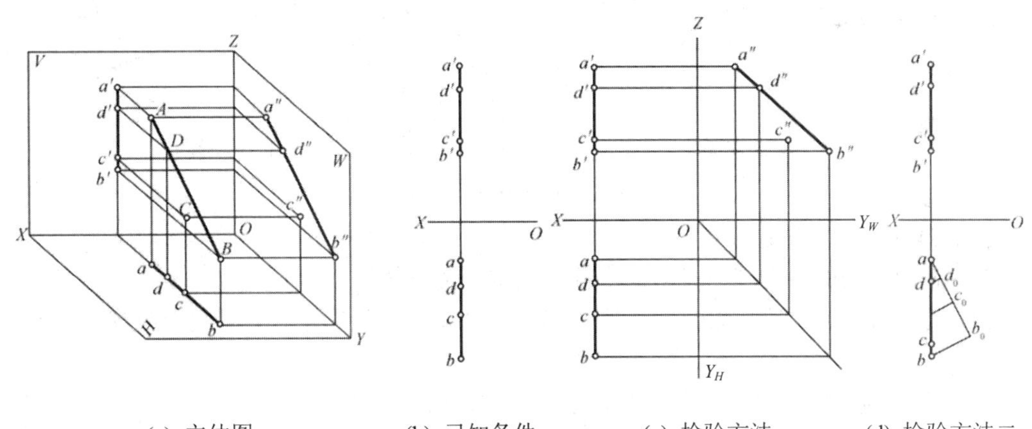

(a) 立体图　　(b) 已知条件　　(c) 检验方法一　　(d) 检验方法二

图 2-14　检验点 *C* 和 *D* 是否在直线 *AB* 上

【解】　由于直线 AB 是侧平线，虽然点 C、D 的两个投影都位于直线 AB 的同面投影上，但不能按直线上点的投影特性在两面投影体系中检验，需在三面投影体系中检验。现用如下两种方法进行检验：

(1) 检验方法一：如图 2-14(c)所示，由原点 O 作 OX 的垂线并反向延长 OX 扩展成三面投影体系，按已知点的两投影作出第三投影，作出 A、B、C、D 的侧面投影 a''、b''、c''、d''，并连接 AB 直线的侧面投影 $a''b''$。由于 c''不在 $a''b''$上，d''在 $a''b''$上，便检验出点 C 不在直线 AB 上，点 D 在直线 AB 上。

(2) 检验方法二：如图 2-14(d)所示，应用点分割直线成等比例的原理分析，过 a 作任意方向的直线，在其上依次量取 d_0、c_0、b_0，使 ad_0、d_0c_0、c_0b_0 分别等于 $a'd'$、$d'c'$、$c'b'$。连接 b 与 b_0，过 d_0、c_0 作 bb_0 的平行线，过 d_0 的平行线恰好与 ab 交于 d，而过 c_0 的平行线与 ab 的交点不与 c 重合，则检验出点 D 在直线 AB 上，点 C 不在直线 AB 上。

五、两直线的相对位置

两直线的相对位置有 3 种情况：平行、相交、交叉。平行两直线和相交两直线分别位于同一平面上，是共面直线；交叉两直线既不平行又不相交，它们不在同一平面上，称为异面直线。

1. 两直线平行

根据正投影基本性质中的平行性可知，若空间两直线相互平行，则它们的同面投影也一定平行；反之，如果两直线的各面投影都相互平行，则空间两直线平行。如图 2-15 所示，已知 $AB /\!/ CD$，则 $ab /\!/ cd$，$a'b' /\!/ c'd'$。

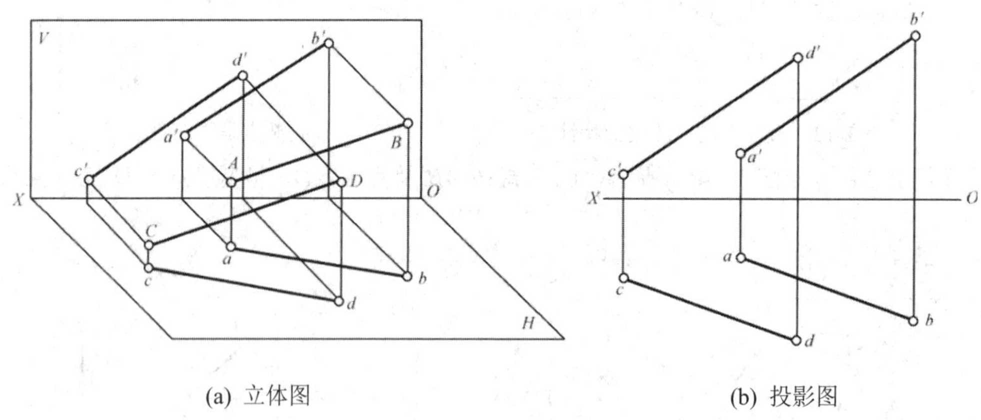

(a) 立体图　　(b) 投影图

图 2-15　平行两直线

两直线平行的判定：

(1) 若两直线的 3 组同面投影都平行，则空间两直线平行。

(2) 若两直线为一般位置直线，则只需要有两组同面投影平行，就可判定空间两直线平行。

只要两直线的同面投影都分别互相平行，则这两条直线必互相平行。

(3) 若两直线同为某一投影面平行线，且在其平行的投影面上的投影彼此平行(或重合)，则可判定空间两直线平行。如图 2-16(a)所示，两条侧平线 AB、CD，虽然投影 $ab /\!/$

cd，$a'b'$ // $c'd'$，但是不能判断 AB // CD，还需求出它们的侧面投影来进行判断。从侧面投影可以看出，AB、CD 两直线不平行。同理，如图 2-16(b)、(c)所示，判定两条水平线、正平线是否平行，都应分别从它们的水平投影和正面投影进行判定。

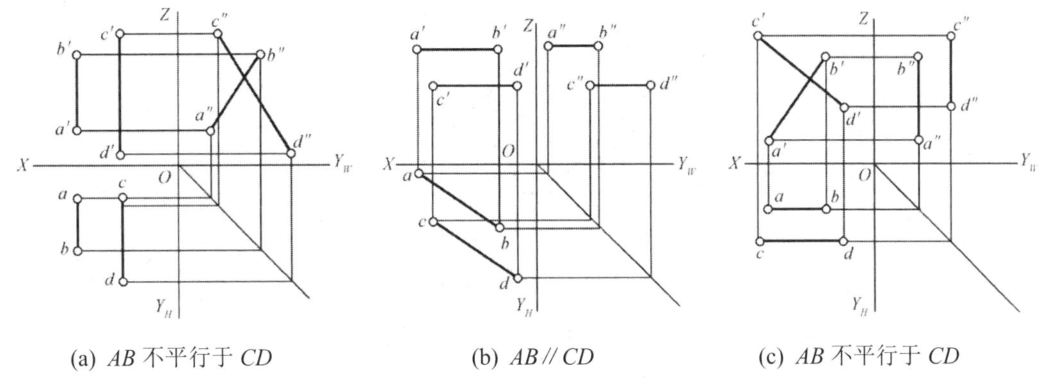

(a) AB 不平行于 CD　　(b) AB // CD　　(c) AB 不平行于 CD

图 2-16　判定两投影面平行线是否平行

2. 两直线相交

空间两直线相交，则它们的同面投影除了积聚和重影之外，必相交，且交点同属于两条直线，故满足直线上的点的投影规律。如图 2-17(a)所示，空间两直线 AB、CD 相交于点 K。因为交点 K 是这两条直线的公共点，所以 K 的水平投影 k 一定是 ab 与 cd 的交点，正面投影 k' 一定是 $a'b'$ 与 $c'd'$ 的交点。又因为 k 和 k' 是同一点 K 的两面投影，所以如图 2-17(b)所示，连线 kk' 一定垂直于投影轴 OX 轴。

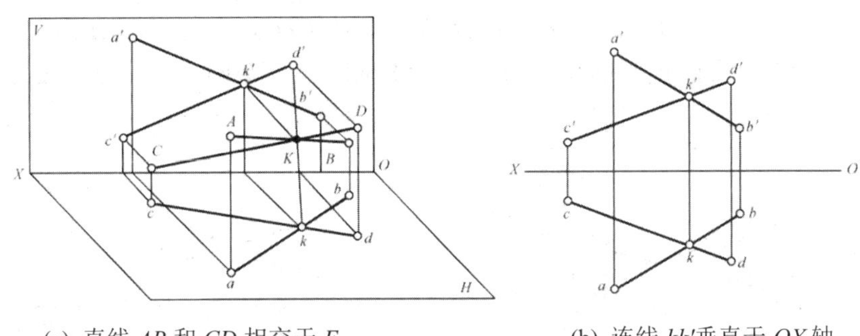

(a) 直线 AB 和 CD 相交于 E　　(b) 连线 kk' 垂直于 OX 轴

图 2-17　相交两直线

(1) 若两直线的三面投影都相交，且交点满足直线上的点的投影规律，则两直线相交。

(2) 若直线为一般位置直线，只要有两组同面投影相交，且交点满足直线上的点的投影规律，则两直线相交。

(3) 若两直线中有投影面平行线，则必须通过直线所平行的投影面上的投影判定直线是否满足相交的条件，或者应用定比性判断投影的交点是否为直线交点的投影。

只要两直线的同面投影在投影图中都相交，并且同面投影的交点是同一点的投影，则这两直线一定相交。

【例 2-3】　已知直线 AB、CD 的两面投影，如图 2-18(a)所示，判断这两条直线是否相交。

【解】方法一：如图 2-18(b)所示，利用第三面投影进行判断。求出两直线的侧面投影 $a''b''$、$c''d''$，从投影图中可以看出，$a'b'$、$c'd'$ 的交点与 $a''b''$、$c''d''$ 的交点连线不垂直于 OZ

轴，故 AB、CD 两直线不相交。

方法二：如图 2-18(c)所示，利用直线上的点分线段为定比进行判断。如果 AB、CD 相交于点 K，则 $ak : kb = a'k' : k'b'$，但是从投影图中可以看出，$ak : kb \neq a'k' : k'b'$，故两直线 AB、CD 并不相交。

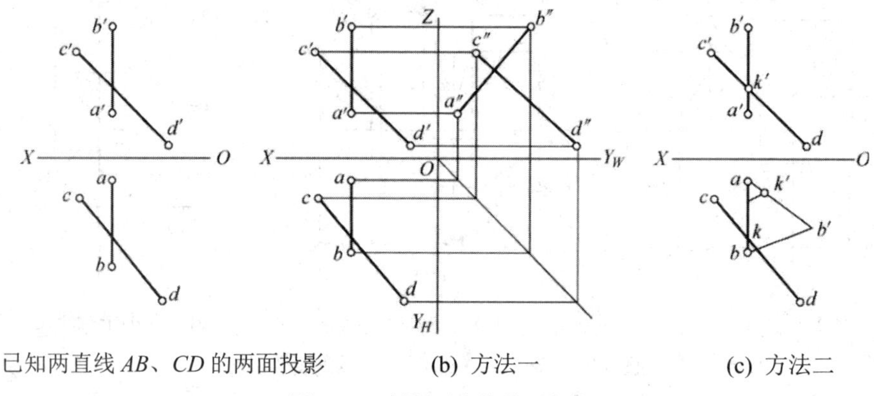

(a) 已知两直线 AB、CD 的两面投影　(b) 方法一　(c) 方法二

图 2-18　判断两直线是否相交

3. 两直线交叉

空间两直线既不平行也不相交，称为两直线交叉。虽然交叉两直线的同面投影有时可能平行，但不可能所有的同面投影都平行。交叉两直线的同面投影有时也可能相交，但这个交点只不过是两直线上在同一投影面的两重影点的重合投影。如图 2-19 所示，交叉直线 AB、CD，正面投影的交点 $e'(f')$是直线 AB 上的点 E 和 CD 上的点 F 在 V 面的重影；水平投影的交点 $h(g)$是直线 AB 上的点 G 和直线 CD 上的点 H 在 H 面上的重影。从投影图中可以看出，H 面投影的交点与 V 面投影的交点不在同一条铅垂线上，故空间两直线不是相交而是交叉。

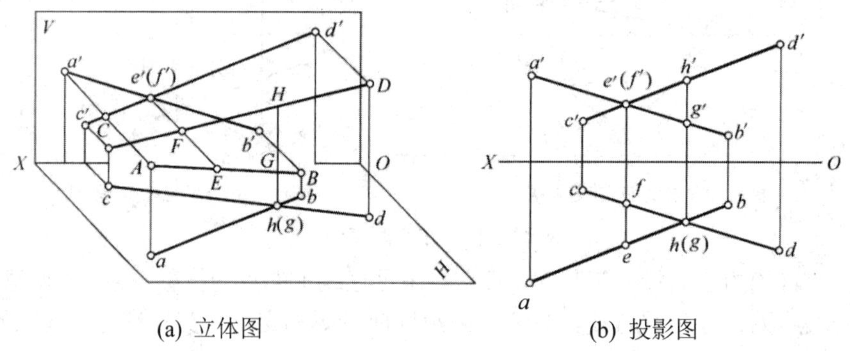

(a) 立体图　(b) 投影图

图 2-19　交叉两直线

交叉的两直线有一个可见性的问题。从图 2-19(a)可以看出，点 G、H 是在 H 面的投影重影，点 H 在上，点 G 在下。也就是说，直线向 H 面投影时，在线 CD 上的点 H 挡住了直线 AB 上的点 G，因此 H 的水平投影 h 可见，而 G 的水平投影 g 不可见。在图 2-19(b)中，可根据两直线的水平投影的交点 $h(g)$引一条 OX 轴的垂线到 V 面，先遇到 $a'b'$ 于 g'，后遇到 $c'd'$ 于 h'，说明 AB 上的点 G 在下，CD 上的点 H 在上，因此 h 可见 g 不可见。同理，向 V 面投影时，直线 AB 上的点 E 挡住了直线 CD 上的点 F，因此在 V 面投影中，e' 可见，f' 不可见。

第四节　平面的投影

一、构成平面的集合要素

平面是直线沿某一方向运动的轨迹。要作出平面的投影，只要作出构成平面形状轮廓的若干点与线的投影，然后连成平面图形即可。根据平面与投影面之间的相对位置可将平面分为一般位置平面、投影面平行面和投影面垂直面，后两种统称为特殊位置平面。

构成平面的集合要素有以下几点：

(1) 不在同一条直线上的 3 个点（如图 2-20(a)所示）；

(2) 一直线和直线外一点（如图 2-20(b)所示）；

(3) 两平行直线（如图 2-20(c)所示）；

(4) 两相交直线（如图 2-20(d)所示）；

(5) 平面图形（如图 2-20(e)所示）。

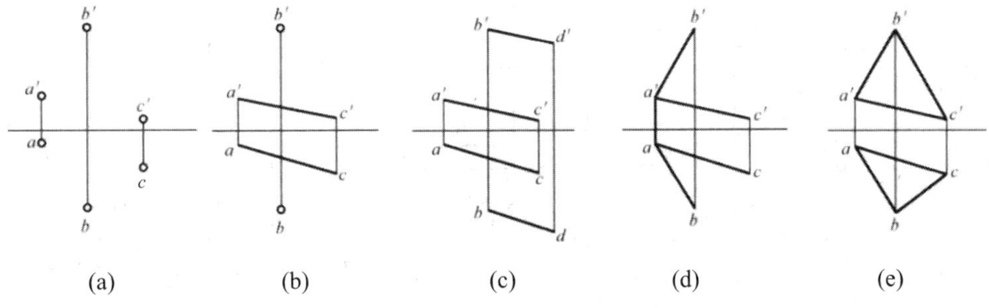

图 2-20　几何元素表示的平面

二、一般位置平面的投影

与三个投影面均倾斜的平面称为一般位置平面，也称倾斜面，如图 2-21 所示。从图中可以看出，一般位置平面的各个投影均为原平面图形的类似形，且比原平面图形本身的实形小。它的任何一个投影，既不反映平面的实形，也无积聚性。

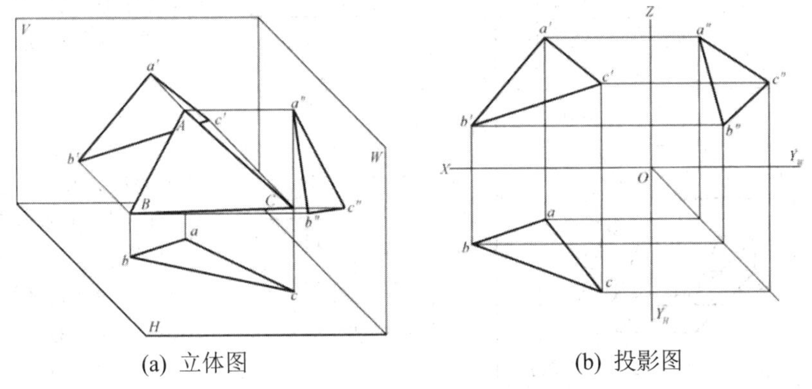

图 2-21　一般位置平面

三、特殊位置平面的投影

1. 投影面垂直面

投影面垂直面是垂直于某一投影面的平面，对其余两个投影面倾斜。投影面垂直面可分为铅垂面、正垂面和侧垂面。

(1) 铅垂面是垂直于水平投影面的平面，即垂直于 *H* 面，倾斜于 *V* 面、*W* 面。

(2) 正垂面是垂直于正立投影面的平面，即垂直于 *V* 面，倾斜于 *H* 面、*W* 面。

(3) 侧垂面是垂直于侧立投影面的平面，即垂直于 *W* 面，倾斜于 *H* 面、*V* 面。

一个平面只要有一个投影积聚为一倾斜线，那么这个平面一定垂直于积聚投影所在的投影面。投影面垂直面在它所垂直的投影面上的投影积聚为一条斜直线，它与相应投影轴的夹角反映该平面对其他两个投影面的倾角；在另两个投影面上的投影反映该平面的类似形且小于实形。投影面垂直面的投影特性如表 2-3 所示。

表 2-3　投影面垂直面的投影特性

名称	直观图	投影图	投影特性
铅垂面	V, Z, p′, P, p″, W, X, p, H, Y	Z, p′, p″, X, O, Y_W, β, p, γ, Y_H	(1) 水平投影积聚成一条斜直线。 (2) 水平投影与 *X* 轴和 *Y* 轴的夹角，分别反映平面与 *V* 面和 *W* 面的倾角 β 和 γ。 (3) 正面投影及侧面投影为平面的类似形
正垂面	V, Z, q′, Q, q″, W, X, q, H, Y	Z, q′, α, γ, q″, X, O, Y_W, q, Y_H	(1) 正面投影积聚成一条斜直线。 (2) 正面投影与 *X* 轴和 *Z* 轴的夹角，分别反映平面与 *H* 面和 *W* 面的倾角 α 和 γ。 (3) 水平投影及侧面投影为平面的类似形
侧垂面	V, Z, r′, R, r″, W, X, r, H, Y	Z, r′, β, r″, α, X, O, Y_W, r, Y_H	(1) 侧面投影积聚成一条斜直线。 (2) 侧面投影与 *Y* 轴和 *Z* 轴的夹角，分别反映平面与 *H* 面和 *V* 面的倾角 α 和 β。 (3) 水平投影及正面投影为平面的类似形

2. 投影面平行面

投影面平行面是平行于某一投影面，同时也垂直于另外两个投影面的平面。投影面平行面可分为水平面、正平面和侧平面。

一个平面只要有一个投影积聚为一条平行于投影轴的直线，则该平面就平行于非积聚投影所在的投影面，且此非积聚投影反映该平面图形的实形。

(1) 水平面是平行于水平投影面的平面，即与 H 面平行同时垂直于 V 面、W 面。

(2) 正平面是平行于正立投影面的平面，即平行于 V 面同时垂直于 H 面、W 面。

(3) 侧平面是平行于侧立投影面的平面，即平行于 W 面同时垂直于 V 面、H 面。

投影面平行面在它所平行的投影面的投影反映实形，在其他两个投影面上的投影积聚为直线，且与相应的投影轴平行。投影面平行面的投影特性如表 2-4 所示。

表 2-4　投影面平行面的投影特性

名称	直观图	投影图	投影特性
水平面	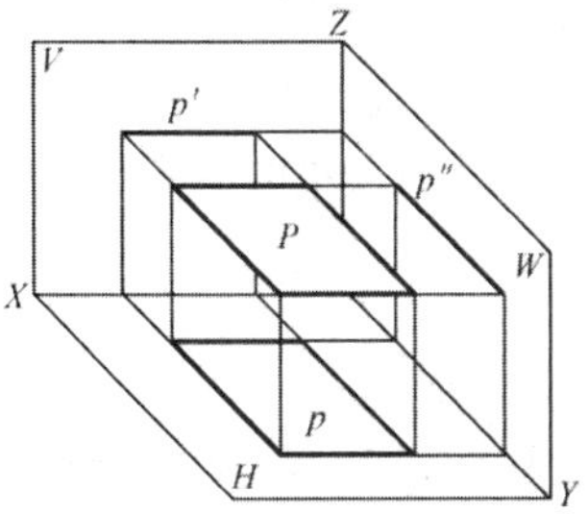 V Z p′ p″ P W X p H Y	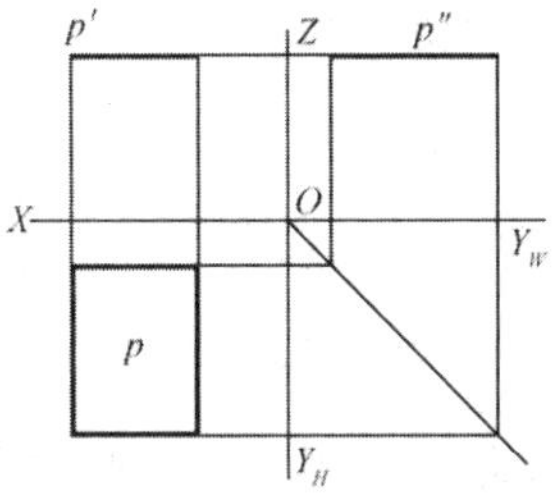 p′ Z p″ X O Y_W p Y_H	(1) 水平投影反映实形。 (2) 正面投影及侧面投影积聚成一条直线，且分别平行于 X 轴及 Y 轴
正平面	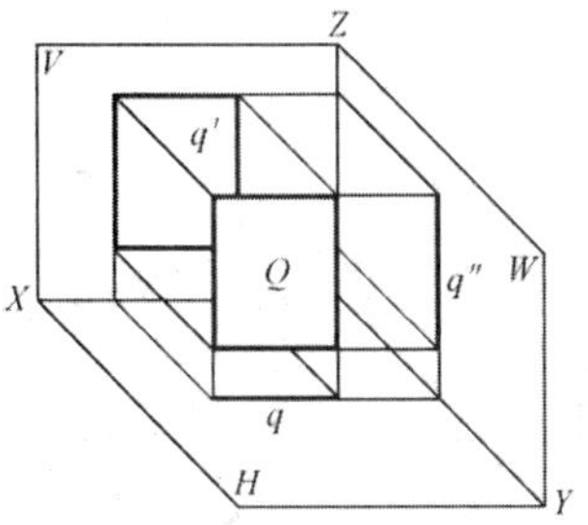 Z V q′ Q q″ W X q H Y	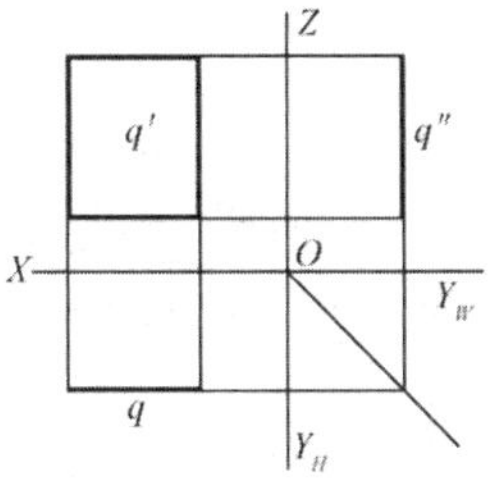 Z q′ q″ X O Y_W q Y_H	(1) 正面投影反映实形。 (2) 水平投影及侧面投影积聚成一条直线，且分别平行于 X 轴及 Z 轴
侧平面	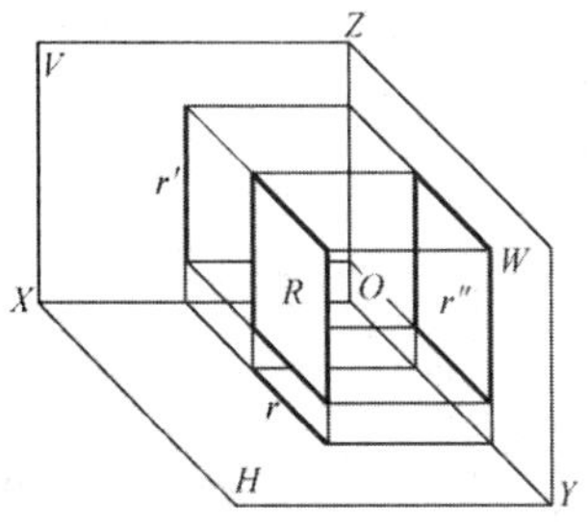 Z V r′ W X R O r″ r H Y	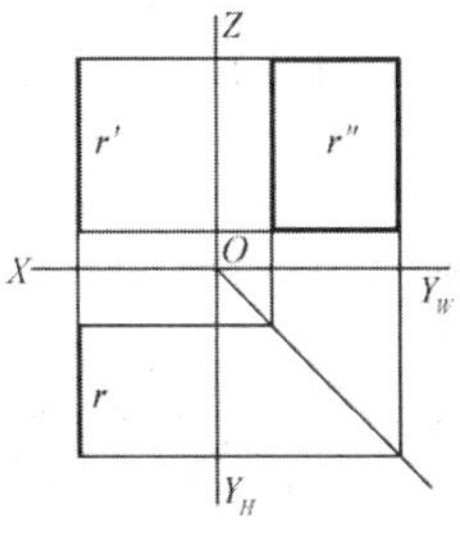 Z r′ r″ X O Y_W r Y_H	(1) 侧面投影反映实形。 (2) 水平投影及正面投影积聚成一条直线，且分别平行于 Y 轴及 Z 轴

四、平面上的点和直线

1. 平面上的点

点在平面上的判定条件是，如果点在平面内的一条直线上，则点在该平面上。如图 2-22 所示，点 *F* 在直线 *DE* 上，而 *DE* 在△*ABC* 上，因此，点 *F* 在△*ABC* 上。

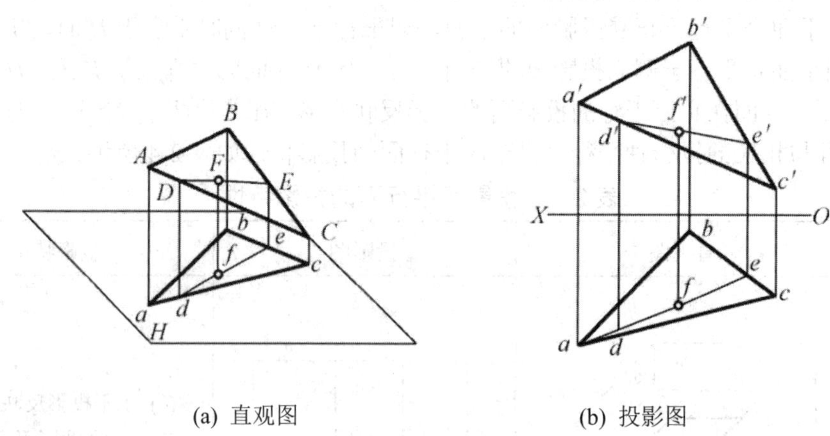

(a) 直观图　　(b) 投影图

图 2-22　平面上的点

2. 平面上的直线

直线在平面上的判定条件是，如果一直线通过平面上的两个点，或通过平面上的一个点，且平行于平面上的一直线，则直线在该平面上。在图 2-23 中，直线 *DE* 通过平面 *ABC* 上的点 *D* 和点 *E*；直线 *BG* 通过平面上一点 *B* 并平行于边 *AC*。因此，*DE* 和 *BG* 都在平面 *ABC* 上。

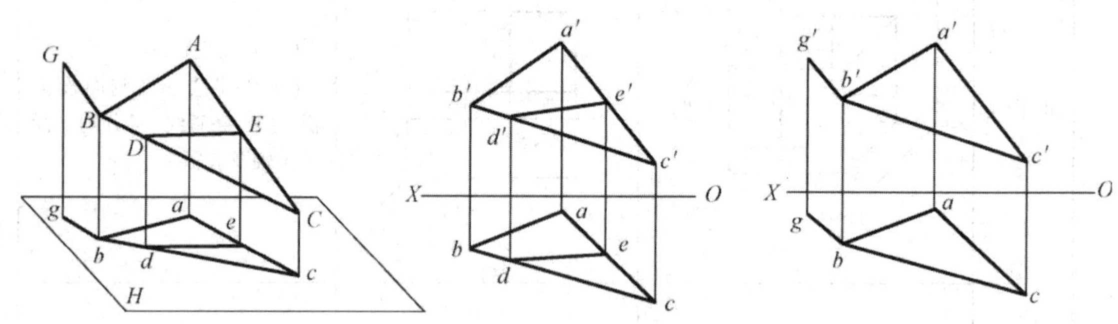

图 2-23　平面上的直线

五、平面投影的识读与作图

下面通过几道例题来了解平面投影的识读与作图。

【例 2-4】　已知正方形 *ABCD* 平面垂直于 *V* 面以及 *AB* 的两面投影，如图 2-24(a)所示，求作此正方形的三面投影图。

【解】　因为正方形是一正垂面，AB 边是正平线，所以 AD、BC 是正垂线，$a'b'$ 长即为正方形各边的实长。作图方法如图 2-24(b)所示。

(1) 过 a、b 分别作 $ad \perp OX$、$bc \perp OX$，且截取 $ad = a'b'$，$bc = a'b'$；

(2) 连接 dc 即为正方形 $ABCD$ 的水平投影；

(3) 正方形 $ABCD$ 是一正垂面，正面投影积聚为 $a'b'$，再分别求出 a''、b''、c''、d''，依次连线，即为正方形 $ABCD$ 的侧面投影。

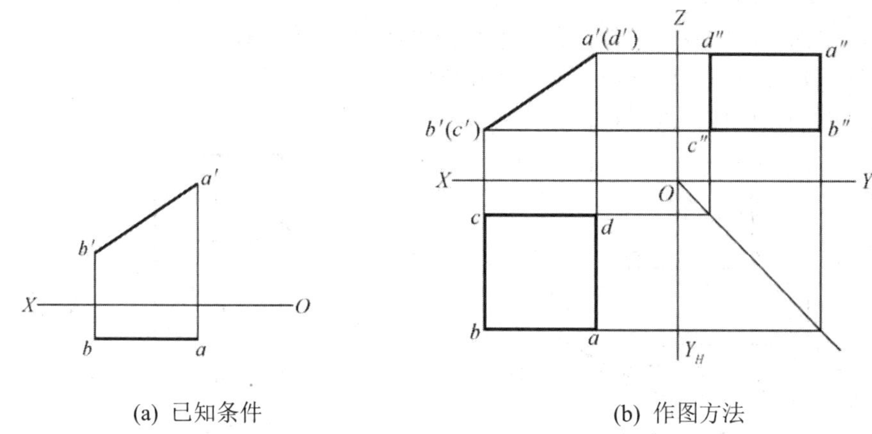

(a) 已知条件　　(b) 作图方法

图 2-24　求作正方形的三面投影

【例 2-5】　已知等腰三角形 ADC 的顶点 A，过点 A 作等腰三角形的投影。该三角形为铅垂面，高为 25 mm，$\beta = 30°$，底边 BC 为水平线，长为 20 mm。

【分析】　因等腰三角形 ABC 是铅垂面，故水平投影积聚成一条与 X 轴成 β=30°角的斜直线。三角形的高是铅垂线，在正面投影反映实长(25 mm)。底边 BC 在水平投影上反映实长(20 mm)。因为 BC 为水平线，所以正面投影 $b'c'$和侧立投影 $b''c''$平行于 X、Y_W 轴，作图过程如图 2-25(a)、(b)、(c)所示。

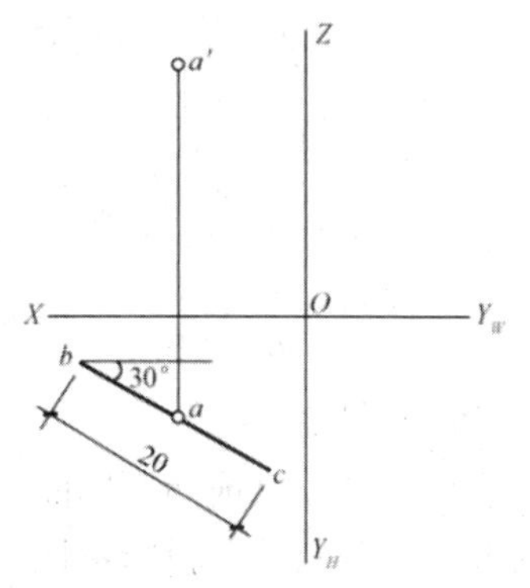

(a) 过 a 作 bc，与 x 轴成 30° 且使 $ba = ac = 10$ mm

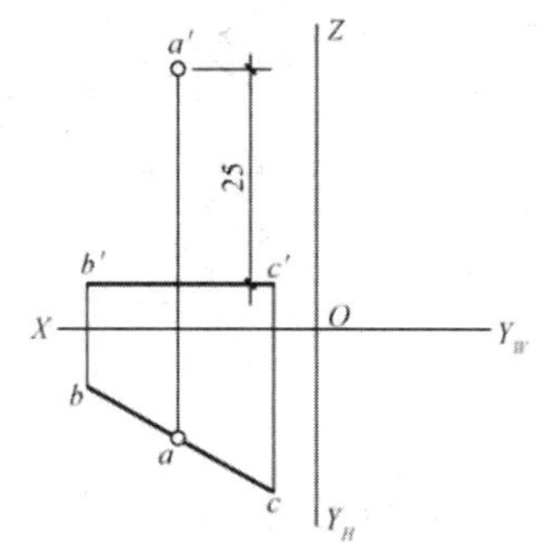

(b) 过 a' 向正下方截取 25 mm，并作 BC 的正面投影 $b'c'$

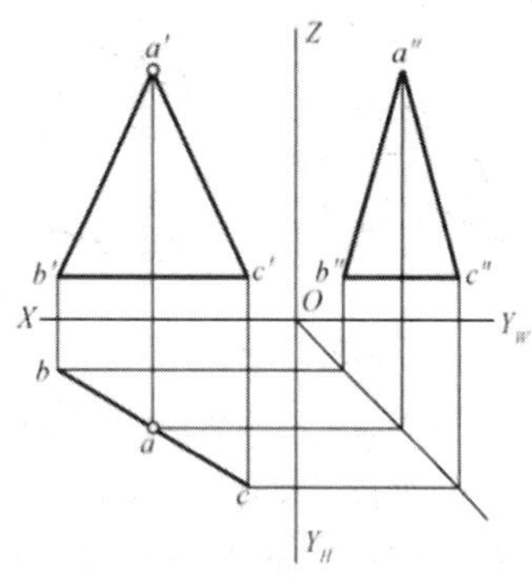

(c) 根据水平投影及正面投影，完成侧面投影

图 2-25　作等腰三角形的投影

第五节　直线与平面及两平面的相对位置

一、直线与平面、平面与平面平行

1. 直线与平面平行

直线与平面平行的几何条件：直线平行于平面内的任一直线。

若直线与特殊位置平面平行，由于特殊位置平面的一个投影有积聚性，故直线的一个投影必与平面的积聚性投影平行，如图 2-26 所示。

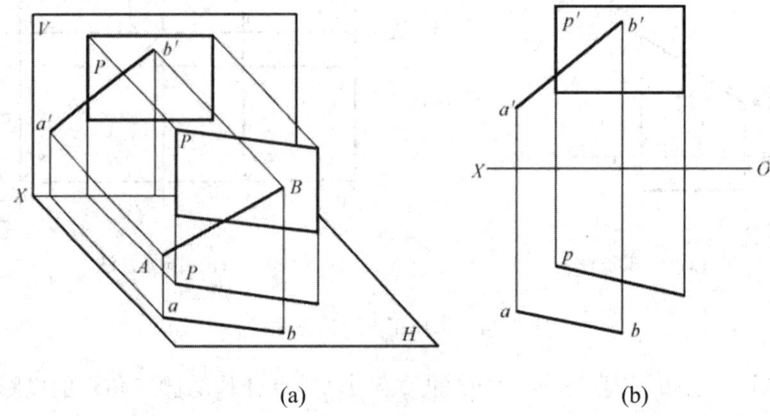

图 2-26　直线与特殊位置平面平行

2. 平面与平面平行

平面与平面平行的几何条件：一平面内的两相交直线平行于另一平面内的两相交直线，如图 2-27 所示。在图 2-28 中，因两平面的积聚性投影平行，故两平面互相平行。

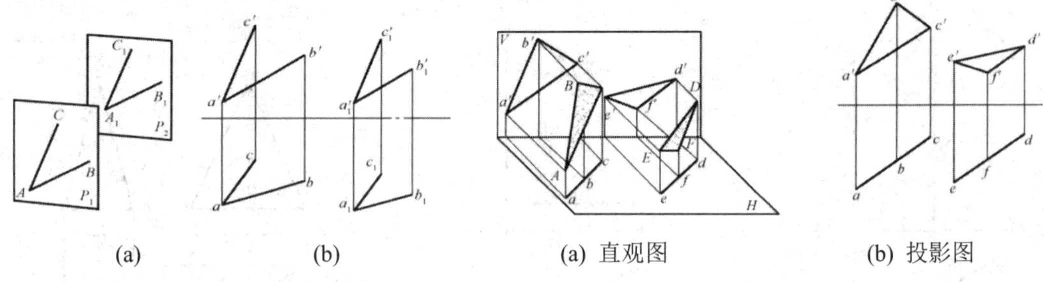

图 2-27　两相交直线对应平行　　　　图 2-28　两积聚性投影平行

当平面为特殊位置时，直线与平面以及两平面平行，在投影图中有一个或两个同面投影有积聚性，能直接反映出直线与平面以及两平面平行的投影特性，常用这些投影特性来检验和求解有关直线与平面以及两平面平行的作图问题。

【例 2-6】　如图 2-29(a)所示，已知点 *G* 和处于铅垂面位置的矩形平面 *ABCD*，以及直线 *EF* 的正面投影 *e'f'* 和点 *E* 的水平投影 *e*，还已知 *EF* 平行于矩形平面 *ABCD*。求作 *EF* 的水平投影和过点 *G* 平行于矩形 *ABCD* 的平面。

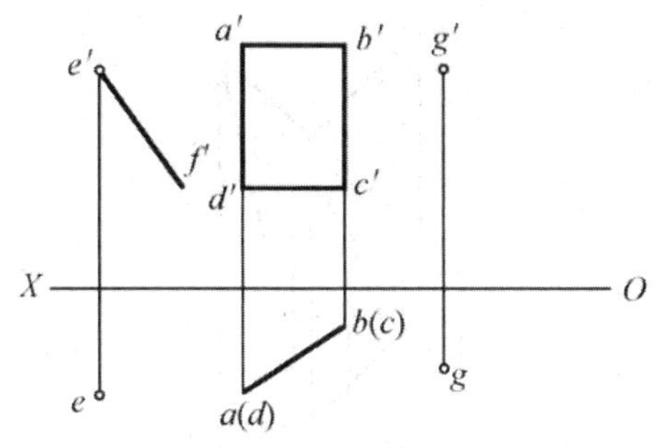

(a) 已知条件

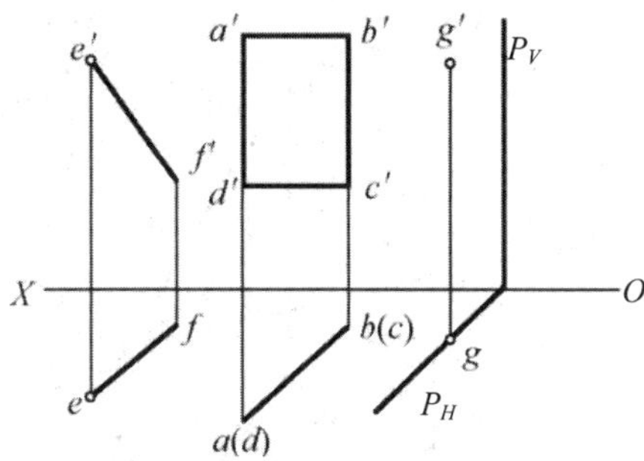

(b) 检验、作图过程和作图结果

图 2-29　例 2-6 图

【解】　根据平面处于特殊位置时的直线与平面以及两平面相互平行的投影特性，就能作出 *EF* 的投影和过点 *G* 的平行平面。作图过程如图 2-29(b)所示。

(1) 过 *e* 作直线平行于 *abcd*，过 *f*′ 作投影连线，交得 *f*，*ef* 就是直线 *EF* 的水平投影。

(2) 过 *g* 作铅垂面 *P* 的有积聚性的水平迹线 P_H// *abcd*，则这个铅垂面 *P* 就是过点 *G* 的平行于矩形平面 *ABCD* 的平面。

二、直线与平面、平面与平面相交

直线与平面、平面与平面的相对位置，凡不符合平行几何条件的，必然相交。在此只讨论平面与投影面垂直的特殊位置，即平面的投影具有积聚性的情况。

1. 直线与平面相交

(1) 直线与特殊位置平面相交。直线与平面相交的交点是直线与平面的共有点，当需判断直线投影的可见性时，交点又是直线各投影可见与不可见的分界点，如图 2-30 所示。

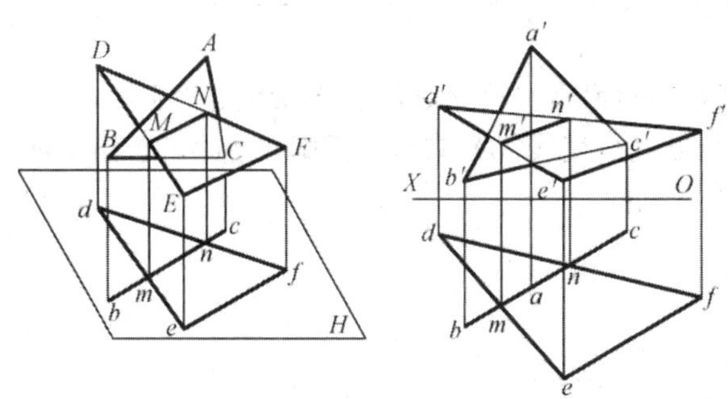

图 2-30　一般位置直线与特殊位置平面相交

(2) 投影面垂直线与平面相交。如图 2-31 所示为一铅垂线 *MN* 与△*ABC* 相交。因交点 *K* 在 *MN* 上，故其水平投影 *k* 与 *mn* 重合；而 *K* 又在△*ABC* 上，故可运用平面上取点的方法，用辅助线(如 *CE*)求出 *k*′。

(3) 一般位置直线与一般位置平面相交。如图 2-32 所示，直线 *AB* 与平面 *CDE* 相交。交点 *K* 既是直线 *AB* 上的点又是平面 *CDE* 上的点，其必在此平面上过点 *K* 的任一直线 *MN* 上。一对相交直线 *MN* 与 *AB* 组成另一个平面 *R*。*MN* 也就是包含 *AB* 的平面 *R* 与平面 *CDE* 的交线，*MN* 与 *AB* 的交点即直线 *AB* 与平面 *CDE* 的交点。

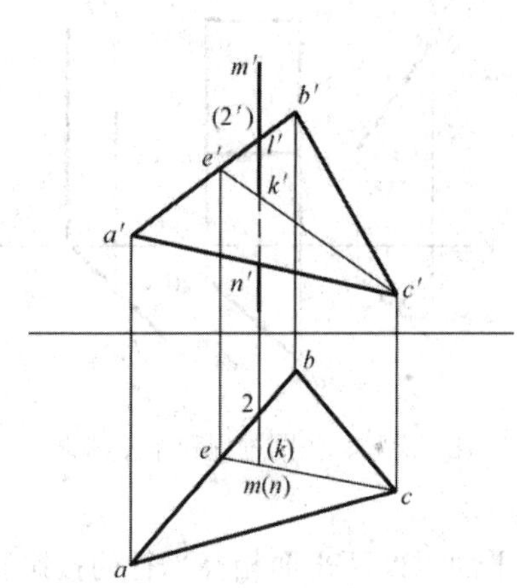

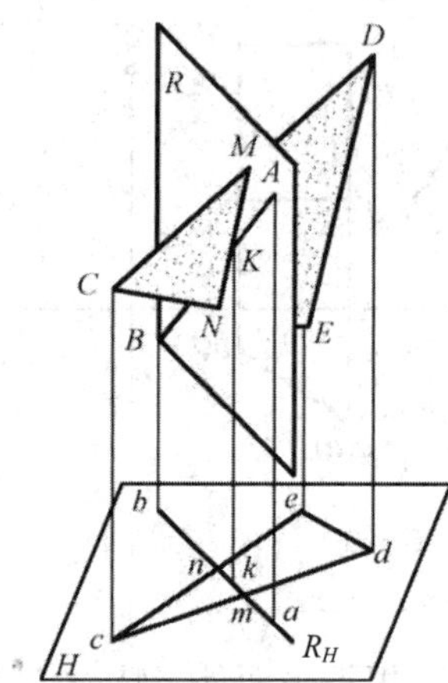

图 2-31　铅垂线与一般位置平面相交　　　图 2-32　一般位置直线与一般位置平面相交

一般位置直线与一般位置平面相交时，求交点的作图步骤如下：

(1) 根据已知直线作辅助面(为便于作图，常采用投影面垂直面)。

(2) 求辅助平面与已知平面的交线。

(3) 求出该交线与已知直线的交点，即为所求。

2. 平面与平面相交

两平面相交的交线是两平面的共有线，当需要判断平面投影的可见性时，交线又是平面各投影可见与不可见的分界线。

(1) 投影面垂直面与一般位置平面相交。两平面的交线是直线，只要求出两个共有点，交线就可以确定了。可以利用求投影面垂直面与一般位置直线的交点的方法来求交线。如图 2-33 所示，分别求出两直线 *EF*、*EG* 与 *ABCD* 面的交点 *K*、*L*，直线 *KL* 即为两已知平面的交线。

(2) 两铅垂面相交。当两铅垂面相交时，交线 *MN* 是铅垂线，如图 2-34 所示。两铅垂面的 *H* 面积聚投影的交点就是交线 *MN* 的水平投影。由此可求出交线 *MN* 的正面投影，并由水平投影直接判断出可见性。

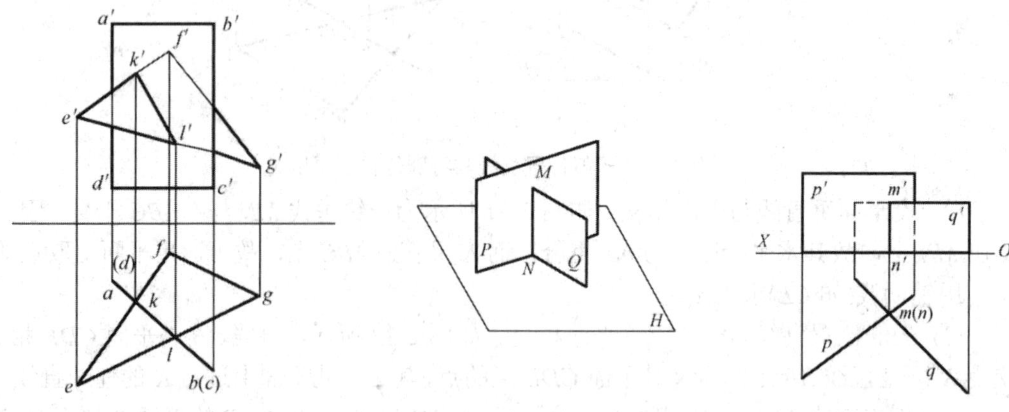

图 2-33　投影面铅垂面与一般位置平面相交　　　图 2-34　两铅垂面相交

三、直线与平面、平面与平面垂直

1. 直线与平面垂直

由几何学可知：一直线若垂直于一平面上任意两相交直线，则直线垂直于该平面，且直线垂直于该平面上的所有直线。在此只讨论平面是投影面垂直面的特殊情况。

图 2-35 中直线 $MK \perp$ 平面 $ABCD$。因平面 $ABCD \perp H$ 面，MK 必平行 H 面，故 $m'k' // OX$，$mk \perp abcd$。图 2-35 中点 k 为垂足，mk 为反映点 m 到此平面的实际距离。由此可知，直线与投影面垂直面垂直时，必与该平面所垂直的投影面平行，故其投影特点为：在与平面垂直的投影面上的投影反映直角，直线的另一投影必平行于投影轴。

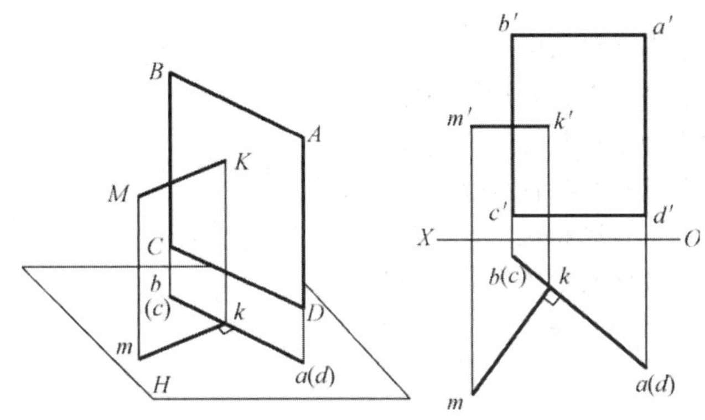

图 2-35　直线与特殊位置平面垂直

2. 平面与平面垂直

两平面相互垂直的几何条件：若一直线垂直于平面，则包含这条直线所作的任何平面均与已知平面垂直；反之，若两平面垂直，则由一个平面内任一点作另一平面的垂线，该垂线必然属于前一平面。

当两个互相垂直的平面垂直于同一投影面时，两平面有积聚性的同面投影必定垂直，交线是该投影面的垂直线。如图 2-36 所示，两铅垂面 $ABCD$、$CDEF$ 互相垂直，它们的 H 面具有积聚性的投影互相垂直相交，交点是两平面的交线——铅垂线的积聚投影。

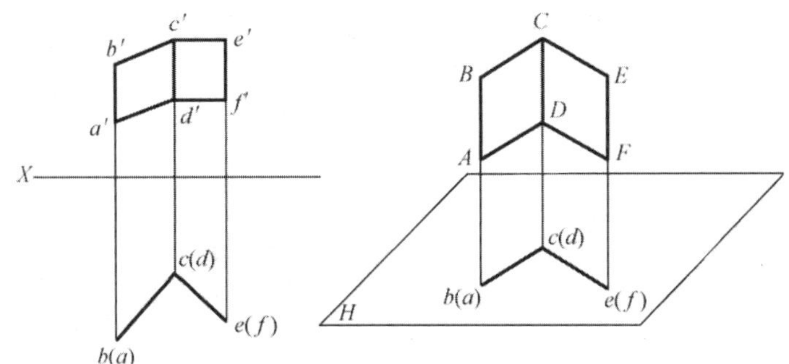

图 2-36　两铅垂面相互垂直

【本章小结】

本章主要介绍了投影法的概念、分类，点的投影，直线的投影，平面的投影，直线与平面及两平面的相对位置等内容。通过本章的学习，可以对投影法基本知识，点、直线、平面投影有一定的认识，在制图中正确、熟练地应用点、直线、平面的投影。

【课后练习】

1. 产生投影的必备条件有哪些?
2. 点在三面投影体系的投影规律是什么?
3. 怎样判别重影点的可见性?
4. 各种位置直线的投影特性是什么?
5. 各种位置平面的投影特性是什么?
6. 平面上点和直线的几何条件有哪些?
7. 两平面相互垂直的几何条件是什么？

第三章　平面建筑形体的投影

第一节　平面立体的投影

一、平面立体的类型

表面由平面围成的形体称为平面立体。在建筑工程中，建筑物以及组成建筑物的各种构件和配件等，大多数都是平面立体，如梁、板、柱、墙等。因此，应当熟练掌握平面立体的投影特点和分析方法。

基本平面体包括棱柱体(如正方体、长方体、三棱体等)、棱锥体(如三棱锥等)和棱台体(如四棱台等)，如图 3-1 所示。

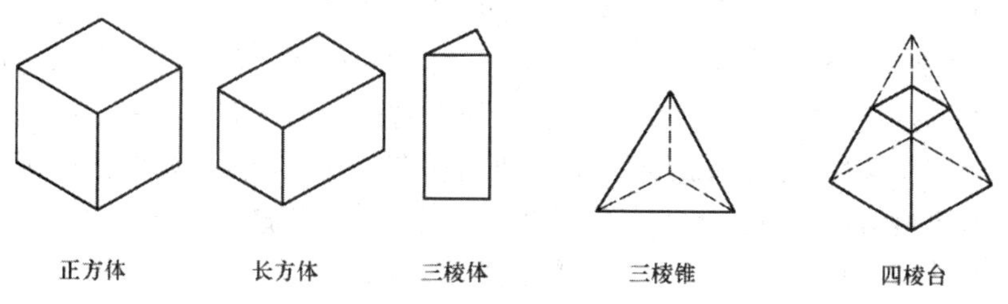

图 3-1　基本平面体

作平面体的投影图，关键在于作出平面体上的点(棱点)、直线(棱线)和平面(各侧表面)的投影。

二、棱柱体的投影

棱柱体是由侧表面、顶点和底面包围而成的。为了便于绘制几何体的三面正投影图，通常将形体的各个面与投影面保持平行或垂直。常见的棱柱体有长方体、三棱柱、五棱柱等。

1. 长方体

长方体是由前、后、左、右、上、下六个相互垂直的平面构成的。只要按照投影规律画出各个表面的投影，即可得到长方体的投影图。

投影时把长方体(如烧结普通砖)放在三个相互垂直的投影面之间，方向位置摆正，即长方体的前、后面与 V 面平行，左、右面与 W 面平行，上、下面与 H 面平行。这样得到的长方体的三面正投影图反映了长方体的三个面的实际形状和大小，综合起来就能体现它的整体，如图 3-2 所示。

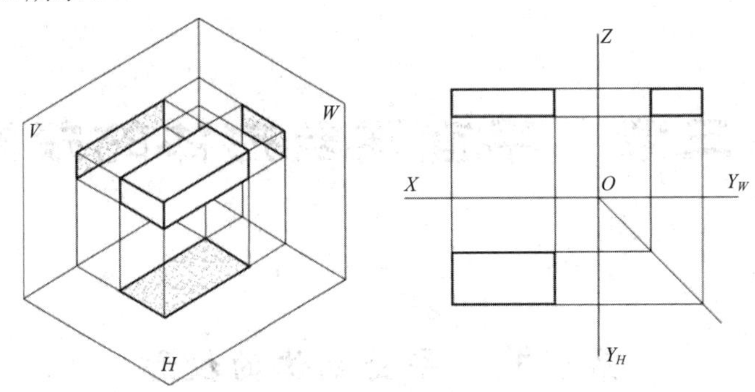

图 3-2　长方体的投影

【例 3-1】　已知长方体的长为 *L*、宽为 *B*、高为 *H*、求长方体的三面投影。

【解】　如图 3-3(a)所示的长方体，使上下面摆放成与水平面平行、左右面放置成与侧平面平行、前后面放置成与正平面平行。

(1) 投影分析。

① *H* 面投影为矩形，它是上、下底面的投影面，因为平行于 *H* 面，所以它反映实体大小，且上下面对齐并重叠在一起。矩形的前后两边是前、后面的投影，因为两平面垂直于 *H* 面，所以有积聚性，其投影是直线，同理可得左右两边。四边形的四个顶点是长方体上与 *H* 面垂直棱线的投影，因为有积聚性，四条棱线积聚成四个点。

② *V* 面投影为矩形，它是前、后面的投影面，因为平行于 *V* 面，所以它反映实体大小，且前后面对齐并重叠在一起。四边形的上下两边是上、下面的投影，因为两平面垂直于 *V* 面，所以有积聚性，其投影是直线，同理可得左右两边。四边形的四个顶点还是长方体上与 *V* 面垂直棱线的投影，因为有积聚性，四条棱线积聚成四个点。

③ *W* 面投影为矩形，它是左、右面的投影面，因为平行于 *W* 面，所以它反映实形且左右面对齐并重叠在一起。四边形的上下两边是上、下面的投影，因为两平面垂直于 *W* 面，所以有积聚性，其投影是直线，同理可得前后两边。同时四边形的四个顶点还是长方体上与 *W* 面垂直棱线的投影，因为有积聚性，四条棱线积聚成四个点。

(2) 作图步骤。如图 3-3(b)所示，长方体投影图的作图步骤如下：

① 根据视图分析先绘制长方体的 *V* 面投影，从投影分析中可知 *V* 面投影为直角四边形，根据长方体的长 *L* 和高 *H*，绘制出直角四边形；

② 根据投影规律中的“长对正”原则绘制长方体的 *H* 面投影，从投影分析中已知 *H* 面的投影也为直角四边形，由 *V* 面的左右两边向下作垂直线进入 *H* 面，再根据长方体的宽度 *B*，在 *H* 面上截取长方体的宽，形成直角四边形；

③ 根据投影规律中的“高平齐、宽相等”原则绘制长方体的 *W* 面投影，从投影分析中已知 *W* 面的投影也为直角四边形，由 *V* 面上下两边向右作水平线进入 *W* 面，在 *H* 面前后两边向右作平行于 *X* 轴的两条直线与 45° 线向上作垂线交于上下边的两直线，形成直角四边形。

从长方体的三面投影图上可以看出：正面投影反映出长方体的长 *L* 和高 *H*，水平投影

反映出长方体的长 L 和宽 B，侧面投影反映出长方体的宽 B 和高 H，完全符合三视图的投影规律。

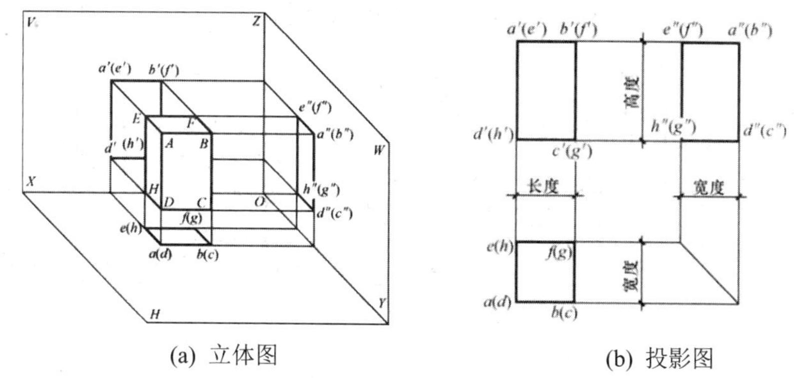

(a) 立体图　　(b) 投影图

图 3-3　正四棱柱的投影

2. 三棱柱

三棱柱由五个面组成，即上、下底面，三个侧面。按照如图 3-4 所示摆放，得到五个面的空间位置，两个水平面(上、下底面)、一个正平面(□*ADFC*)、两个铅垂面(□*ABED* 和□*BCFE*)。

已知五个面的空间位置，就可得出五个面在三个投影面中的投影，在每个投影图中都能找到这五个面的投影。

正立面投影是两个长方形，它是两铅垂面在正立面上的投影(可见，但不反映实形)。两个长方形的外围线框构成的大长方形是正平面的投影(不可见，但反映实形)。上、下两条横线是上底面和下底面的积聚投影。

水平投影是一个三角形。它是上底面和下底面的投影(上、下底重影，上底可见，下底不可见)，并反映实形。三角形的三条边是一个正平面和两个铅垂面的投影(具有积聚性)。

侧面投影是一个长方形，它是左、右两个铅垂面的投影(不反映实形，左边可见，右边不可见)。上、下两条边分别是上底面和下底面的积聚投影，后边的正平面(□*ADFC*)在侧立面投影中也积聚为一条直线。

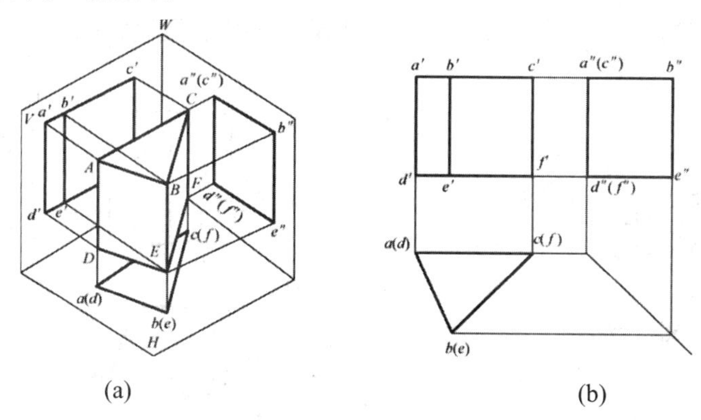

(a)　　(b)

图 3-4　三棱柱的投影

为了保证三棱柱的投影对应关系，正面投影和水平投影长度对正面投影和侧面投影高度平齐、水平投影和侧面投影宽度相等，这就是三面投影图之间的“三等关系”。

【例 3-2】 将正三棱柱体置于三面投影体系中，使其底面平行于 H 面，并保证其中一个侧面平行于 V 面，如图 3-5(a)所示。求正三棱柱体的三面投影。

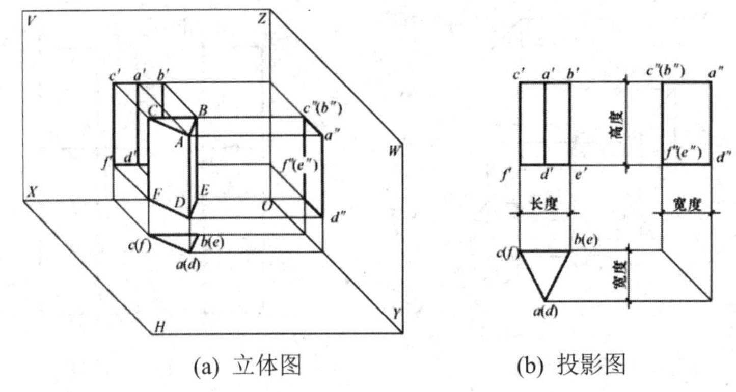

(a) 立体图　　(b) 投影图

图 3-5　正三棱柱的投影

【解】 作图前，应先进行分析。三棱柱为立放，它的底面、顶面平行于 H 面，各侧棱均垂直于 H 面，故在 H 面上的三角形是其底面的实形；V 面、W 面投影的矩形外轮廓是三棱柱两个侧面的类似投影，两条竖线是侧棱的实长，是三棱柱的实际高度，如图 3-5(b)所示。

作图步骤：

(1) 作 H 面投影。底面平行于顶面且平行于 H 面，则在 H 面的投影反映实形，并且相互重合为正三角形。各棱柱面垂直于 H 面，其投影积聚为直线，构成正三角形的各条边。

(2) 作 V 面投影。由于其中一个侧面平行于 V 面，则在 V 面上的投影反映实形。其余两个侧面与 V 面倾斜，在 V 面上的投影形状缩小，并与第一个侧面重合，所以 V 面上的投影为两个长方形。底面和顶面垂直于 V 面，它们在 V 面上的投影积聚为上、下两条平行于 OX 轴的直线。

(3) 作 W 面投影。由于与 V 面平行的侧面垂直于 W 面，在 W 面上的投影积聚成平行于 OZ 轴的直线。顶面和底面也垂直于 W 面，其在 W 面上的投影积聚为平行于 OY 轴的直线，另两侧面在 W 面的投影为缩小的重合的长方形。

3. 五棱柱

【例 3-3】 已知正五棱柱，如图 3-6(a)所示，求其三面投影图。

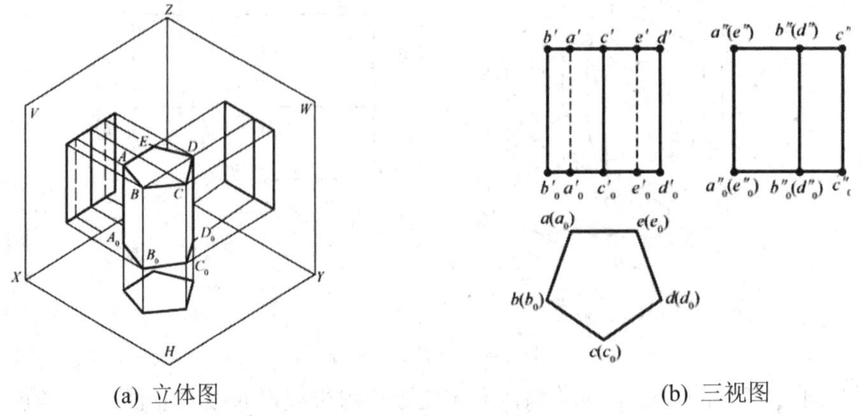

(a) 立体图　　(b) 三视图

图 3-6　正五棱柱的投影

【解】 (1) 投影分析。由图 3-6(a)可知，在立体图中，正五棱柱的顶面和底面是两个相等的正五边形，都是水平面，其水平投影重合并且反映实形；正面和侧面的投影重影为一条直线，棱柱的五个侧棱面，后棱面为正平面，其正面投影反映实形，水平和侧面投影为一条直线；棱柱的其余四个侧棱面为铅垂面，其水平投影分别重影为一条直线，正面和侧面的投影都是类似形。

五棱柱的侧棱线 AA_0 为铅垂线，水平投影积聚为一点 $a(a_0)$，正面和侧面的投影都反映实长，即 $a'a'_0 = a''a''_0 = AA_0$。底面和顶面的边及其他棱线可进行类似分析。

(2) 作图步骤。根据分析结果，由于水平面的投影(平面图)反映了正五棱柱的特征，所以应先画出平面图，再根据三视图的投影规律作出其他的两个投影，即正立面图和侧立面图。其作图过程如图 3-7(a)所示。需特别注意的是，在这里加了一条 45°斜线，它是按照点的投影规律作的。也可以按照三视图的投影规律，根据方位关系，先找出“长对正，高平齐，宽相等”的对应关系，然后作图，如图 3-7(b)所示。

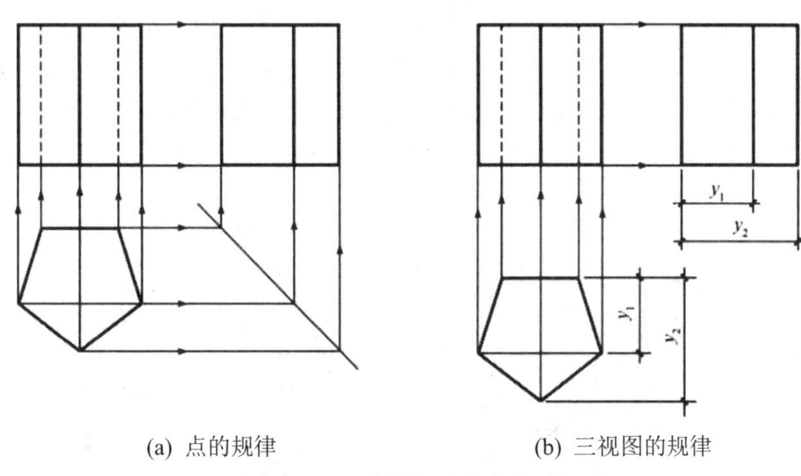

(a) 点的规律　　(b) 三视图的规律

图 3-7　正五棱柱投影的作图过程

三、棱锥体的投影

棱锥与棱柱的区别是棱锥的侧棱线交于一点，即锥顶。棱锥的底面是多边形，各个棱面都是有一个公共顶点的三角形。正棱锥的底面是正多边形，顶点在底面的投影在多边形的中心。常见的锥体有正三棱锥、正四棱锥等。

1. 三棱锥

三棱锥由四个面组成，一个底面(水平面△*ABC*)、三个侧面(△*SAC* 是正平面，△*SAB* 和△*SBC* 是一般位置平面)，如图 3-8 所示。正立面是两个三角形，它是一般位置平面△*SAB* 和△*SBC* 的投影(类似性)，同时，$s'a'c'$ 也是正平面△*SAC* 的投影(不可见)，下棱线是底面的积聚投影。

水平投影是三个三角形，它分别是三个侧面的投影(不反映实形)，△*abc* 则是底面的实形投影(不可见)。侧面投影是一个三角形，它是两个一般位置平面重合的投影(左边可见，右边不可见)，下棱线是底面的积聚投影，正平面在这积聚成直线 $s''a''$。

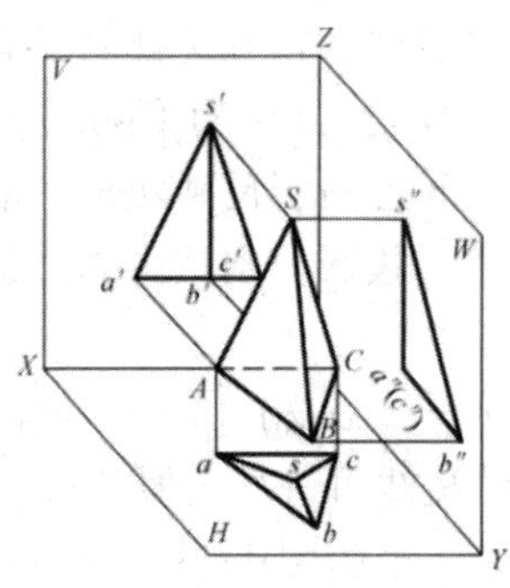

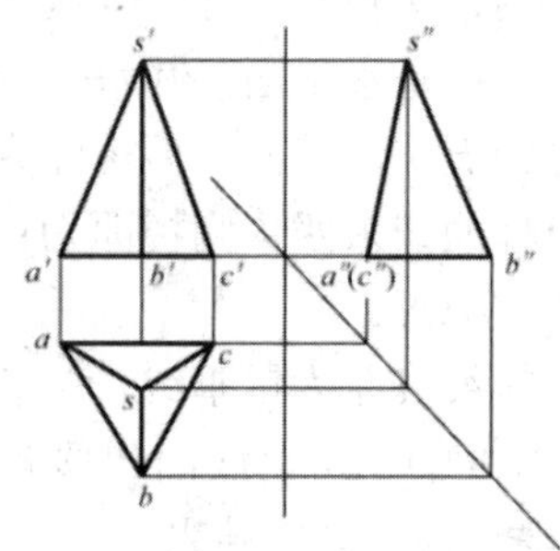

图 3-8　三棱锥

【例 3-4】　已知正三棱锥体的锥顶和底面，求正三棱锥体的三面投影。

【解】　(1) 投影分析。将正三棱锥体放置于三面投影体系中，如图 3-9(a)所示，使其底面 *ABC* 平行于 *H* 面。由于底面 *ABC* 为正三角形且是水平面，则其水平投影反映实形；棱面 *SAB*、*SBC* 为一般位置平面，其各个投影都为类似形，棱面 *SAC* 为侧垂面，其侧面投影积聚为一条直线，其他投影面的投影为类似形；三棱锥的底边 *AB*、*BC* 为水平线，*AC* 为侧垂线，棱线 *SA*、*SC* 为一般位置直线，棱线 *SB* 为侧平线，其投影可以根据不同位置的直线的投影特性来分析作图得到，也可根据三视图的投影规律作出这个三棱锥的三视图。

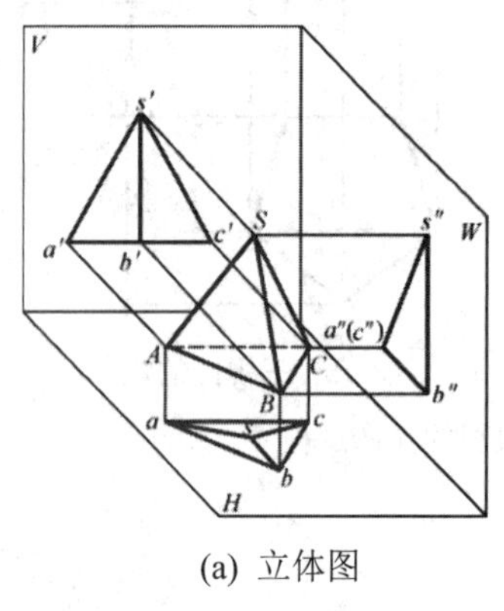

(a) 立体图

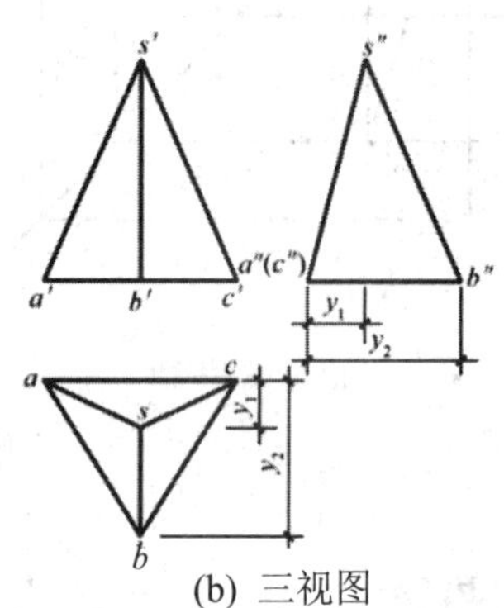

(b) 三视图

图 3-9　正三棱锥的投影

(2) 作图步骤。根据投影分析结果和正三棱锥的特性，先作出三棱锥的水平投影，也就是平面图，作出正三角形；然后作出三角形的高，找到中心点；最后根据投影规律作出其他两个视图。作图时，要注意“长对正、高平齐、宽相等”的对应关系。

2. 四棱锥

【例 3-5】　已知正四棱锥体的底面边长和棱锥高，求正四棱锥体的三面投影。

【解】　将正四棱锥体放置于三面投影体系中，使其底面平行于 *H* 面，并且 *ab*∥*cd*∥*OX*，如图 3-10 所示。根据放置的位置关系，正四棱锥体底面在 *H* 面的投影反映实形，锥顶 *S* 的投影在底面投影的几何中心上，*H* 面投影中的四个三角形分别为四个锥面的投影。棱锥面△*SAB* 与 *V* 面倾斜，在 *V* 面的投影缩小。△*SAB* 与△*SCD* 对称，所以它们的 *V* 面投影重合。由于底面与 *V* 面垂直，其投影为一直线。棱锥面△*SAD*、△*SBC* 与 *V* 面垂直，投影积聚成一斜线。*W* 面与 *V* 面的投影方法一样，投影图形相同，只是所反映的投影面不同。

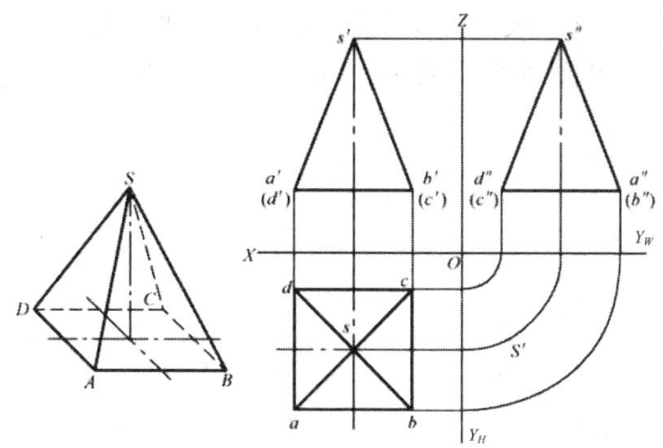

图 3-10　正四棱锥的三面投影

棱锥体的投影仍是空间一般位置平面和特殊位置平面投影的集合，其投影规律和方法同平面的投影。

第二节　平面与平面立体相交

一、平面立体的截交线

平面与立体表面的交线称为截交线，该平面称为截平面，由截交线围成的平面图形称为截断面。

平面与平面立体相交，如截平面为特殊位置，可用截平面有积聚性的投影求作截交线；若截平面为一般位置，则可将截平面经一次换面变换成投影面垂直面，在新投影面体系中求作截交线，然后将作出的截交线返回原投影面体系。当然也可用求作一般位置直线与一般位置平面交点的方法作出截交点，再连成截交线。

二、棱柱和棱锥的截断举例

1. 三棱柱的截断

图 3-11 所示为一个三棱柱被一个平面所截切的几种不同情况。图 3-11(a)为截平面垂直于棱柱的侧棱且平行于其上下底面，图 3-11(b)为截平面平行于侧棱，图 3-11(c)为截平面与侧棱成一倾斜角度。

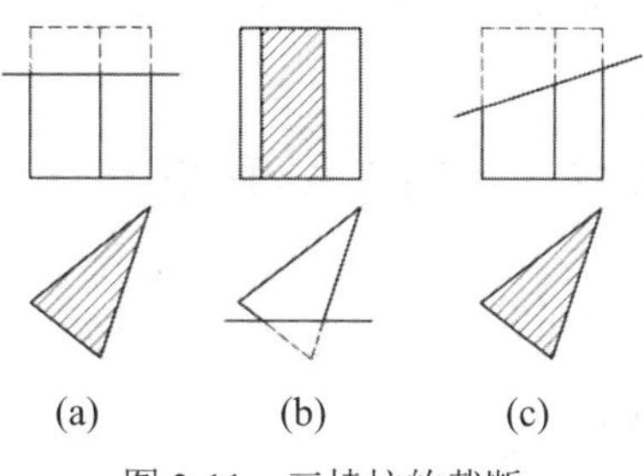

图 3-11　三棱柱的截断

2. 三棱锥的截断

图 3-12 所示为一个三棱锥被一个平面所截切的几种不同情况。图 3-12(a)为截平面与底面平行，图 3-12(b)为截平面垂直于底面，图 3-12(c)为截平面与底面成一倾斜角度。

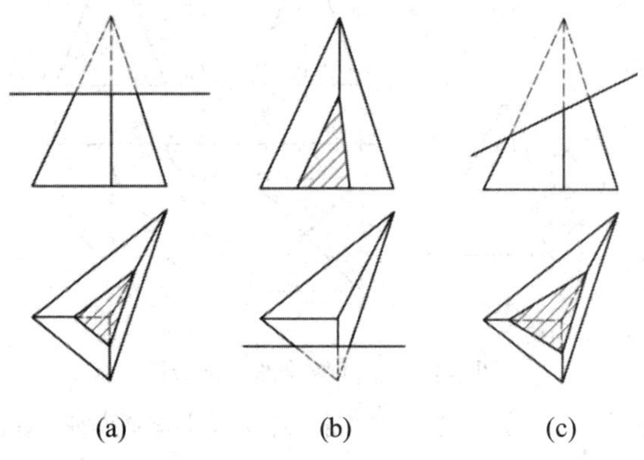

图 3-12　三棱锥的截断

【例 3-6】　如图 3-13(a)所示，三棱锥被平面 P 所截，截交线 I-II-III-I 在平面 P 上也在三棱锥上，因此截交线是平面 P 与三棱锥表面的共有线，并且是封闭的平面折线，求三棱锥截交线的投影。

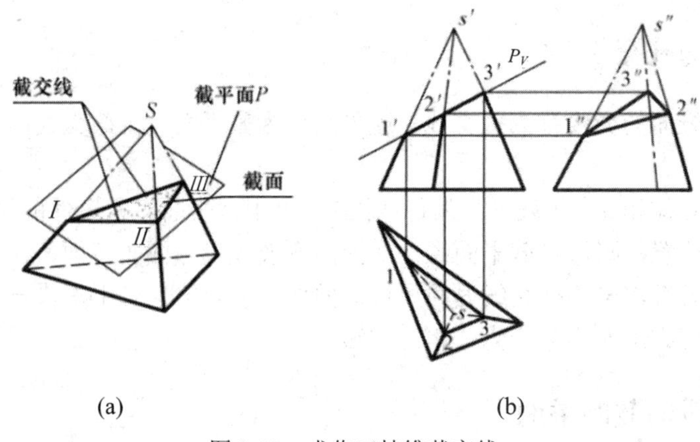

图 3-13　求作三棱锥截交线

【解】　因截平面 P 为正垂面，故利用 P_V 的积聚性即可求出截交线上的三个转折点——V 投影中的 1′、2′、3′。然后按投影规律求出 H 面投影 1、2、3 和 W 面投影 1″、2″、3″之后，依次连接 1-2-3-1 和 1″-2″-3″-1″，即得截交线投影，如图 3-13(b)所示。求平面体的截交线可归结为求出各棱边与截平面的交点，然后依次连接起来。

第三节　直线与平面立体相交

直线与平面立体相交，是直线从平面立体一侧表面贯入，又从另一侧表面穿出，故其交点总是成双存在的，并称为贯穿点。

求贯穿点的实质是求直线与平面的交点。求交点时，主要看平面立体表面的投影是否有积聚性。对于投影有积聚性的表面，可直接利用积聚性求出。对于投影没有积聚性的表面，如图 3-14 所示，需经过以下三个步骤求出：

(1) 通过已知直线作一个辅助截平面。

(2) 求出此辅助截平面和已知平面立体的截交线。

(3) 确定所求截交线和已知直线的交点。为简化作图，通常选择投影面垂直面为辅助截平面。

【例 3-7】　如图 3-15 所示，求直线 *AB* 与三棱柱的贯穿点。

分析：图示三棱柱各棱面都为铅垂面，利用其水平投影的积聚性，可直接求出直线 *AB* 上的贯穿点 *I* 和 *II*。

关于贯穿点可见性的判别，同样要视贯穿点所在表面的投影可见与否而定，即表面的投影为可见时，则位于该表面上的贯穿点的投影也可见；反之，不可见。在本例中，棱面 *DF* 的正面投影 *d′f′* 为不可见，位于该面上的贯穿点 *II* 的正面投影 2′也不可见，由此可知线段 2′3′为不可见，用虚线画出。

由于假定立体为实体，穿入立体内的线段 *I II* 就不复存在，所以其投影不应画出；若为了清楚，也可用细实线相连。

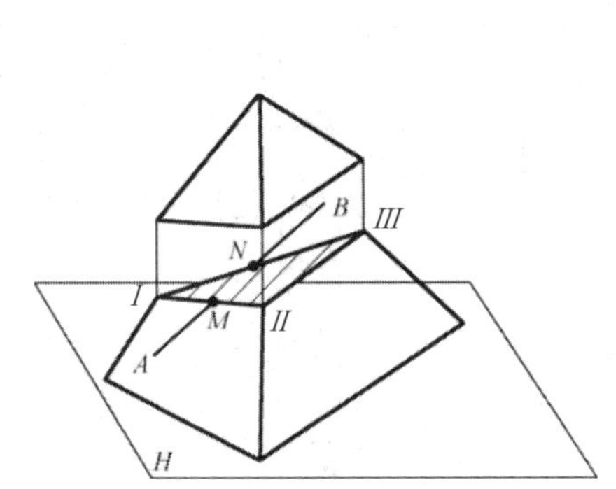

图 3-14　平面立体贯穿点的作图分析

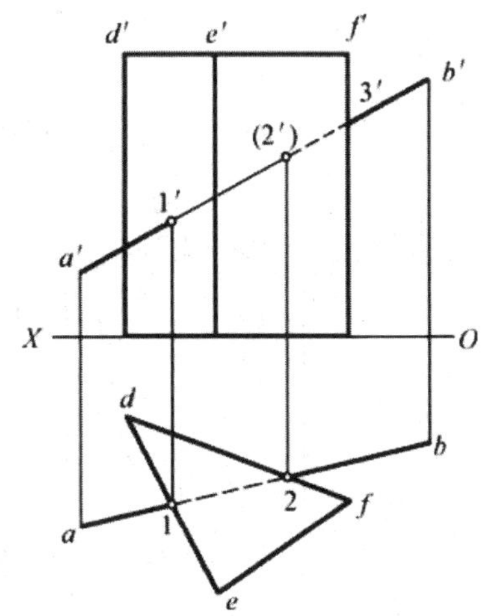

图 3-15　求作直线与三棱柱的贯穿点

第四节　两平面立体相贯

一、两平面立体的相贯线

两个平面立体相贯，实际就是两个基本体的叠加。一个平面立体可以看成由几个平面组成的，作出这几个平面和另一个平面立体的交线，就可以得到其平面立体之间的交线；两个平面立体表面之间的交线叫作相贯线。平面立体的交线在一般情况下是封闭的空间折线，由于平面立体的相对位置不同，相贯线也表现为不同的形状和数目。任何两平面立体的相贯线都具有下列两个基本特征：

(1) 相贯线是由两相贯体表面上一系列共有点组成的；

(2) 由于平面立体具有一定的范围，所以相贯线一般都是闭合的。

当两个平面立体都有一部分穿过另一个平面立体时，所得的相贯线是一条空间折线，这种情况称为互贯，如图 3-16(a)所示。当一个平面立体的全部棱线都穿过另一个平面立体时，相贯线是两条空间折线，这种情况叫作全贯，如图 3-16(b)所示。当然，这里也包括如果一个平面立体只是与另一个平面立体相交，但是没有穿通，只有一条折线的情况，如图 3-17 所示。

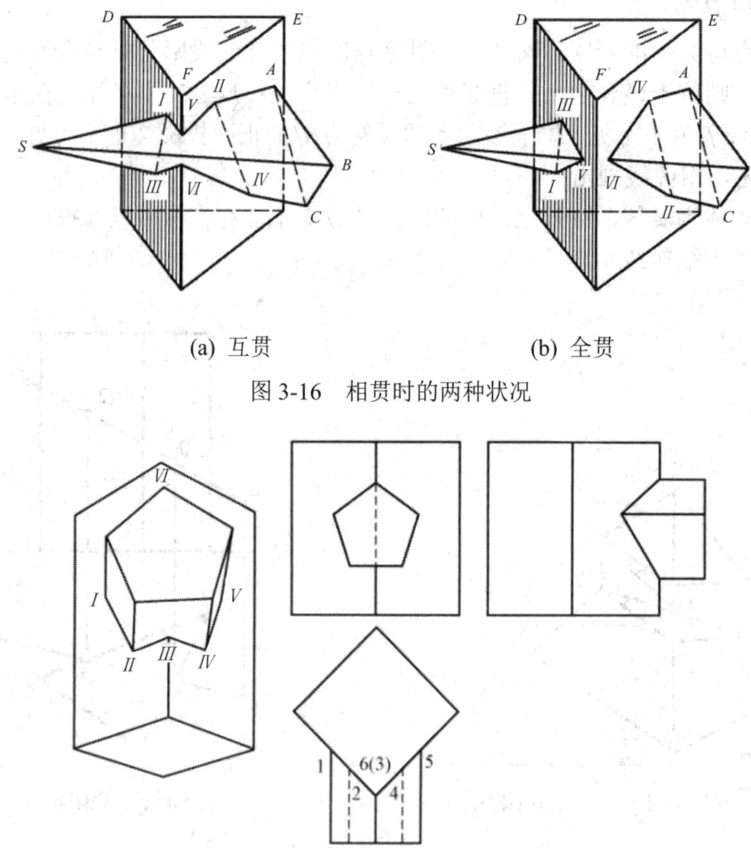

(a) 互贯　　(b) 全贯

图 3-16　相贯时的两种状况

图 3-17　两个平面立体相交但未穿通的情况

二、相贯线投影的画法

在作图之前，首先要读懂投影图，分析哪些棱面或棱线参与相交，并不是所有棱面(包括底面)都有交线，或者所有棱线都有交点。当求出折点后，还需按照一定的顺序和原则把它们连接起来。连接要遵循以下原则：

(1) 相贯线是两平面立体表面的交线，因此只有两个折点都在同一平面立体的同一棱面上才能相连；

(2) 两平面立体的相贯线一般是封闭的空间折线，因此每个折点应当和相邻的两个折点相连；

(3) 只有当两个立体的表面都可见时，相贯线段的投影才可见，画成实线；否则，相贯线段的投影不可见，画成虚线。

【例 3-8】　如图 3-18 所示，求作两垂直相交三棱柱的相贯线的投影。

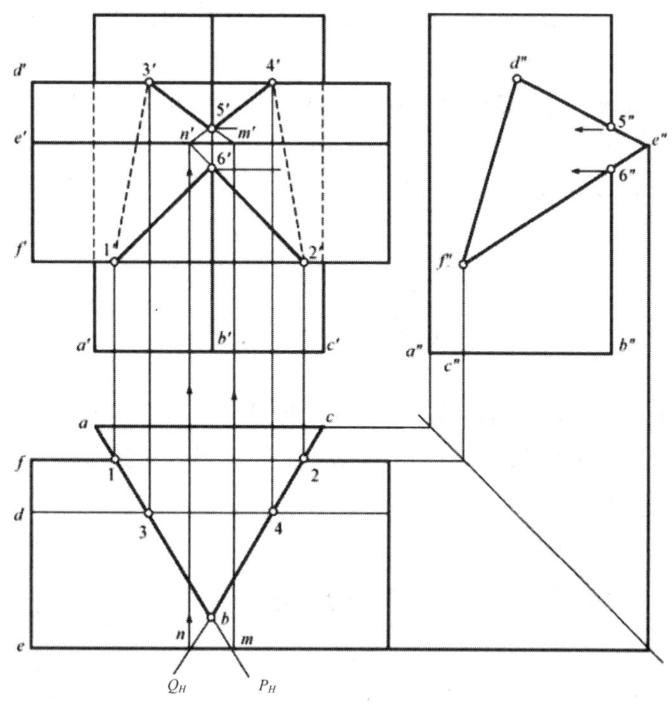

图 3-18　求作两垂直相交三棱柱的相贯线的投影

【解】　(1) 投影分析：根据相贯体的水平投影可知，直立棱柱部分贯入水平棱柱，这种情况叫作互贯。互贯的相贯线为一组空间折线。因为直立棱柱垂直于 *H* 面，所以相贯线的水平投影必然积聚在该棱柱的水平轮廓线上。因此，求相贯线的正面投影就是求两个平面立体相交棱面的交线，即把直立三棱柱左右两棱面作为截平面去截水平的三棱柱。

(2) 作图步骤：

① 用字母标记两棱柱各棱线的投影。

② 直立三棱柱的三个棱面都和水平投影面垂直，水平投影积聚成直线。假设将直立棱面 *AB* 扩展为直立面 *P*，用 *P* 平面去截水平棱柱，根据相贯线水平面投影的积聚性，可直接求出它与水平棱柱的截交线△*m*13。再由水平投影△*m*13 求出正面投影△*m*′1′3′。根据同样的方法，用 *Q* 平面表示扩大后的 *BC* 棱面，求出它与水平棱柱的截交线△*n*24，再由水平投影△*n*24 求出正面投影△*n*′2′4′。

③ 截交线△*M* *I* *III*和△*N* *II* *IV*位于相交棱面 *AB* 和棱面 *BC* 上，根据相贯线在侧面投影的积聚性，判定截交线△*M* *I* *III*和△*N* *II* *IV*必相交于 *B* 棱上的 *V*、*VI*两点。连接各折点，折线 *I*−*III*−*V*−*IV*−*II*−*VI*−*I* 即为所求。

④ 判别相贯线的可见性。若交线上某一线段同时位于两立体的可见棱面上，则该线段必为可见，若相交两棱面其中有一个棱面为不可见，则该线段也不可见。在正面投影中，水平三棱柱的棱面 *FD* 不可见，因此交线 *I*–*III*、*IV*–*II* 的正面投影 1′–3′、4′–2′ 为不可见，应画成虚线，而棱面 *AB*、*BC* 及 *DE*、*EF* 的正面投影是可见的，它们的交线的正面投影 3′–5′、5′–4′、1′–6′、6′–2′ 都是可见的，画成粗实线。

⑤ 检查棱线的投影，并判别可见性。因为两棱柱相交后成为一个整体，所以棱线 *D*、*F* 在交点 *III*–*IV*、*I*–*II* 段应该不存在。直立三棱柱的棱线 *A* 和 *C* 被遮挡部分应该画成虚线。

由于此题已给出两个相贯体的侧面投影，这些折点也可以直接利用两个三棱柱在侧面投影和水平投影上的积聚性求出。

两立体相贯后应把它们视为一个整体，因而一立体位于另一立体内的部分是不存在的，不应画出。

【本章小结】

本章主要介绍了平面立体的类型，棱柱体、棱锥体的投影，平面立体的截交线，两平面立体相交等内容。通过本章的学习，可以对平面建筑形体的投影有一定的认识，能熟练绘制、求解平面立体图形。

【课后练习】

1. 基本平面体有哪些？
2. 请对长方体进行投影分析。
3. 如何作平面立体的截交线？
4. 两平面立体的相贯线具有的基本特征是什么？
5. 相贯线连接要遵循哪些原则？

第四章　曲面建筑形体的投影

第一节　曲面立体的投影

一、曲面立体的形成

曲面立体是表面全是曲面或由回转曲面与平面围成的立体，工程上应用较多的是回转体，如圆柱、圆锥和球体等。

回转体是由回转曲面或回转曲面与平面围成的立体，由运动的母线(直线或曲线)绕着固定的轴线做回转运动形成的，曲面上任一位置的母线称为素线。

曲面立体的投影是由构成曲面立体的曲面和平面的投影组成的。曲面立体的投影是对曲面立体轮廓线的投影。轮廓线是立体表面上不同两平面、平面与曲面或不同两曲面的交线。

二、圆柱体的投影

1. 圆柱体的形成

圆柱体是由圆柱面和上、下两底面围成的。圆柱面是由一条直线(母线)绕一条与其平行的直线(轴线)回转一周所形成的曲面，如图 4-1 所示。

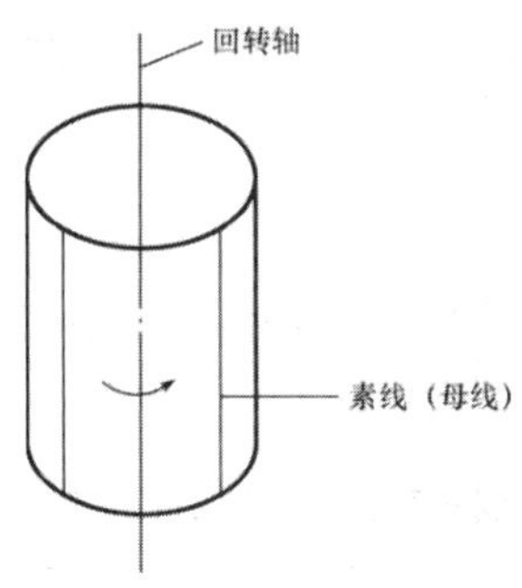

图 4-1　圆柱体的形成

2. 圆柱体的投影分析

图 4-2(a)所示为轴线垂直于水平投影面的正圆柱及其投影面。从图中可以看出，该正圆柱体与底面平行的投影面上的投影为反映实形的圆，正面、侧面的投影是大小相等的长

方形。

因上、下两底面为水平面，故其水平投影反映的实形仍为圆，正面、侧面投影均为水平直线段，其长度等于圆的直径。又因圆柱面垂直于水平投影面，故其水平投影积聚成圆周。正面、侧面投影都是矩形，正面投影上 $a'a'_1$ 和 $b'b'_1$ 分别是圆柱面上最左素线 AA_1 和最右素线 BB_1 的正面投影，称为最大轮廓线。由于圆柱表面是光滑曲面，这两条素线在侧面投影中与轴线重合，不应画出。同理，侧面投影画出的轮廓线 $c'c'_1$ 和 $d'd'_1$ 是圆柱表面最前、最后的两条素线 CC_1 和 DD_1 的投影，它们的正面投影也不应画出。读图、画图时要根据空间关系和投影规律找到它们在投影图中的位置。此外，在圆柱体的投影图中必须用点画线画出圆的中心线和圆柱面轴线的投影。

对于正面投影来讲，正视最大轮廓素线 AA_1 和 BB_1 前面的半圆柱可见，其后面半圆柱不可见；对于侧面投影来讲，侧视最大轮廓素线 CC_1 和 DD_1 左面的半圆柱可见，其右面的半圆柱不可见。

3. 圆柱体投影的作图步骤

如图 4-2(b)所示，圆柱体投影图的作图步骤如下：

(1) 作圆柱体三面投影图的轴线和中心线，然后根据直径大小画水平投影圆；

(2) 根据“长对正”和高度作正面投影矩形；

(3) 根据“高平齐、宽相等”作侧面投影矩形。

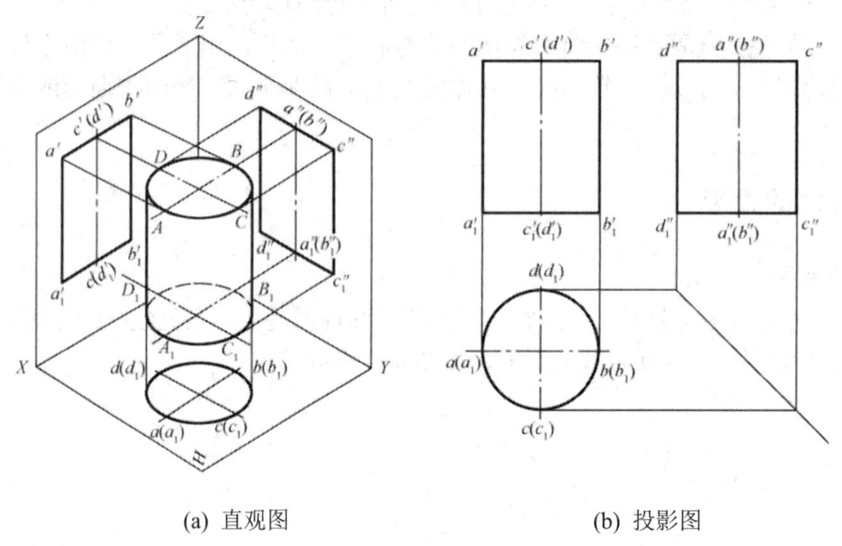

(a) 直观图　　(b) 投影图

图 4-2　圆柱体的投影

4. 柱表面取点

在圆柱表面上取点，可利用圆柱表面的积聚性投影来作图。如图 4-3(a)所示，在圆柱体左前方表面上有一点 K，其侧面投影 k'' 在水平中心线上方的半个圆周上；水平投影 k 在矩形的下半边，并且可见；正面投影 k' 在矩形的上半边，仍为可见。如果已知点 K 的正面投影 k'，如图 4-3(b)所示，求其他两投影时，可利用圆柱的积聚投影，先过 k' 作 OZ 轴的垂线，与侧面投影上半个圆周交于 k''，即为点 K 的侧面投影，再利用已知点的两面投影求出点 K 的水平投影 k，如图 4-3(c)所示。

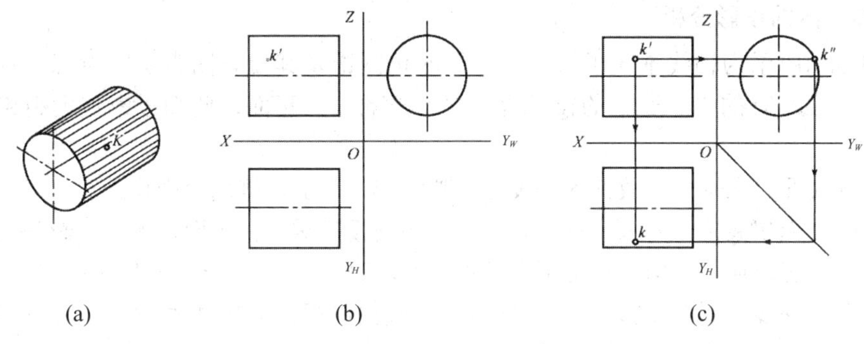

图 4-3　圆柱表面取点

【例 4-1】　如图 4-4(a)所示，已知圆柱面上两点 A、B 和正面投影 a'、b'，求出它们的水平投影 a、b 和侧面投影 a''、b''。

【解】　根据已知条件，a'可见，b'不可见，可知 A 点在前半个圆柱面上；B 点在后半个圆柱面上。利用圆柱的水平投影具有积聚性，可直接找到 a 和 b，然后根据已知的两投影求出 a''和 b''。由于 A 点在左半圆柱面上，所以 a'' 可见；而 B 点在右半圆柱面上，所以 b'' 不可见。作图过程如图 4-4(b)所示。

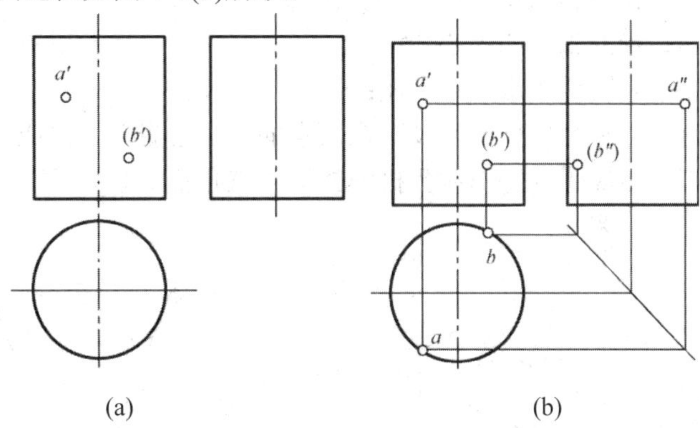

图 4-4　圆柱表面定点的投影

三、圆锥体的投影

1. 圆锥体的形成

圆锥体是由圆锥面和底面围成的，如图 4-5 所示。圆锥面是一条直线(母线)绕一条与其相交的直线(轴线)回转一周所形成的曲面，母线在旋转过程中的任一位置如 SA_1、SA_2、SA_3 等称为素线。

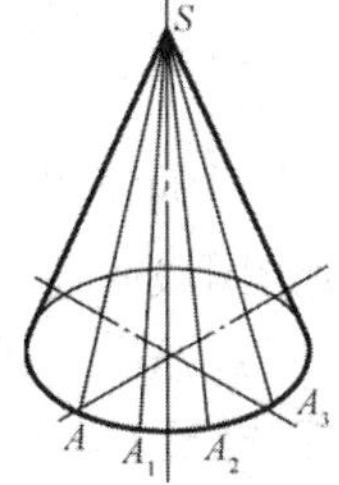

图 4-5　圆锥体的形成

2. 圆锥体的投影分析

图 4-6(a)所示为轴线垂直于水平投影面的正圆锥及其投影图。从图中可以看出，与该正圆锥底面平行的投影面上的投影为反映实形的圆，正面、侧面投影是大小相等的三角形。

因圆锥底面为水平面，故其水平投影反映实形，正面、侧面投影均为直线段。圆锥面的三个投影均无积聚性，其水平投影为圆，与底圆投影重合；正面、侧面投影是底宽为底圆直径的等腰三角形。正面投影上画出正视最大轮廓线 *SA* 和 *SB* 的投影 *s'a'* 和 *s'b'*，它们的侧面投影与轴线的侧面投影重合。侧面投影上画出侧视最大轮廓线 *SC* 和 *SD* 的投影 *s"c"* 和 *s"d"*，它们的正面投影与轴线的正面投影重合。此外，在圆锥体的投影图中也必须用点画线画出圆的中心线和圆锥面轴线的投影。

对于正投影来说，在正视轮廓线 *SA* 和 *SB* 前面的半圆锥面是可见的，其后面的半圆锥面不可见；对于侧面投影来说，在侧视轮廓线 *SC* 和 *SD* 左面的半圆锥面是可见的，其右面的半圆锥面不可见；对于水平投影来说，圆锥面全部可见。

3. 圆锥体投影作图步骤

如图 4-6(b)所示，圆锥体投影图的作图步骤如下：

(1) 画锥体三面投影的轴线和中心线；

(2) 根据直径大小画圆锥的水平投影图；

(3) 根据“长对正”和高度作底面及圆锥顶点的正面投影并连接成等腰三角形；

(4) 根据“宽相等、高平齐”作侧面投影的等腰三角形。

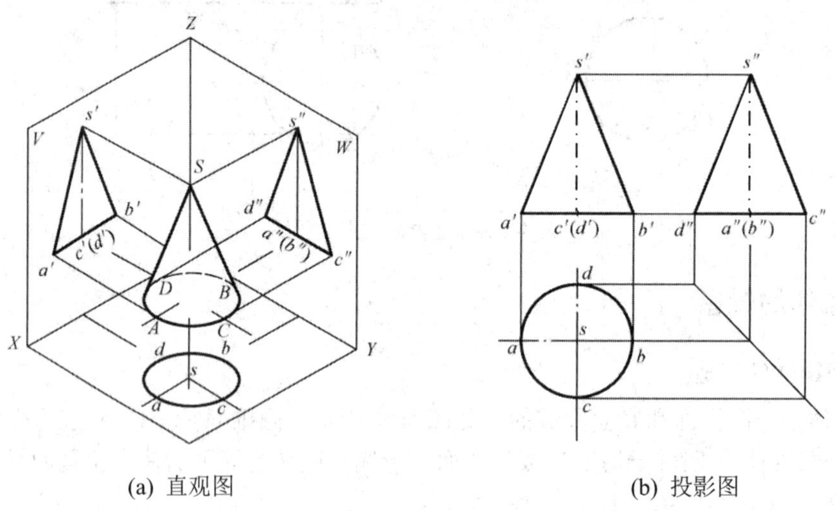

(a) 直观图　　(b) 投影图

图 4-6　圆锥体的投影

4. 在圆锥表面取点

根据圆锥面的形成规律确定圆锥面上点的投影，需要用辅助线作图。根据圆锥面的形成特点，用素线和纬圆作为辅助线进行作图最简便。利用素线和纬圆作为辅助线来确定回转面上点的投影的作图方法，称为辅助素线法和辅助纬圆法。

【例 4-2】　已知圆锥面上 *K* 点的正投影 *k'*，利用辅助素线法求 *K* 点的水平投影 *k*。

【解】　如图 4-7 所示，在圆锥面上过 K 点和锥顶 S 作辅助直线 SM。先作 $s'm'$，然后求出 sm，再由 k'作 k，即为所求。

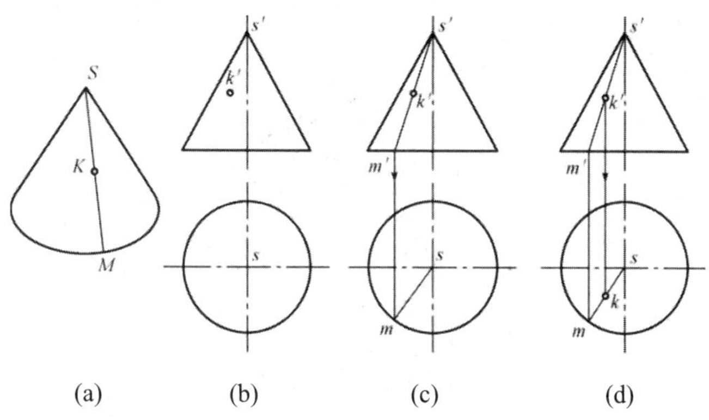

图 4-7　用辅助素线法在圆锥面上取点

【例 4-3】　已知圆锥表面上 K 点的正投影 k'，利用辅助纬圆法求 K 点的水平投影 k。

【解】　如图 4-8 所示，在圆锥表面作一圆，先过 k'点作水平直线，然后作圆的水平投影，最后由 k' 作出 k，即为所求。

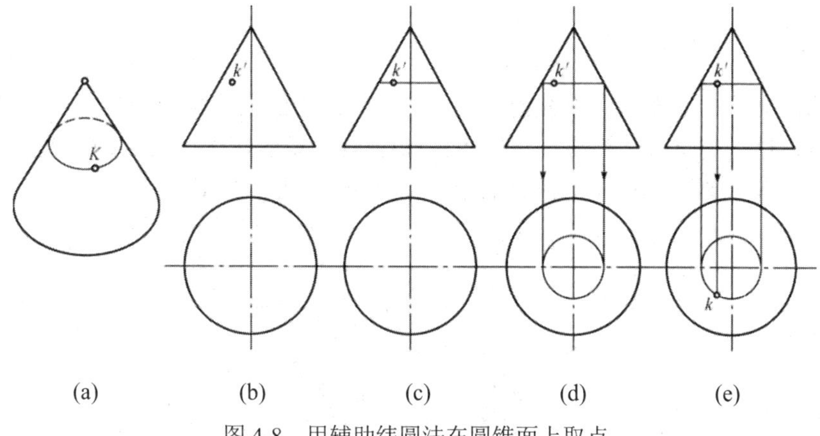

图 4-8　用辅助纬圆法在圆锥面上取点

第二节　平面与曲面立体相交

一、曲面立体的截交线

平面与曲面立体相交，在一般情况下，截交线为一封闭的平面曲线，也可以是由平面曲线和直线组成的封闭线框。截交线是曲面立体和截平面的共有点的集合，一般可用表面取点法求出截交线的共有点，主要有辅助平面法和直素线法。

1. 辅助平面法

如图 4-9 所示，正圆锥被平面 P 切割，由于放置时正圆锥底面平行于水平面，故可以选用水平面 Q 作为辅助平面。这时，平面 Q 与圆锥面的交线 C 为一个圆(也称纬圆，这里是水平纬圆)，平面 Q 与已知的截平面 P 的交线为一直线 AB。C 与直线 AB 同在平面 Q 内，直线 AB 与纬圆交于 I、II 两点，该两点即为锥面和截平面的共有点，所以是截交线上的点。

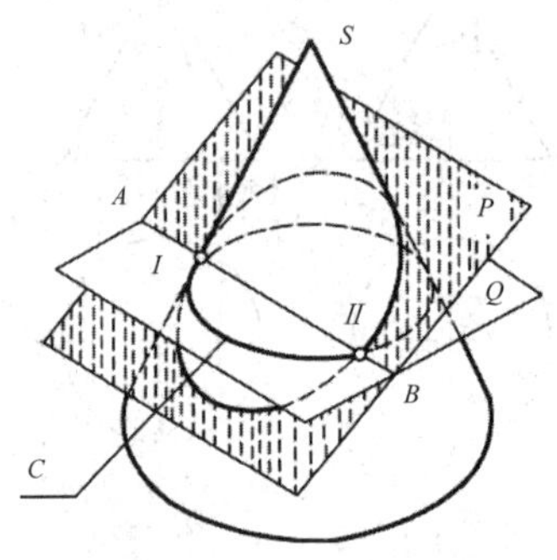

图 4-9　辅助平面法求截交线

如果作一系列水平辅助面，便可以得到相应的一系列交点，将这一系列点连接成光滑曲线即为所求截交线。辅助平面法又称为纬圆法。选取辅助平面时应使它与曲面立体交线的投影为最简单而又易于绘制的直线或圆。通常选取投影面的平行面或垂直面作为辅助平面。

2. 直素线法

如果曲面立体的曲表面为直线面，则可通过在曲表面上选取若干素线，求出它们与截平面的交点，这些交点就是截交线上的点。如图 4-10 所示，SA、SB、SC 等直素线与截平面 P 的交点就是圆锥面和截平面的共有点，即截交线上的点。这种求共有点的方法称为直素线法。

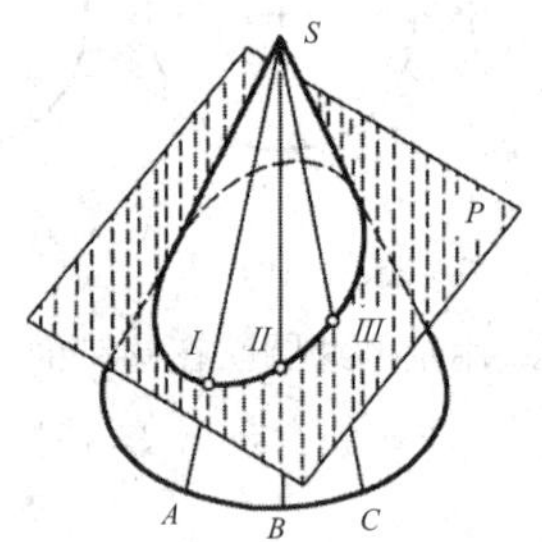

图 4-10　直素线法求截交线

二、平面与圆柱相交

1. 平面与圆柱截交线的形状

平面截切圆柱时，由于截平面与圆柱的轴线的相对位置不同，其截交线有以下三种不同的形状：

(1) 当截平面垂直于圆柱的轴线时，截断面为一个圆；

(2) 当截平面平行于轴线时，截断面为一矩形；

(3) 当截平面与轴线斜交时，截断面为一椭圆。

平面与圆柱截交线空间示意图及投影图见表 4-1。

表 4-1　平面与圆柱截交线空间示意图及投影图

截平面位置	截交线	直观图	投影图
垂直于圆柱轴线	圆	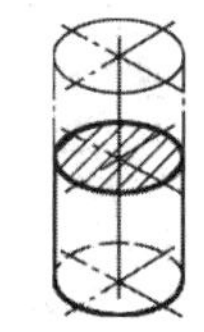	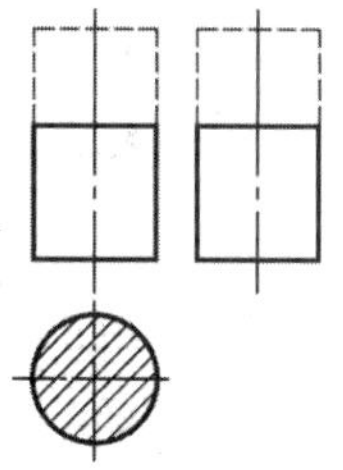
平行于圆柱轴线	矩形	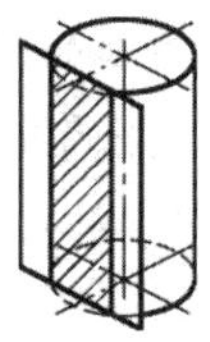	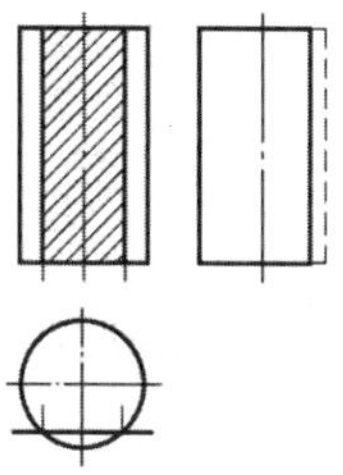
倾斜于圆柱轴线	椭圆	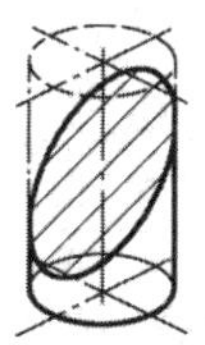	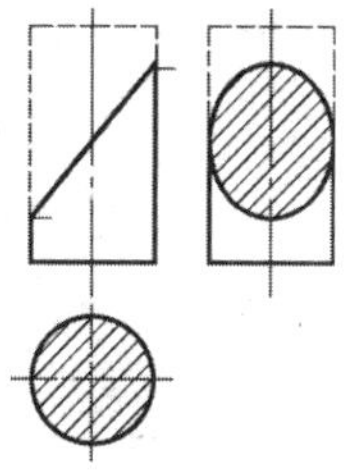

2. 求作圆柱体截交线的投影

截平面与轴线垂直或平行时，求作截交线比较容易，但对截平面倾斜于轴线时的截交线，有一个投影为椭圆，须按一定的步骤分析作图。求作圆柱体的截交线的方法为先求出截交线上的若干点，然后把点光滑地连接起来。根据投影规律求出若干点，可分两步进行，即先求特殊点后求一般点。

【例 4-4】　已知截断圆柱体的 V、H 面投影，求作 W 面投影，如图 4-11 所示。

【解】　如图 4-11 所示，截交线的 V 面投影积聚在截平面的 V 面投影上，H 面投影为圆柱面积聚性投影。作 W 面投影的步骤如下：

(1) 求截交线上的特殊点。从图 4-11(a)中可以看出，截交线上的点 A、B、C、D 分别是最左、最右、最前、最后四个点，也是椭圆长短轴的端点。四个点的 W 面投影可直接从 V、H 面投影图上求出，并符合点的投影关系，如图 4-11(b)所示。

(2) 求截交线上的一般点。截交线的 V 面投影有积聚性，可在积聚线上适当位置取点 $1'$、$2'$ 以及 H 面投影 1、2，依照投影规律，可求出 W 面投影 $1''$、$2''$。

(3) 利用相同的方法可求得 W 面投影 $3''$、$4''$。光滑地连接 $a''-1''-c''-2''-b''-4''-d''-3''-a''$，即得截交线的 W 投影，如图 4-11(b)所示。

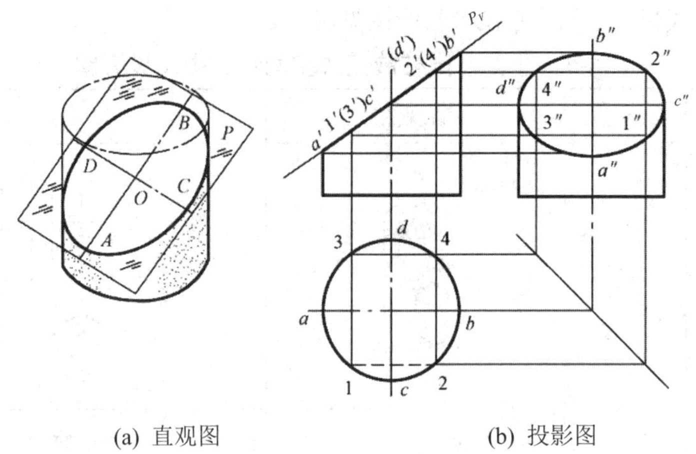

(a) 直观图　　(b) 投影图

图 4-11　求作 *W* 面投影

求圆柱体截交线的方法主要是利用圆柱体的积聚性。

三、平面与圆锥相交

1. 平面与圆锥截交线的形状

平面截切圆锥时，根据截平面与圆锥线的相对位置不同，圆锥面上共可产生五种不同形状的截交线。当截平面垂直于圆锥的轴线时，截交线为一个圆；当截平面与轴线斜交时，截交线可能为椭圆、抛物线和双曲线；当截平面经过圆锥的顶点时，截交线为一个三角形。

圆锥面上部分位置交线的形状及投影图见表 4-2。

表 4-2　平面与圆锥截交线的形状及投影图

截平面位置	截交线	直观图	投影图
垂直于圆锥轴线	圆		
倾斜于圆锥轴线	椭圆		
	抛物线		

2. 求作圆锥截交线的投影

可用直素线法或辅助平面法，求出截交线上若干点的投影，依次把这些点光滑地连接起来，即为截交线。根据投影规律求出若干点，同样可分两步进行，先求特殊点后求一般点。

【例 4-5】　已知圆锥的 H 面投影，试完成 V、W 面的投影图，如图 4-12(a)所示，截平面 P_H 平行于 V 面。

【解】　(1) 求特殊点：先作出 W 面的投影 c''，即为双曲线上的最高点，$a''(b'')$即为最低点，依照点的投影规律，即可得到特殊点 c'、a'、b'、c、a、b，如图 4-12(b)所示。

(2) 求一般点：在 H 面投影上任取一点 e，然后用素线法求出 e'，用同样的方法求得与点 E 对称的点 D 的投影 d、d'，如图 4-12(c)所示。

(3) 连点：在 V 面投影上依次连接 a'-d'-c'-e'-b'各点，即得 V 面投影，截交线为双曲线，截交线在 H、W 面的投影均已积聚。

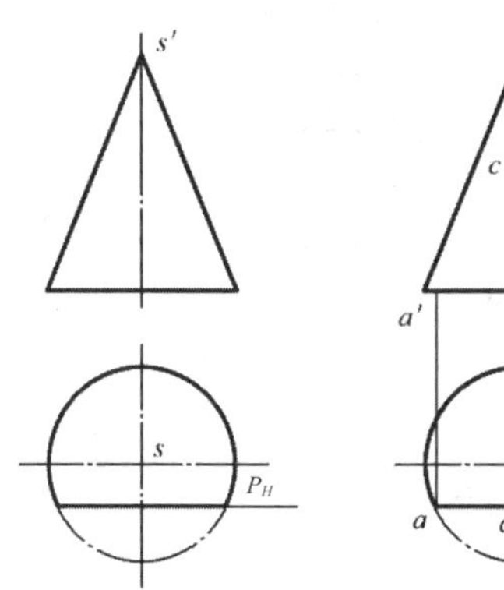

(a) 已知条件

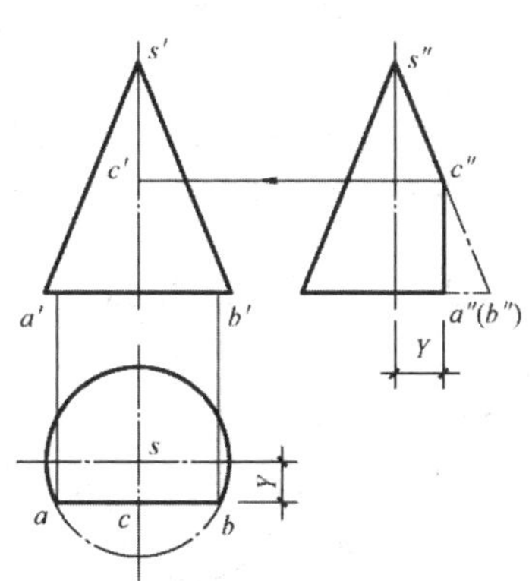

(b) 定出 W 面投影的最高、最低点

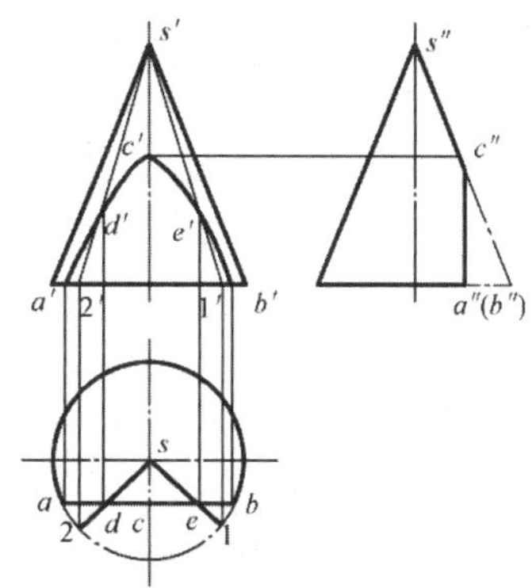

(c) 求一般点，完成全图投影

图 4-12　求作圆锥的截交线

第三节　平面立体与曲面立体相交

一、平面立体与曲面立体相交的截交线

平面立体与曲面立体相贯，其相贯线一般是由若干段平面曲线或由平面曲线和直线所组成的空间封闭线。

每一段平面曲线(或直线段)是多面体上一个棱面与曲面体的截交线；相邻两段平面曲线或曲线与直线的交点，是多面体的棱线与曲面体的贯穿点。因此，求作多面体和曲面体的相贯线，可以归结为求作截交线和贯穿点。

求作平面立体和曲面立体相贯线的方法主要有辅助平面法和素线法，有时也可用表面上作点的方法作出相贯线。

二、平面立体与圆柱相交

【例 4-6】　如图 4-13(a)所示，求四棱柱和圆柱体的相贯线。

【解】　(1) 投影分析：

① 由图 4-13(a)可以看出，四棱柱与圆柱体的交线是由四部分组成的，其中前后两部分重合，上下两部分重合，只要画出前面部分和上下两部分积聚的直线就可以，后面的不可见的交线因为与前面重合可不画。

② 四棱柱的棱面是两个铅垂面和两个水平面，与圆柱面的交线是两个部分圆弧和两条直线，在正面的投影为反映实长的直线和部分圆弧积聚投影的直线。

(2) 作图步骤：

① 作出棱线与圆柱面的交点(也称为贯穿点)；

② 作出各个棱面与圆柱面的截交线，并且判断其可见性；

③ 判断棱线的长度，擦去多余的作图线，整理完成全图，如图 4-13(b)所示。

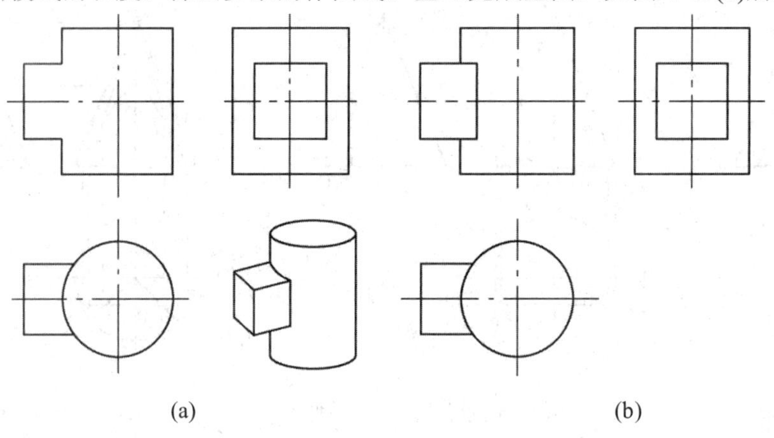

(a)　　　　(b)

图 4-13　四棱柱和圆柱体的相贯线

三、平面立体与圆锥相交

【例 4-7】　求四棱柱与圆锥的相贯线，如图 4-14(a)所示。

【解】　(1) 投影分析：如图 4-14(a)所示，四棱柱与圆锥相贯，其中一个棱面垂直于圆锥的轴线，两个棱面平行于圆锥的轴线，所以相贯线为一段圆弧和两段双曲线的组合。由于四棱柱垂直于 W 面，因此相贯线的 W 面投影具有积聚性，可利用表面取点法求共有点。

(2) 作图步骤：

① 利用相贯线在 W 面投影的积聚性，直接标出相贯线上的特殊点 I、III、IV、V、VII 在 W 面上的投影 $1''$、$3''$、$4''$、$5''$、$7''$，利用表面取点法求出 V 面上的投影 $1'$、$3'$、$4'$、$5'$、$7'$ 和 H 面上的投影 1、3、4、5、7；

② 求出一般点 II、VI 在 H 面上的投影 2、6 和 V 面上的投影 $2'$、$6'$；

③ 光滑且顺次地连接各点，作出相贯线，并判别其可见性；

④ 整理轮廓线，如图 4-14(b)所示。

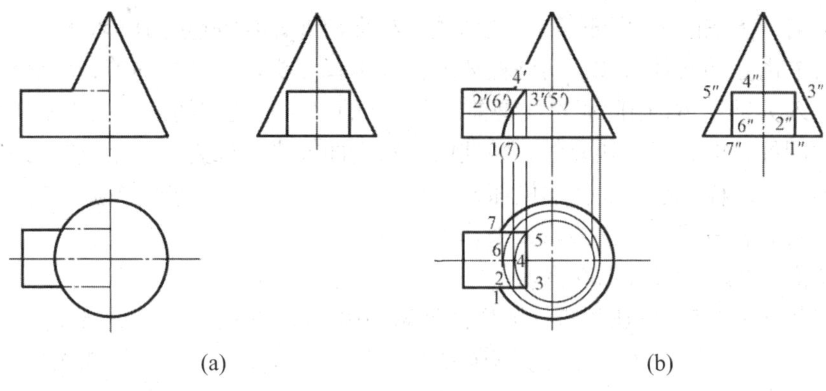

(a)　(b)

图 4-14　四棱柱与圆锥的相贯线

第四节　两曲面体相贯

曲面体与曲面体相交的相贯线，一般情况下是翘曲线(闭合的空间曲线)，特殊情况下也可能是不闭合的平面曲线或直线。两曲面体相贯包括立体的外表面与外表面相交(实实相贯)，立体的外表面与内表面相交(实虚相贯)，内表面与内表面相交(虚虚相贯)，如图 4-15 所示。

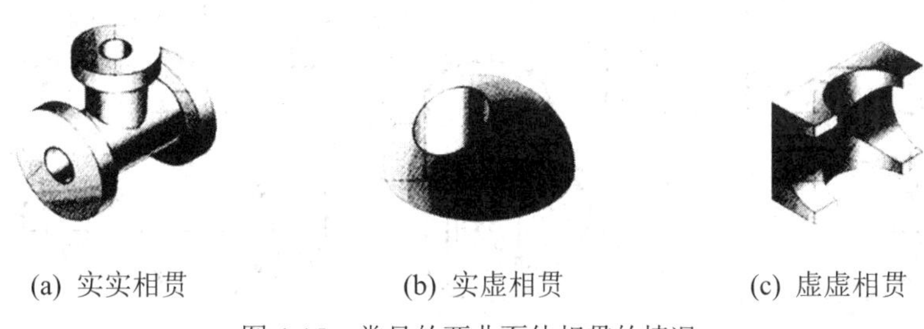
(a) 实实相贯　(b) 实虚相贯　(c) 虚虚相贯

图 4-15　常见的两曲面体相贯的情况

相交两曲面体表面的相贯线是两曲面体表面的共有线和分界线，也是两个曲面体表面上一系列共有点的集合。因此，求相交两曲面体表面相贯线投影的实质，就是求两曲面体表面共有点的投影问题。

求两曲面体相贯线上点的投影的常用方法有直接作图法和辅助平面法两种。

一、直接作图法求作相贯线的投影

如果相交的两个曲面体中，有一个立体表面的投影具有积聚性(如垂直于投影面的圆柱体)，就可以利用在曲面体表面上取点的方法作出两曲面体表面上的一系列共有点的投影。具体作图时，可先在具有积聚投影的曲面体的积聚投影上标出相贯线上的一些点(包括特殊位置点和一般位置点)，然后把这些点看作另一曲面上的点，用表面取点的方法，求出它们的其他投影。最后，把这些点的同面投影光滑地连接起来(可见的连成实线，不可见的连成虚线)，即得出相贯线的投影。

【例 4-8】　已知大小不同的两圆柱体垂直相交，如图 4-16(a)所示，求作相贯线的投影。

【分析】由已知条件可知，两圆柱体的轴线垂直相交，有共同的前、后对称面。小圆柱体横向穿入大圆柱体，因此相贯线是前、后对称的一条封闭空间曲线，如图 4-16(b)所示。

由于大圆柱体的轴线为铅垂线，圆柱面的水平面投影积聚为圆，相贯线的水平投影就重合在此圆上；同样，小圆柱体的侧面投影积聚为圆，相贯线的侧面投影就重合在这个圆上。因此，只有相贯线的正面投影需要作图求得。

【作图】　步骤如图 4-16(c)所示：

(1) 求特殊位置点。先在相贯线的侧面投影(小圆柱面的投影)上，标出相贯线的最高点(Ⅰ)、最低点(Ⅴ)、最前点(Ⅶ)、最后点(Ⅲ)的投影 1″、5″、7″、3″；这些点也是大圆柱面上的点，利用表面上取点的方法标出它们的水平投影 1、5、7、3，并求作出它们的正面投影 1′、5′、7′、3′。

(2) 求一般位置的点。同样，在相贯线侧面投影的适当位置，标出相贯线的一般位置点Ⅱ、Ⅳ、Ⅵ、Ⅷ的投影 2″、4″、6″、8″，然后作出它们的水平投影 2、4、6、8 和正面投影 2′、4′、6′、8′。

(3) 连接各点。按 1′-2′-3′-4′-5′ 的顺序用光滑的曲线将这些点连接即得所求的相贯线(与另一部分相贯线 5′-6′-7′-8′-1′ 重影)。

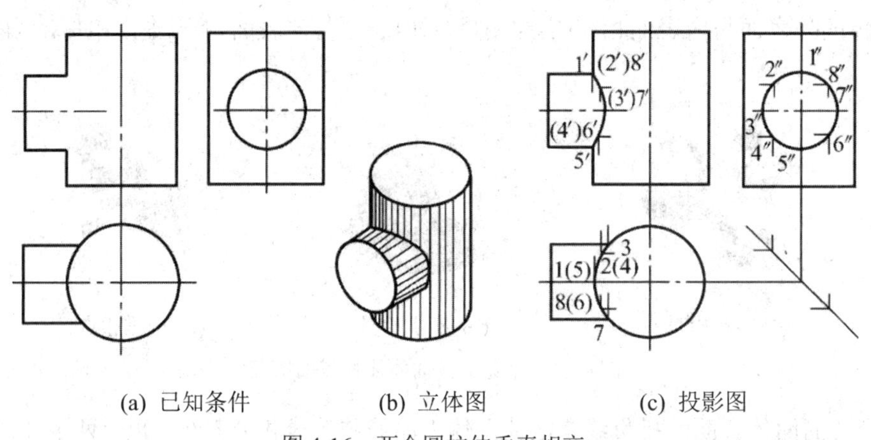

(a) 已知条件　　(b) 立体图　　(c) 投影图

图 4-16　两个圆柱体垂直相交

二、辅助平面法求作相贯线

用辅助平面法求相贯线投影的基本原理：作一辅助截平面，使辅助截平面与两回转体都相交，求出辅助截平面与两回转体的截交线，再作出两截交线的交点，两截交线的交点即为两回转体表面的共有点。该共有点是根据三面共点的原理求出的，既在截平面上，又在两回转体表面上，它就是所求的相贯线上的点。

辅助平面的选择原则：所选用的辅助平面应使它切割曲面体所得的截交线的投影形状作图最为简易，如圆、矩形和三角形等。

圆柱与圆锥轴线垂直相交，相贯线为一条封闭的空间曲线，并且前后对称。从两形体相交的位置分析，求一般点采用一系列与圆锥轴线垂直的水平面作为辅助平面最为方便，因为它与圆锥面的交线是圆，与圆柱面的交线是直线，圆和直线都是简单易画的图线，如

图 4-17(a)所示；也可采用过锥顶的辅助平面，这样，辅助平面与圆锥面的交线是直线，与圆柱面的交线(或相切的切线)也是直线，如图 4-17(b)、(c)所示。

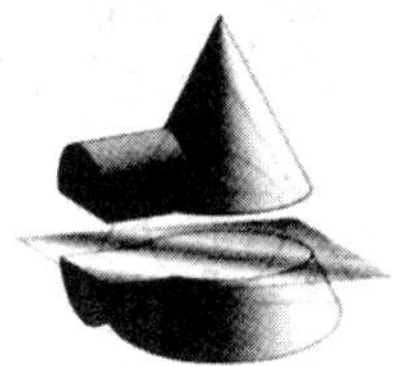

(a) 水平面作为辅助平面

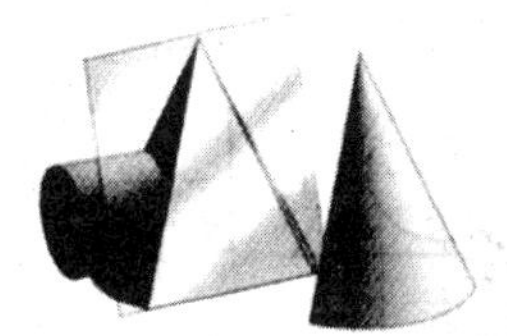

(b) 过锥顶的辅助平面与圆柱相切

(c) 过锥顶的辅助平面

图 4-17　利用辅助平面法求相贯线

【例 4-9】　求圆柱与圆锥相贯线的投影，如图 4-18(a)所示。

【分析】　圆柱与圆锥的轴线垂直相交，相贯线为一条封闭的空间曲线，并且前后对称。由于圆柱的 W 面投影为圆，所以相贯线的 W 面投影积聚在该圆上。从两形体相交的位置来分析，求一般点采用一系列与圆锥轴线垂直的水平面作为辅助平面最为方便，因为它与圆锥面的交线是圆、与圆柱面的交线是直线，圆和直线都是简单易画的图线。

若采用过锥顶的辅助平面，辅助平面与圆锥面的交线是直线，与圆柱面的交线(或相切的切线)也是直线。若用过锥顶的铅垂面作辅助平面，它与圆锥面的交线是最左、最右的转向线，与圆柱面的交线是最上、最下的转向线，其四条转向线的交点为相贯线上最上、最下的特殊点。若用正平面和侧平面作辅助平面，它们与圆锥面的交线是双曲线，双曲线不是简单易画的图线，因此，采用正平面和侧平面作辅助平面不合适。

【作图】

(1) 求特殊点。从 V 面投影可以看出，圆柱的上、下两条转向线和圆锥的左转向线彼此相交，其交点的 1′、2′是相贯线的最高点和最低点的 V 面投影，由此可求出 H 面投影 1、2。由 W 面投影可知，相贯线上的最前、最后点在圆柱的最前、最后素线上，其侧面投影 5″、6″ 在 W 面上即可确定。其他两个投影可通过 5″、6″ 作一水平辅助平面 Q，在 H 面投影面上，辅助平面 Q 与圆锥面的截交线为圆，与圆柱面的截交线为圆柱的最前、最后转向线，两交线的交点即为 5、6，由 5、6 向上作图，可求出 V 面投影 5′、(6′)。过锥顶作侧垂面与圆柱相切，切点为相贯线上的点，H 面投影 3、4 分别在过锥顶的两直线上，由 H 面投影 3、4 和 W 面投影 3″、4″ 可求出 V 面投影 3′、(4′)，如图 4-18(b)所示。

(2) 求一般点。在特殊点之间的适当位置上作一水平辅助平面 P。在 W 面上，由辅助平面 P 和圆的交点定出一般点的 W 面投影 7″、8″。在 H 面上，辅助平面 P 与圆锥、圆柱面的交线为圆和两条直线，它们的交点的 H 面投影为(7)、(8)，由此可求出 7′、(8′)，如图 4-18(c)所示。

(3) 判断可见性。依次光滑连接各点，当两回转体表面都可见时，其上的交线才可见。

按此原则，相贯线的 V 面投影前后对称，后面的相贯线与前面的相贯线重合，只需按顺序光滑连接前面可见部分各点的投影。相贯线的 H 面投影以 5、6 两点为分界点，分界点的右段可见，用粗实线依次光滑连接；分界点的左段不可见，用虚线依次光滑连接，如图 4-18(d)所示。

(4) 整理轮廓线。H 面投影中，圆柱的转向线应画到相贯线为止，如图 4-18(d)所示。

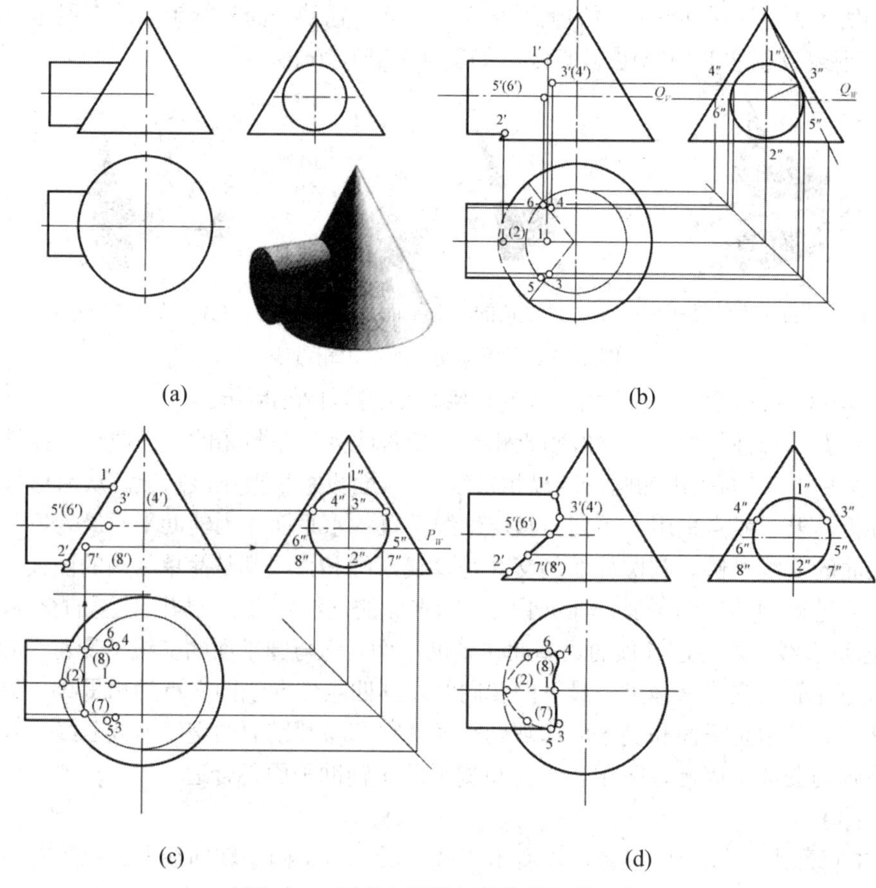

图 4-18　圆柱与圆锥相贯线投影的画法

【本章小结】

本章主要介绍了曲面立体的形成，圆柱体、圆锥体的投影，曲面立体的截交线，平面与圆柱、圆锥相交，平面立体与圆柱、圆锥体相交，两曲面体相贯等内容。通过本章的学习，可以对曲面建筑形体的投影有一定的认识，能熟练绘制、求解曲面立体图形。

【课后练习】

1. 圆柱体投影图的作图步骤是什么？
2. 圆锥体投影图的作图步骤是什么？
3. 平面截切圆柱时的截交线有哪几种形状？
4. 平面与圆锥的截交线有哪几种形状？
5. 用直接作图法求作两曲面体相贯线的方法是什么？

第五章 轴测投影图

第一节 轴测投影的基本知识

一、轴测图的作用与形成

1. 轴测图的作用

多面正投影图能完整地确定工程形体的形状及各部分的大小，作图简便，是工程上广泛采用的图示方法。但这种图立体感较差，不易看懂。因此，常采用能在形体的一个投影上反映形体的长、宽、高三个方向的尺寸，同时又具有立体感的轴测图。轴测图常作为辅助图样。

2. 轴测图的形成

选用一个不平行于任一坐标面的方向为投射方向，将形体连同确定该形体位置的直角坐标系一起投射到同一个投影面P上，这样得到的投影就能同时反映形体三个方向的尺寸。这种投影方法即轴测投影法，得到的投影称为轴测投影，也称轴测图。图 5-1 中，S 为轴测投影的投射方向，P 为轴测投影面，O_1X_1、O_1Y_1、O_1Z_1 为坐标轴在轴测投影面上的投影，称为轴测轴。在轴测图中，轴测轴之间的夹角称为轴间角。轴测轴上的单位长度与相应直角坐标轴上的单位长度的比值称为轴向变形(伸缩)系数。X、Y、Z 轴向伸缩系数分别用 p、q、r 表示。

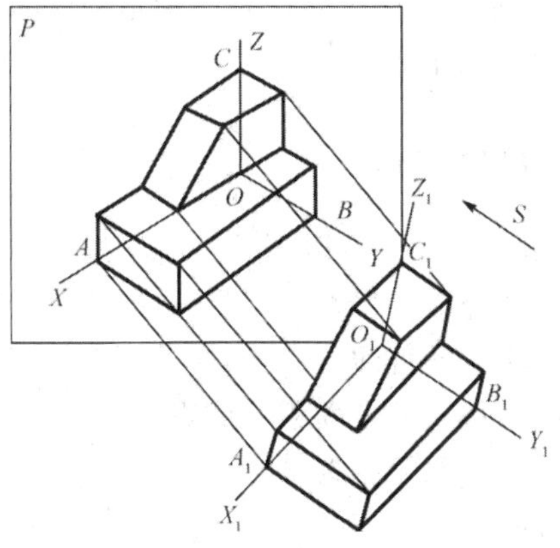

图 5-1 轴测图的形成

二、轴测图的投影特性

轴测投影是平行投影，它具有平行性和定比性，作图时要充分利用以下性质：

(1) 相互平行的直线，其轴测图仍平行。

(2) 空间形体上与坐标轴平行的直线段，其轴测投影的长度等于实际长度乘相应轴测轴的轴向伸缩系数。

(3) 直线上点的投影仍在直线的投影上。

只有与坐标轴平行的直线，其投影长度才等于实长乘以相应的轴向伸缩系数，也就是说，只有沿轴的方向才能度量长度，凡不是沿轴的方向的直线一律不能直接度量长度。

三、轴测图的分类

根据投射方向是否垂直于轴测投影面，轴测投影可分为两类。投射方向垂直于轴测投影面时所得到的轴测投影叫作正轴测投影，投射方向倾斜于轴测投影面时所得到的轴测投影叫作斜轴测投影。

由于形体相对于轴测投影面的位置及投影方向不同，轴向伸缩系数也不同，因此，正轴测图和斜轴测图又各分为以下三种：

(1) $p=q=r$，称为正(斜)等轴测图，简称正(斜)等测；

(2) $p=q\neq r$，称为正(斜)二等轴测图，简称正(斜)二测；

(3) $p\neq q\neq r$，称为正(斜)三等轴测图，简称正(斜)三测。

在实际作图时，正等测图用得较多，对于正二测图及斜二测图，一般采用的轴向伸缩系数为 $p=r=2q$。其余轴测投影可根据作图时的具体要求选用，但一般需采用专用作图工具，否则作图非常烦琐。

四、选择轴测图的原则

轴测图的种类很多，究竟选择哪种轴测图来表达一个形体最为合适，应从两个方面来考虑：一是直观性好，立体感强，且尽可能地表达清楚物体的形状结构；二是作图简便，能较为简捷地画出这个形体的轴测投影。

五、轴测图的直观性和立体感分析

选择投影方向和轴测类型时，应注意以下几种情况：

(1) 避免较多部分或主要部分被遮挡。

(2) 避免转角处交线投影成一条直线。

(3) 避免物体上的某个或某些平面表面积聚成直线。

(4) 避免平面体投影成左右对称的图形。

(5) 合理选择轴测投射方向。

第二节　正 等 轴 测 图

一、正等轴测图的特点

当物体的三个坐标轴和轴测投影面的倾角相等时，物体在平面上的正投影即物体的正等轴测图，正等轴测图的轴间角和轴向变化率如图 5-2 所示。

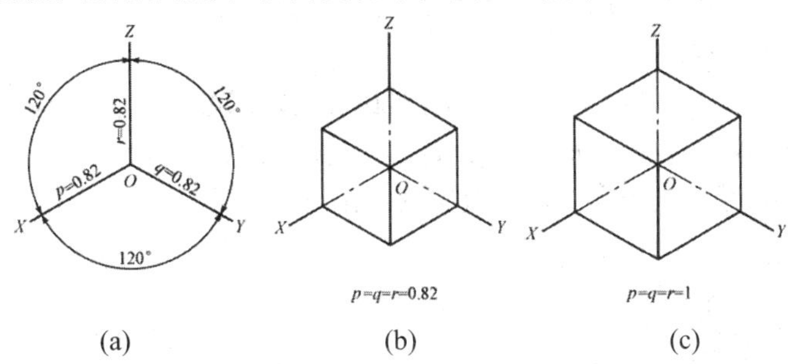

图 5-2　正等轴测图的轴间角和轴向变化率

二、正等轴测图的画法

正等轴测图的画法主要有坐标法、叠加法、切割法和端面法。

1. 坐标法

坐标法是根据物体表面上各点的坐标画出各点的轴测图，然后依次连接各点得到该物体轴测图的方法。

【例 5-1】　用坐标法作长方体的正等轴测图，如图 5-3 所示。

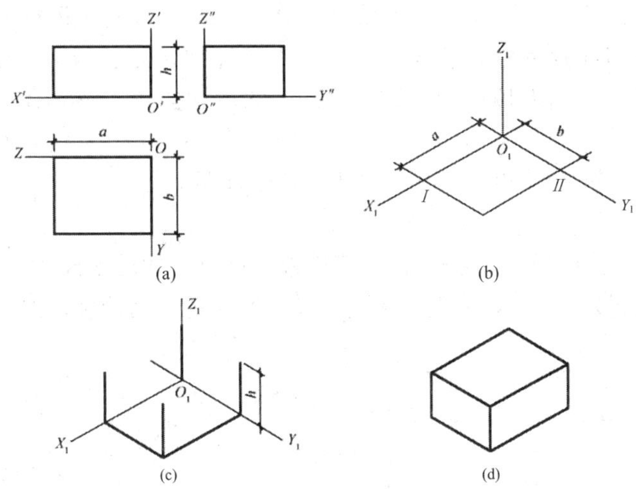

图 5-3　用坐标法作长方体的正等轴测图

【解】　作图步骤如下：

(1) 在正投影图上定出原点和坐标轴的位置。

(2) 画轴测轴，在 O_1X_1 和 O_1Y_1 上分别量取 a 和 b，对应得出点 I 和 II，过 I、II 作 O_1X_1 和 O_1Y_1 的平行线，得长方体底面的轴测图。

(3) 过底面各角点作 O_1Z_1 轴的平行线，量取高度 h，得长方体顶面各角点。

(4) 连接各角点，擦去多余图线并加深，即得长方体的正等轴测图。

2. 叠加法

对那些由几个基本体相加而成的物体，可以先将其划分为几个部分，然后根据叠加原理逐一画出其各个部分的轴测图，再将这些部分叠加起来，完成正等轴测图的绘制。

【例 5-2】 求作图 5-4(a)所示基础的正等轴测图。

【解】 作图步骤如下：

(1) 进行形体分析，画轴测轴，先画底部底板的轴测图，如图 5-4(b)所示。

(2) 在底板上方的正中画中间板，如图 5-4(c)所示。

(3) 在中间板上方的正中画上柱，如图 5-4(d)所示。

(4) 擦去作图线，加粗可见轮廓线。

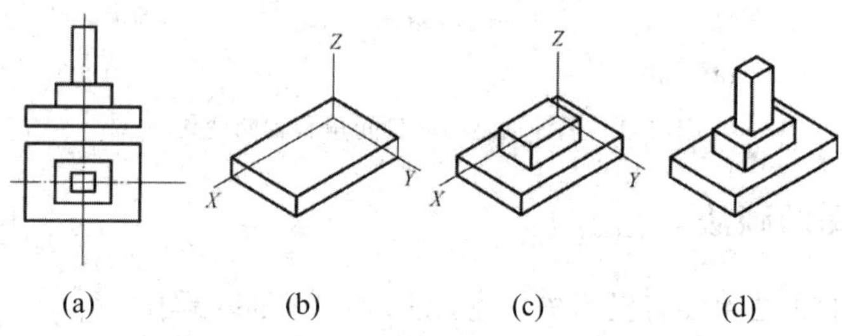

图 5-4 用叠加法作正等轴测图

3. 切割法

当物体被看成由基本体切割而成时，作图时可先按完整形体画出，然后用切割的方式画出其不完整部分。

【例 5-3】 已知某物体外形的三面正投影图，求该物体的正等轴测图。

【解】 如图 5-5 所示，可将该物体视为五棱柱被切去了两个三棱锥后所得到的立体，因而作图时可先作出五棱柱的正等轴测图，然后切去角。该物体正等轴测图的作图步骤如下：

(1) 设定物体正等轴测图的坐标轴，如图 5-5(a)所示。

(2) 画出五棱柱的轴测图。

(3) 沿 OX 轴的方向截取长度 x，得到三棱锥的顶点，如图 5-5(b)所示。

(4) 检查后擦去被切部分及有关作图线，描粗加深物体的轮廓，如图 5-5(c)所示。

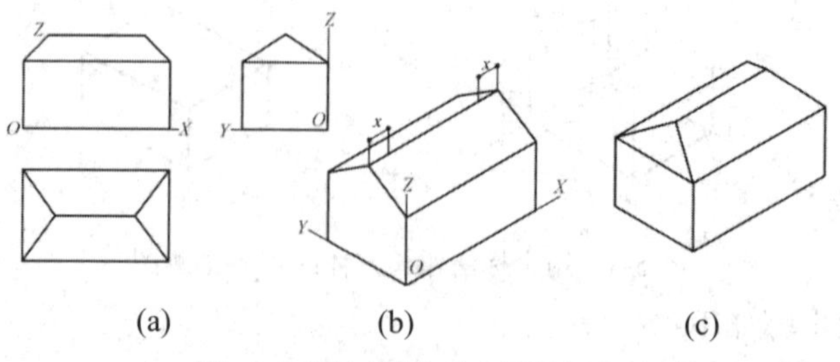

图 5-5 用切割法画正等轴测图

4. 端面法

端面法就是当某物的某一端面较为复杂且能够反映其形状特征时，可先画出该面的正等轴测图，再将其扩展成立体图。端面法主要适用于柱体轴测图的绘制。

【例 5-4】 绘制如图 5-6 所示六棱柱的正等轴测图。

【解】 该物体的正等轴测图的作图步骤如下：

(1) 对形体进行分析，引入坐标系，使柱顶面中点为坐标原点，如图 5-6(a)所示。

(2) 绘制轴测图，在正投影图中量取上端面各点及各边长沿 X、Y 方向的尺寸，得到上端面轴测图。过可见棱线顶点向下引直线等于棱线高度，如图 5-6(b)所示。

(3) 连接底面各点，擦去作图线并描粗，如图 5-6(c)所示。

正等轴测图的作图过程始终是按三根轴测轴和三个轴向伸缩系数来确定长、宽、高的方向和尺寸的，斜线与轴测轴不平行，只能用坐标法或切割法等进行画图。

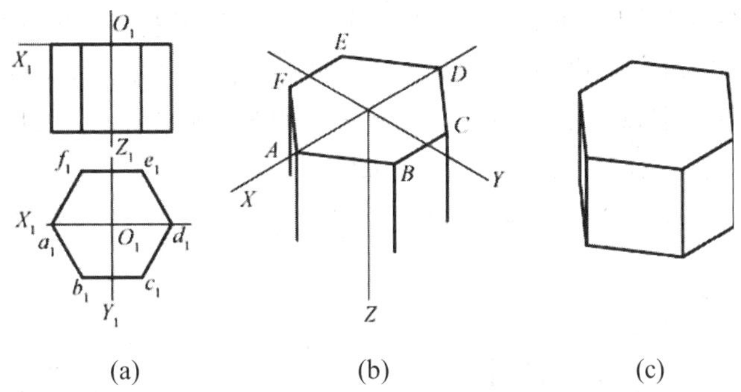

图 5-6 用端面法作六棱柱正等轴测图

第三节 斜等轴测图

一、正面斜二轴测图

1. 正面斜二轴测图的概念

如图 5-7 所示，当轴测投影面与正立面(V)平行或重合时，形成正面斜二等轴测投影（或称正面斜二轴测图，或简称正面斜二测），其轴测轴 O_1X_1 画成水平，O_1Z_1 画成竖直，O_1Y_1 画成与水平成 45°，各轴向伸缩系数为 $p=r=1$，$q=1/2$。

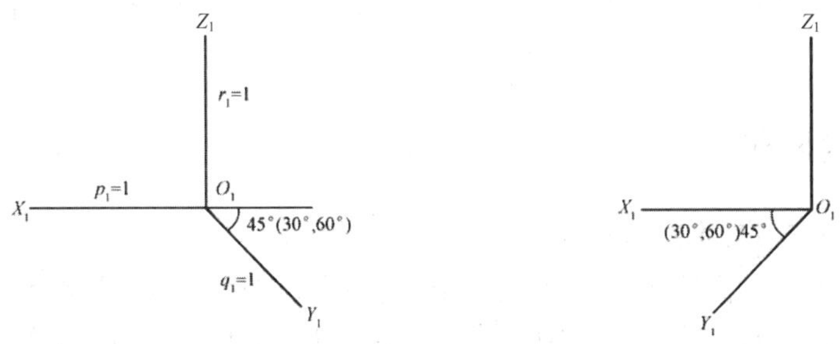

图 5-7 正面斜二轴测图的轴间角和轴向伸缩系数

2. 正面斜二轴测图的画法

正面斜二轴测图中，平行于 XOZ 坐标面的平面图形都反映实形，故平行于该坐标面的圆的斜二测仍是圆。而平行于 XOY、YOZ 坐标面的圆，其斜二测为椭圆。

【例 5-5】 作出如图 5-8(a)所示拱门的正面斜二轴测图。

【解】 由于正面斜二轴测图能很好地反映物体正面的实形，故常被用来表达正面或侧面形状较为复杂的柱体。作图时，应使物体的特征面与轴测投影面平行，然后利用特征面法求出物体的斜二测图。如图 5-8(a)所示，拱门是由地台、门身及顶板三部分组合而成的。其中，门身的正面形状带有圆弧，较复杂，故应将该面作为正面斜二轴测图中的特征面，然后求出其轴测图。

拱门的正面斜二轴测图的作图步骤如下：

(1) 先对图 5-8(a)进行分析，进而确定图 5-8(b)所示的轴测轴。

(2) 作地台的斜轴测图，在地台面上确定拱门前墙位置线，如图 5-8(c)所示。

(3) 画出拱门前墙面，如图 5-8(d)所示，同时还要确定 Y 方向。

(4) 利用平移法完成拱门的正面斜二轴测图，如图 5-8(e)所示，然后作出顶板。作顶板时，要特别注意顶板与拱门的相对位置，如图 5-8(f)所示。

(5) 检查图稿，若无差错，将可见的轮廓线加深描粗，以完成全图。

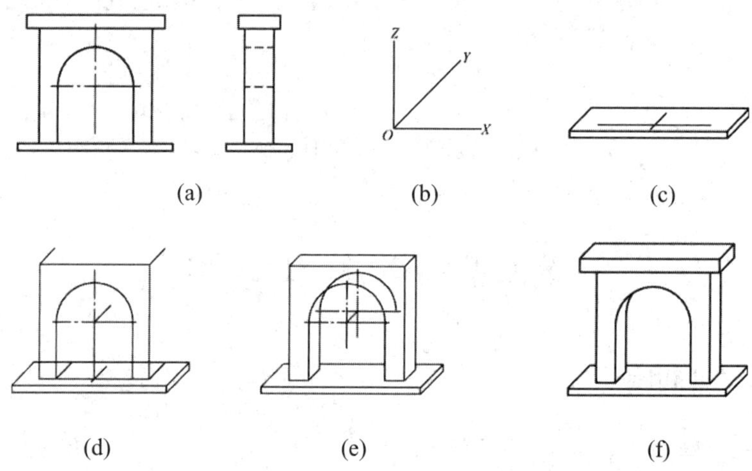

图 5-8 正面斜二轴测图的画法

轴测图本身作图较烦琐，如果能根据形体的特征选择恰当的轴测图方法，既能使图形表现清晰，又能使作图简便。正面斜二测画法中，组合体的正面平行于轴测投影面，形状不变。因此，当组合体的一个表面形状较复杂或者曲线较多时，采用正面斜二测画法最为简便。

二、水平斜等轴测图

1. 水平斜等轴测图的特点

如图 5-9(a)所示，保持物体与投影面的位置不变，平行于水平投影面的平面与投影线倾斜，所得的轴测图称为水平斜等轴测图。考虑到建筑形体的特点，习惯上将 OZ 轴竖起放置，如图 5-9(b)所示。水平斜等轴测图的特点有：

(1) 能反映物体上与水平面平行的表面的实形。

(2) 轴间角$\angle XOY = 90°$，$\angle YOZ$和$\angle ZOX$则随着投影线与水平面间的倾角变化而变化。通常可令$\angle ZOX = 120°$，则$\angle YOZ = 150°$。

(3) 轴向变化率$p = q = 1$是始终成立的；当$\angle ZOX = 120°$时，$r = 1$。

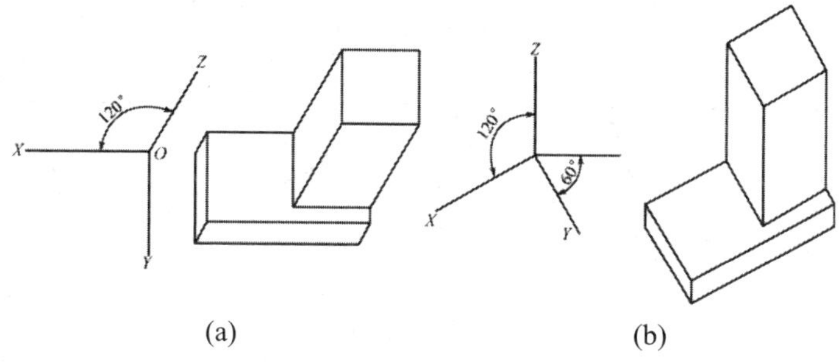

图 5-9　水平斜等轴测图

2. 水平斜等轴测图的画法

画水平斜等轴测图时，只需将建筑物的平面图绕着 Z 轴旋转(通常按逆时针方向旋转 30°)，然后画高度尺寸即可。

【例 5-6】　画出图 5-10(a)所示的建筑群的水平斜等轴测图。

【解】　该建筑群的水平斜等轴测图的作图步骤如下：

(1) 形体分析，把总平面图旋转 30°，如图 5-10(b)所示。

(2) 测量建筑物的高度，过各个角点向上作高度，如图 5-10(c)所示。

(3) 擦去作图线并描粗，画出建筑群的水平斜等轴测图，如图 5-10(d)所示。

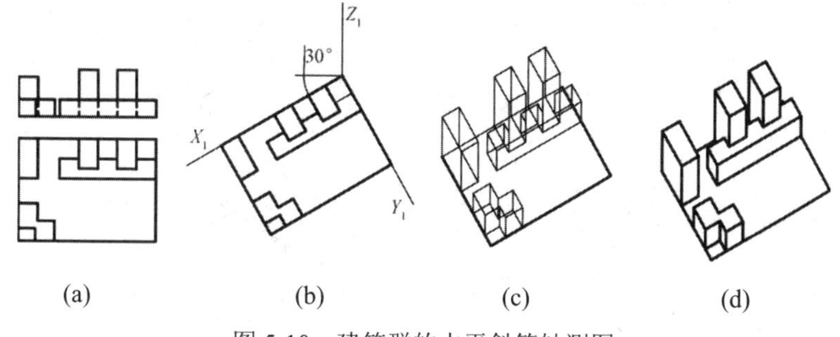

图 5-10　建筑群的水平斜等轴测图

第四节　曲面立体的轴测投影

一、圆的正等测图

曲面体上的圆平行于坐标面时，常采用近似作图法——八点法与四心法。

1. 八点法

作圆的外切正方形及对角线，可得 8 个点，4 个是正方形各边的中点，4 个是对角线上的点，如图 5-11 所示。画出正方形的正等轴测图，为菱形，按照定比关系作出 8 个点的轴测图，据此可连成椭圆。八点法对于正等轴测图和斜二轴测图都适用。

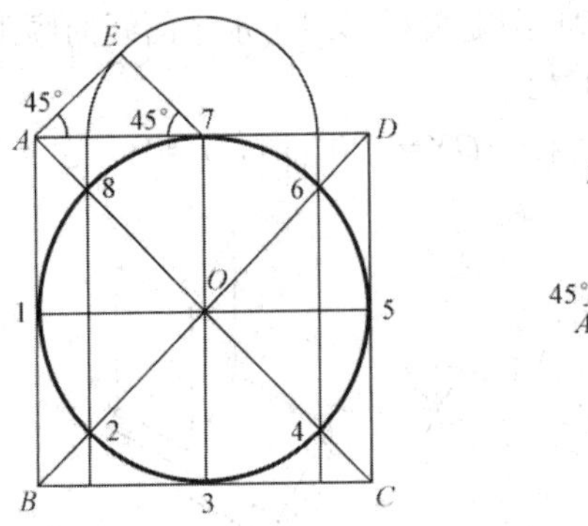

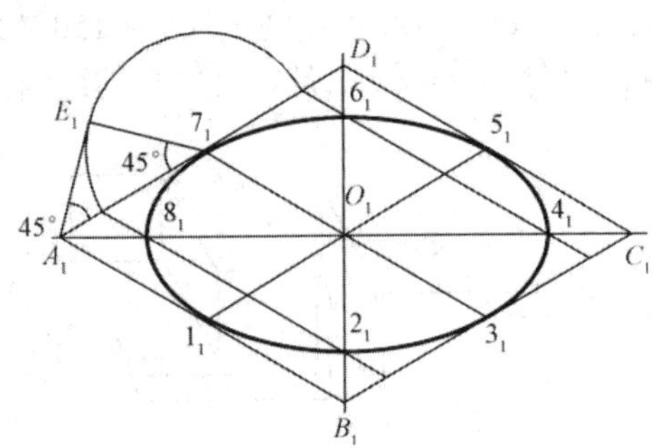

图 5-11　八点法

当圆的外接正方形在轴测图中为平行四边形时，其圆的轴测图多采用近似作图法——八点法画椭圆。

2. 四心法

对于正等轴测图，可先画出外切正方形的轴测菱形，以图中标明的 F_1、H_1、M_1、N_1 四个点为圆心，画 4 段圆弧，拼接成一个近似的椭圆，如图 5-12 所示。四心法只对正等轴测图有效，对于斜轴测图不能使用。

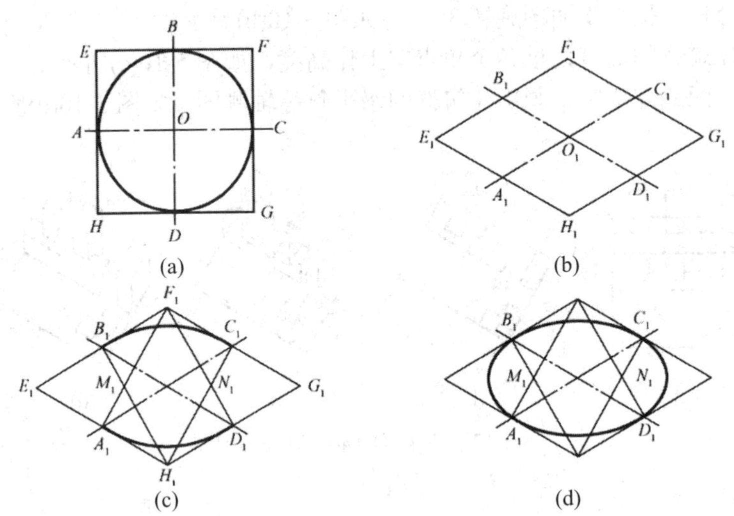

图 5-12　四心法

图 5-12(a)中，在正投影图上定出原点和坐标轴位置，并作圆的外切正方形 *EFGH*；图(b)中，画轴测轴及圆的外切正方形的正等测图；图(c)中，连接 F_1A_1、F_1D_1、H_1B_1、H_1C_1，分别交于 M_1、N_1，以 F_1 和 H_1 为圆心，以 F_1A_1 或 H_1C_1 为半径作大圆弧 $\overset{\frown}{B_1C_1}$ 和 $\overset{\frown}{A_1D_1}$；图(d)中，以 M_1 和 N_1 为圆心，M_1A_1 或 N_1C_1 为半径作小圆弧 $\overset{\frown}{A_1B_1}$ 和 $\overset{\frown}{C_1D_1}$，即得平行于水平面的圆的正等测图。

二、圆柱体、平板圆角的正等测图

1. 圆柱体的正等测图画法

圆柱体的正等测图画法如图 5-13 所示。

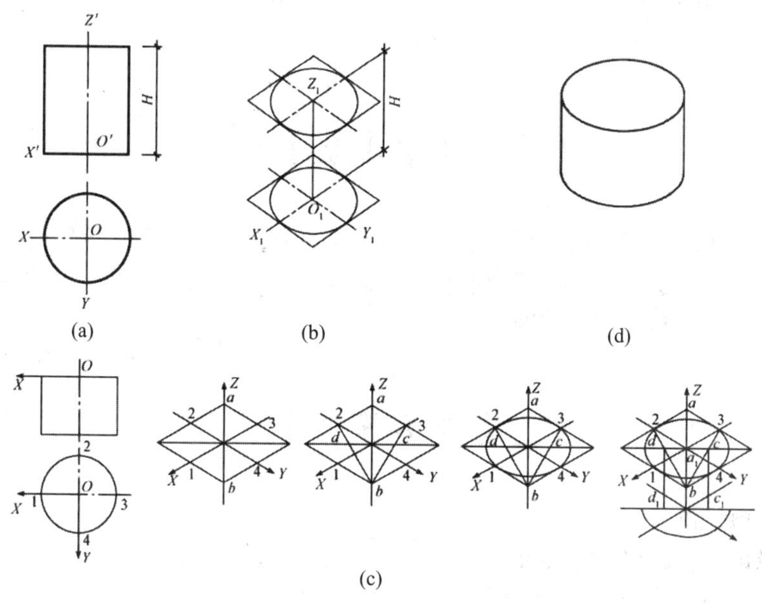

图 5-13　圆柱体的正等测图画法

图 5-13(a)中，在正投影图上定出原点和坐标轴位置；图(b)中，根据圆柱的直径 D 和高度 H，作上下底圆外切正方形的轴测图；图(c)中，用四心法画下底圆的轴测图；图(d)中，作两椭圆的公切线，擦去多余线条并加深，即得圆柱体的正等测图。

2. 平板圆角的正等测图画法

平板圆角的正等测图画法如图 5-14 所示。

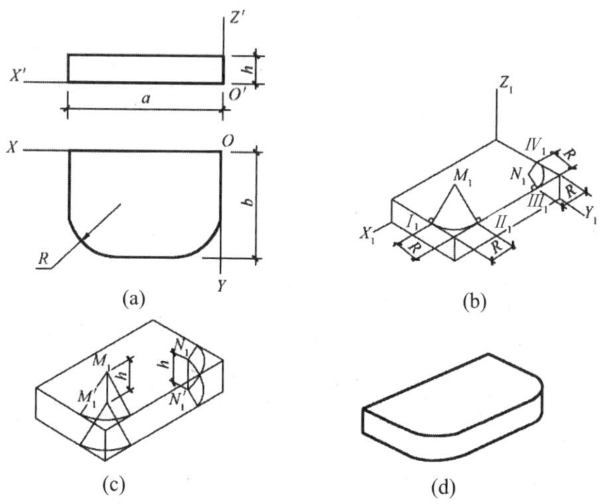

图 5-14　平板圆角的正等测图画法

图 5-14(a)中，在正投影图上定出原点和坐标轴位置；图(b)中，根据尺寸 a、b、h 作平板的轴测图，由角点沿两边分别量取半径 R 得 I_1、II_1、III_1、IV_1 点，过各点作直线垂直于圆角的两边，以交点 M_1、N_1 为圆心，以 $M_1 I_1$、$N_1 III_1$ 为半径作圆弧；图(c)中，过 M_1、N_1 沿 $O'Z'$方向作直线，量取 $M_1M_1'=N_1N_1'=h$，分别以 M_1、N_1 为圆心，以 $M_1 I_1$、$N_1 III_1$ 为半径作弧得底面圆弧；图(d)中，作右边两圆弧的切线，擦去多余线条并加深，即得有圆角平板的正等测图。

【本章小结】

本章主要介绍了轴测图的作用、形成、投影特性、分类，选择轴测图的原则，轴测图的直观性和立体感分析，正等轴测图的特点、画法，正面斜二轴测图，水平斜等轴测图，圆、圆柱体、平板圆角的正等测图。

【课后练习】

1. 简述轴测图的形成。
2. 轴测图的投影特性是什么？
3. 简述正等轴测图的各种画法。
4. 正面斜二轴测图的投影特性是什么？
5. 八点法作圆的正等测图的方法是什么？

第六章 标 高 投 影

第一节 点、直线的标高投影

一、概述

起伏不平的地面很难用三面正投影表达清楚。因此，常用一组平行、等距的水平面去截交地面，所得的每条截交线都为水平的曲线，线上的每一点距水平基准面 H 的高度相等，这些水平曲线称为等高线。这种标注了高程的地形等高线的水平投影称为地形图。这种用水平投影加注高度表示空间形体的方法称为标高投影法，所得到的单面正投影图称为标高投影图，如图 6-1 所示。

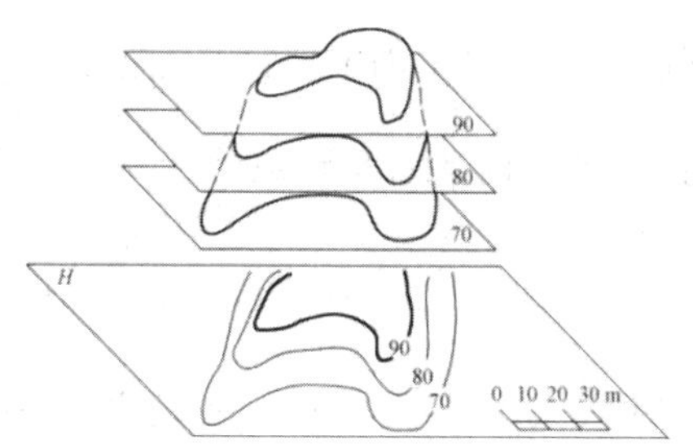

图 6-1 标高投影图

二、点的标高投影

空间点的标高投影就是点在 H 面上的正投影加注点的高程。基准面以上的高程为正，基准面以下的高程为负。图 6-2 中，A 点的标高投影记作 a_4，B 点的标高投影记作 b_{-3}。

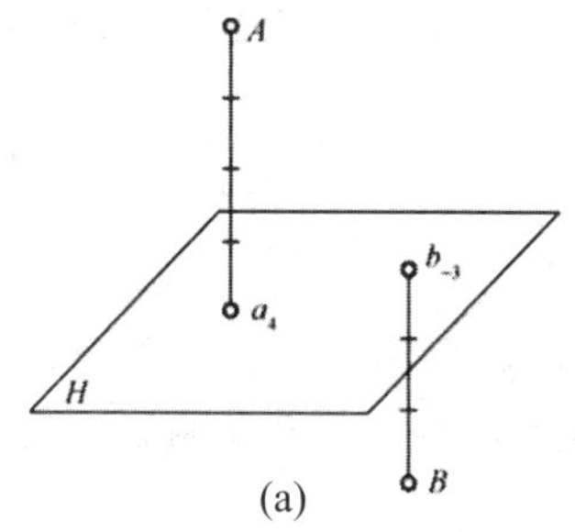

(a)

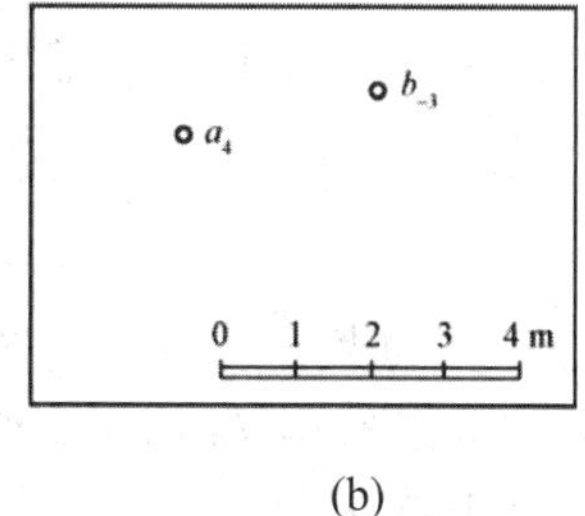

(b)

图 6-2 点的标高投影

三、直线的标高投影

1. 直线标高投影的一般表示方法

直线标高投影的一般表示方法如图 6-3 所示。

(1) 用直线上两点的标高投影表示。

(2) 用直线上一点的标高投影和直线的方向(坡度和指向下坡的箭头)表示。

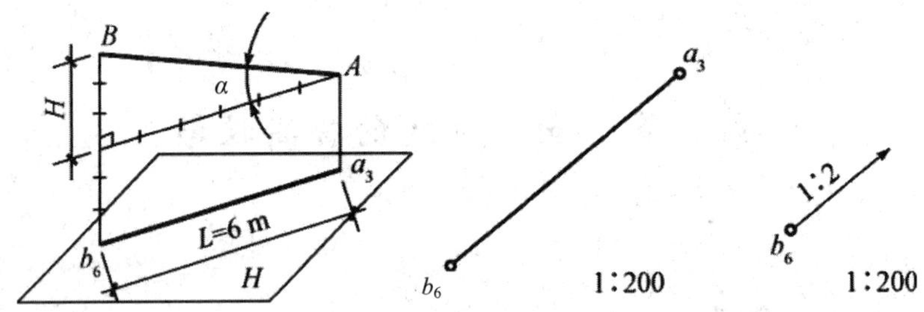

图 6-3　直线标高投影的一般表示方法

2. 直线的坡度和平距

如图 6-4 所示，直线上两点之间的高差(H)与水平距离(L)之比称为直线的坡度，记作 i。设直线 AB 的高差为 3 m，水平距离为 6 m，则直线 AB 的坡度 $i=\tan\alpha=\dfrac{H}{L}=\dfrac{3}{6}=\dfrac{1}{2}$，记作 1∶2，即当直线 AB 上两点的水平距离为 1 m 时，高差为 0.5 m。

直线上两点的高差为 1 个单位时的水平距离称为直线的平距，记作 I。即 $I=\dfrac{L}{H}=\dfrac{1}{\tan\alpha}=\dfrac{1}{i}$。

在图 6-4 中，直线 AB 的坡度为 1∶2，则平距为 2，即当直线 AB 上两点的高差为 1 m 时，其水平距离为 2 m。

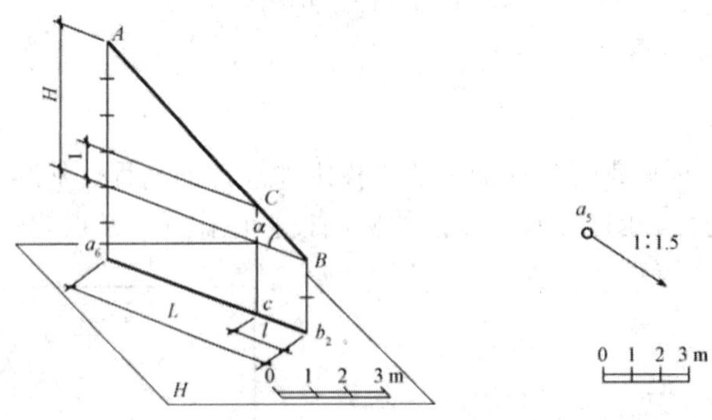

图 6-4　直线的坡度和平距

平距与坡度互为倒数，坡度大则平距小，坡度小则平距大。

【例 6-1】　求作图 6-5(a)所示直线上高程为 3.3 m 的点 B 和各整数高程点。

【解】　(1) 求点 B。

$$H_{AB}=7.3-3.3=4(\text{m}),\ I=\frac{1}{i}=3$$

$$L_{AB}=IH_{AB}=3\times4=12\ (\text{m})$$

如图 6-5(b)所示，自 $a_{7.3}$ 顺箭头方向按比例取 12 m，即得到 $b_{3.3}$。

(2) 求整数高程点。

① 计算法：由 $I=3$ 可知整数高程为 4 m、5 m、6 m、7 m，点间的水平距离为 3 m。高程 7 m 的点与高程 7.3 m 的点 A 之间的水平距离为 $HI=(7.3-7)\times3=0.9(\text{m})$。自 $a_{7.3}$ 沿 ab 方向依次量取 0.9 m 及三个 3 m，即得到高程为 7 m、6 m、5 m、4 m 的整数高程点，如图 6-5(c)所示。

② 图解法：如图 6-5(d)所示，作辅助铅垂投影面 $V/\!/AB$，在 V 面上按适当比例作相应整数高程的水平线(水平线 $/\!/ab$，最低一条高程为 3 m，最高一条高程为 8 m，图上未标出投影轴)，根据点 A、B 的高程作出 AB 的 V 面投影 $a'b'$，直线 $a'b'$ 与各水平线的交点即直线 AB 上相应整数高程点的 V 面投影。自这些点作 ab 的垂线，即可得到直线 AB 上高程为 4 m、5 m、6 m、7 m 的各点。

如作辅助正面投影时，所采用的比例与标高投影的比例一致，则 $a'b'$ 反映线段 AB 的实长及对 H 面的倾角 α。

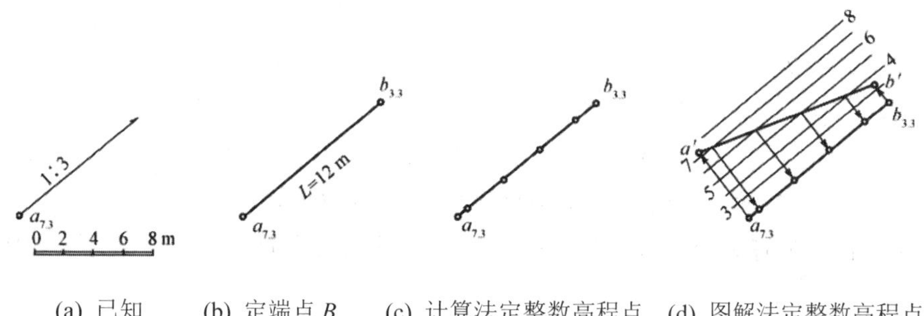

(a) 已知　(b) 定端点 B　(c) 计算法定整数高程点　(d) 图解法定整数高程点

图 6-5　在直线上定已知高程点

第二节　平面的标高投影

一、平面上的等高线和坡度线

在标高投影中，平面上的水平线称为等高线，它们是一组互相平行的直线，在同一等高线上的点高程相同。当相邻等高线之间的高差相同时，其水平距离也相等；当高差为 1 m 时，其水平距离即为平距 I，如图 6-6(a)所示。

平面上与等高线相垂直的直线称为坡度线，如图 6-6(a)中的直线 AB 所示。从图中可知，因为 $AB\perp BC$，所以 $ab\perp bc$，即坡度线和等高线的投影互相垂直，如图 6-6(b)所示。由于 AB 和 ab 同时垂直于 P 面和 H 面的交线 BC，因此角 α 就是 P 面对 H 面的倾角，坡度线 AB 的坡度就是平面 P 的坡度。

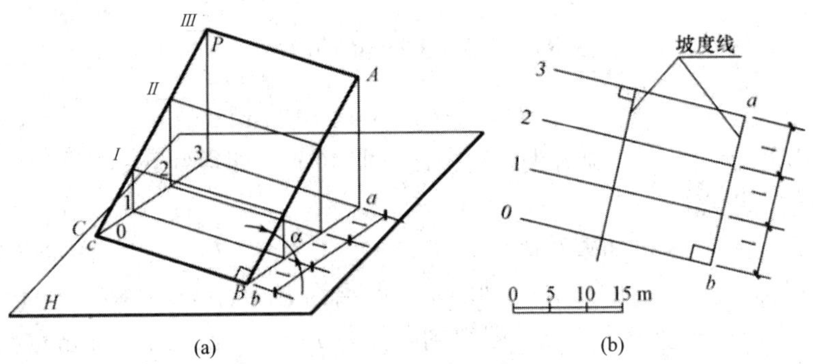

图 6-6　平面上的等高线和坡度线

二、平面标高投影的表示方法

在标高投影中常用以下两种方法表示平面：

(1) 用平面上的一条等高线和一条坡度线表示，如图 6-7(a)所示。

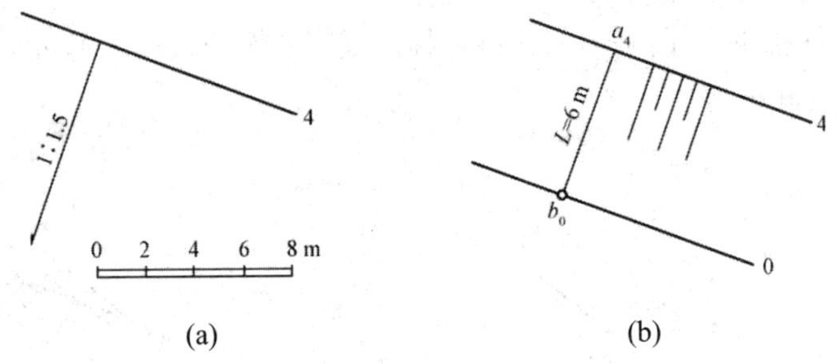

图 6-7　标高投影中平面的表示方法(1)

(2) 用平面上的任意一条直线和一条坡向线(虚线箭头指向下坡方向)表示，如图 6-8(a)所示。

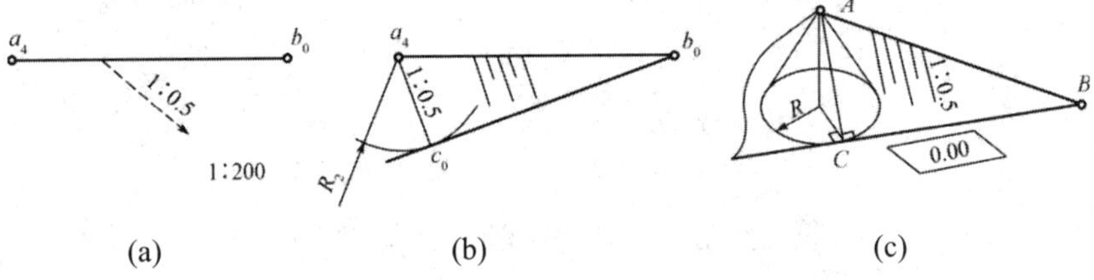

图 6-8　标高投影中平面的表示方法(2)

为了比较直观地反映平面的倾斜方向，投影图中的平面常常画出示坡线，示坡线用长短间隔的直线段表示，画在平面高的一侧，并垂直于等高线，其画法如图 6-7(b)、图 6-8(b)所示。

【例 6-2】　求作图 6-7(a)所示平面上高程为零的等高线。

【解】　零等高线必与已知的 4 m 等高线平行，且通过坡度线上高程为零的点 b，ab 的水平距离 $L_{AB}=IH_{AB}=1.5\times4=6(\text{m})$。

如图 6-7(b)所示，在坡度线上自 a_4 向下坡方向量取 6 m 得 b_0，过 b_0 作直线与 4 m 等高线平行即为所求。

【例 6-3】　求作图 6-8(a)所示平面上高程为零的等高线。

【解】 由于已知直线 ab 不是平面上的等高线，所以该平面坡度线的准确方向未知。但零等高线必通过点 b_0，且距 a_4 点的水平距离 $L = IH = 0.5 \times 4 = 2(\text{m})$。

因此，如图 6-8(b)所示，首先以 a_4 为圆心、2 m 为半径作圆弧，再过点 b_0 向该圆弧引切线，得切点 c_0，直线 b_0c_0 即为所求。

此方法可理解为，以点 A 为锥顶，底圆半径为 2 m，素线坡度为 1∶0.5 作一正圆锥面，0 m 等高线与底圆相切，平面 ABC 与该圆锥面相切，切线 AC 就是平面的坡度线，如图 6-8(c)所示。

三、两平面平行的标高投影

在标高投影中，常见的两平面平行的投影特性如图 6-9 所示。

(1) 两平面上的等高线互相平行，两平面上的坡度线也互相平行，下降方向相同，坡度相等。

(2) 两平面的坡度比例尺互相平行，刻度间的平距相等，且下降方向相同。

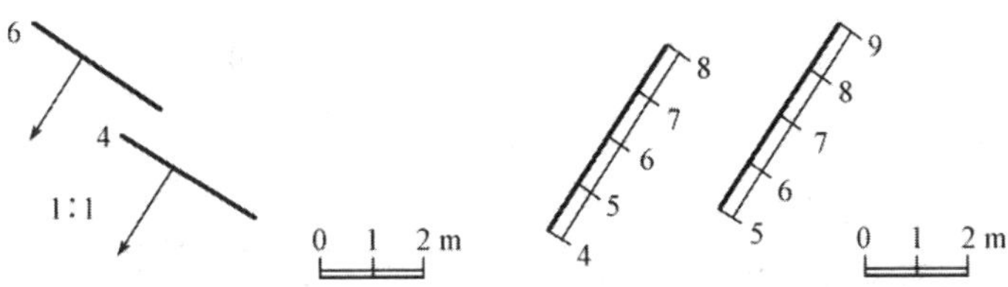

图 6-9 两平面平行的标高投影

四、两平面相交的标高投影

在标高投影中，两平面(或曲面)的交线就是两平面(或曲面)上相同高程等高线交点的连线，如图 6-10 所示。在工程中，相邻两坡面的交线称为坡面交线，坡面与地面的交线称为坡脚线(填方坡面)或开挖线(挖方坡面)。

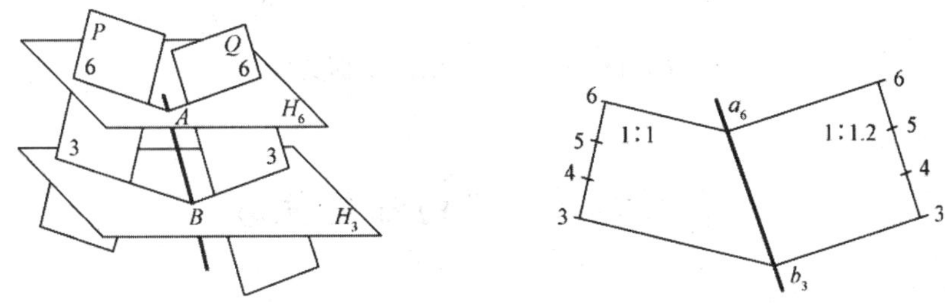

图 6-10 平面交线的标高投影

【例 6-4】 如图 6-11(a)所示，在高程为零的地面上修建一平台，平台顶面高程为 4 m，有一斜坡道通向平台顶面，平台的边坡和斜坡道两侧的边坡坡度均为 1∶1，试画出其坡脚线和坡面交线。

【解】 (1) 求坡脚线：如图 6-11(b)、(d)所示，地面高程为零，因此各边坡的坡脚线就是各边坡上高程为零的等高线。平台边坡的坡脚线与平台顶面边线 a_4d_4 平行，水平距离 $L_1 = IH = 1 \times 4 = 4(\text{m})$。斜坡道两侧边坡的坡脚线求法与图 6-8 相同：分别以 a_4、d_4 为圆心，

以 $L_2=1\times4=4$(m)为半径画圆弧，再自 b_0、c_0 分别作此两圆弧的切线，即为斜坡道两侧边坡的坡脚线，如图 6-11(b)所示。

(2) 求坡面交线：如图 6-11(c)所示，连接 a_4e_0 及 d_4f_0，即为所求的坡面交线。

(3) 画示坡线：斜坡道两侧边坡的示坡线应分别垂直于坡面上的等高线 b_0e_0 和 c_0f_0，如图 6-11(c)所示。

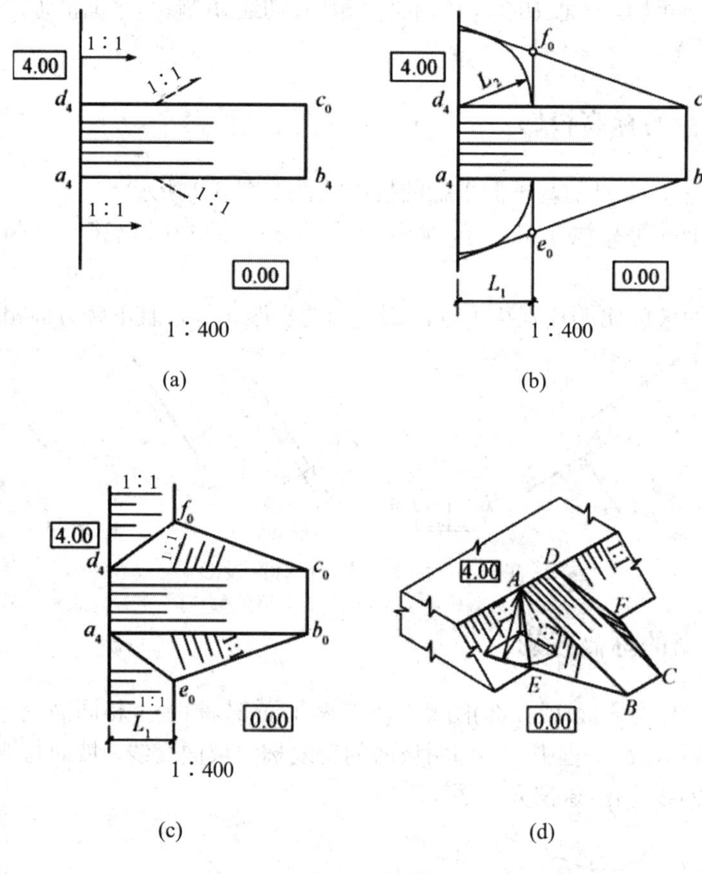

图 6-11　作平台坡脚线和坡面交线

第三节　曲面的标高投影

一、正圆锥面

如图 6-12 所示，当正圆锥面的轴线垂直于水平面时，其标高投影通常用一组注上高程数字的同心圆(圆锥面的等高线)表示。锥面坡度越陡，等高线越密；坡度越缓，等高线越疏。

在河道疏浚、道路护坡工程中，常将转弯坡面做成圆锥面，以保证在转弯处边坡的坡度不变，如图 6-13 所示。

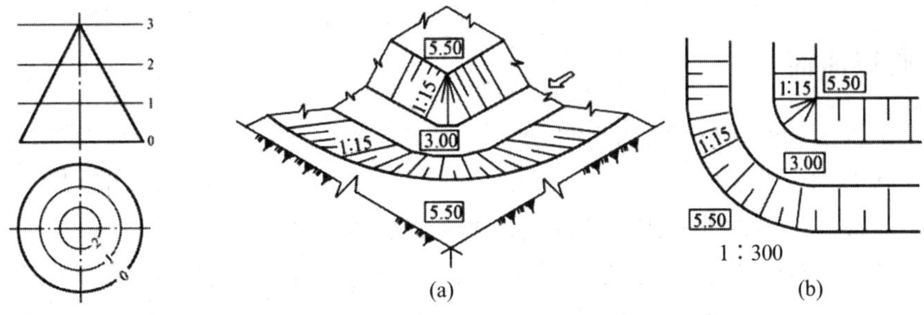

图 6-12　正圆锥面的标高投影　　　　　　　　　　　　图 6-13　河渠的转弯边坡

【例 6-5】　在高程为 2 m 的地面上筑一高程为 6 m 的平台，平台顶面的形状及边坡坡度如图 6-14(a)所示，求坡脚线和坡面交线。

【解】　如图 6-14(b)、(c)所示。

(1) 求坡脚线：由于地面高程为 2 m，因此各边坡的坡脚线是各坡面上高程为 2 m 的等高线。平台左右两边的边坡是平面坡面，其坡脚线是直线，并且与平台顶面边线平行，水平距离 $L = 1 \times (6 - 2) = 4(\text{m})$。

平台顶面中部边线为半圆，其边坡是圆锥面，所以坡脚线与台顶半圆是同心圆，其半径 $R = r + L = r + 0.6 \times (6 - 2) = r + 2.4$ m。

(2) 求坡面交线：坡面交线是由平台左右两边的边坡和中部圆锥面相交产生的，因两边平面边坡的坡度小于圆锥面的坡度，所以坡面交线是两段椭圆弧。a_6、b_6 和 c_2、d_2 分别是两条坡面交线的端点。为了求作交线的中间点，在平台两边边坡面和中部圆锥面上，分别求出高程为 5 m、4 m、3 m 的等高线。

两边平面坡面上的等高线为一组平行直线，它们的水平距离为 1 m($i = 1 ∶ 1$)。圆锥面上的等高线为一组同心圆，其半径差为 0.6 m($i = 1 ∶ 0.6$)。相邻面上相同高程等高线的交点就是所求交线上的点。用光滑曲线分别连接这些点，就可得到坡面交线。

(3) 画出各坡面的示坡线：圆锥面上的各示坡线应通过圆心(锥顶)O。

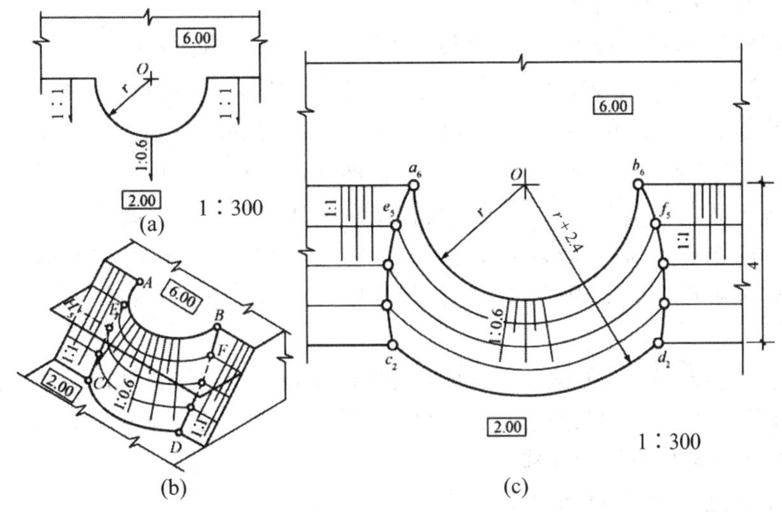

图 6-14　圆锥坡面的坡脚线和坡面交线

二、同坡曲面

正圆锥的轴线始终垂直于水平面，锥顶角不变。锥顶沿着一空间曲导线 AB 运动所产生的包络面称为同坡曲面，如图 6-15(a)所示。同坡曲面与圆锥面的切线是这两个曲面上的共有坡度线，这种曲面常用于道路爬坡拐弯的两侧边坡。

如图 6-15(b)所示，同坡曲面上的等高线与圆锥面上的同高程等高线一定相切，切点在同坡曲面与圆锥面的切线上。作同坡曲面上的等高线就是作圆锥面等高线的包络线。

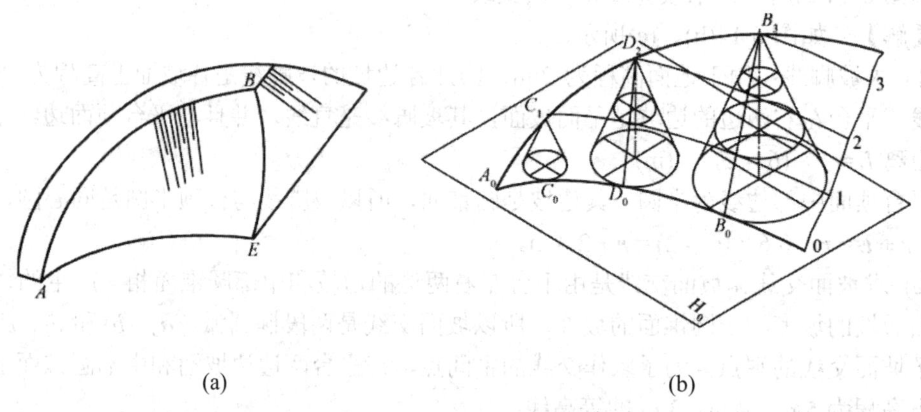

图 6-15　同坡曲面的形成

【例 6-6】　如图 6-16(a)所示，在高程为 0 m 的地面上修建一段弯道，弯道路面两侧边线为空间曲线，其水平投影为两段同心圆弧，路面高程自 0 m 到 3 m，两侧边坡及端部边坡坡度均为 1∶0.5，试求坡脚线及坡面交线。

【解】　如图 6-16(b)所示。

(1) 求坡脚线：弯道顶端边线是直线，坡面为平面，坡脚线 *I II* 与边线 $b_3b'_3$ 平行，水平距离 $L = 3 \times 0.5 = 1.5$(m)。弯道两侧边线是空间曲线，其两侧坡面是同坡曲面。在同坡曲面上，当等高线之间的高差为 1 m 时，平距 $I = 0.5$ m。分别以 c_1、d_2、b_3 为圆心，以 0.5 m、1 m、1.5 m 为半径作圆弧，自 a_0 作曲线与这些圆弧相切，即得到弯道内侧同坡曲面的坡脚线。为了延长同坡曲面的坡脚线，使其与端部坡脚线 *I II* 相交，可顺延路面边线到 e_4，使 $b_3e_4 = b_3d_2$，再以 e_4 为圆心，以 $L = 4 \times 0.5 = 2$(m)为半径画圆弧，然后延长同坡曲面的坡脚线与该圆弧相切，便得到两坡脚线的交点 *II*。利用同样的方法可求得弯道外侧的坡脚线。

(2) 求坡面交线：弯道顶部边坡与两侧同坡曲面相交，交线是两段平面曲线。分别求出弯道顶部坡面和两侧同坡曲面上高程为 1 m、2 m 的等高线，把相同高程等高线的交点连成光滑曲线，就可作出坡面交线。

(3) 画出各坡面上的示坡线。

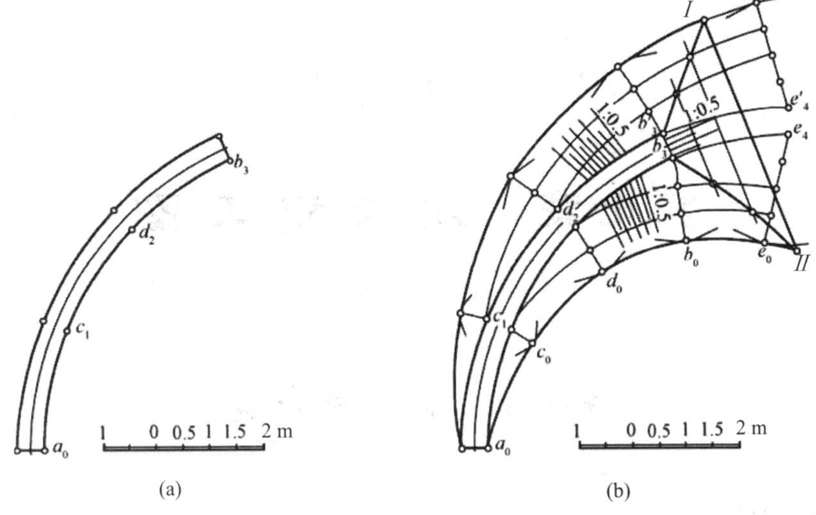

(a)　　(b)

图 6-16　同坡曲面的坡脚线和坡面交线

【本章小结】

本章主要介绍了点、直线、平面、曲面的标高投影等内容。通过本章的学习，可以对标高投影有一定的认识，能熟练绘制标高投影。

【课后练习】

1. 什么是等高线？什么是地形图？什么是标高投影图？
2. 直线的标高投影的一般表示方法是什么？
3. 平面的标高投影的表示方法是什么？
4. 两平面平行的标高投影的投影特性是什么？
5. 什么是同坡曲面？

第七章 建筑施工图

第一节 施工图概述

一、房屋的组成

虽然各种房屋的使用要求、空间组合、外形处理、结构形式和规模大小等各有不同，但基本上都是由基础、墙、楼面、屋面、门窗、楼梯以及台阶、散水、阳台、走廊、天沟、雨水管、勒脚、踢脚板等组成的，如图 7-1 所示。基础起着承受和传递荷载的作用；屋顶、外墙、雨篷等起着隔热、保温、避风遮雨的作用；屋面、天沟、雨水管、散水等起着排水的作用；台阶、门、走廊、楼梯起着沟通房屋内外、上下交通的作用；窗则主要用于采光和通风；墙群、勒脚、踢脚板等起着保护墙身的作用。

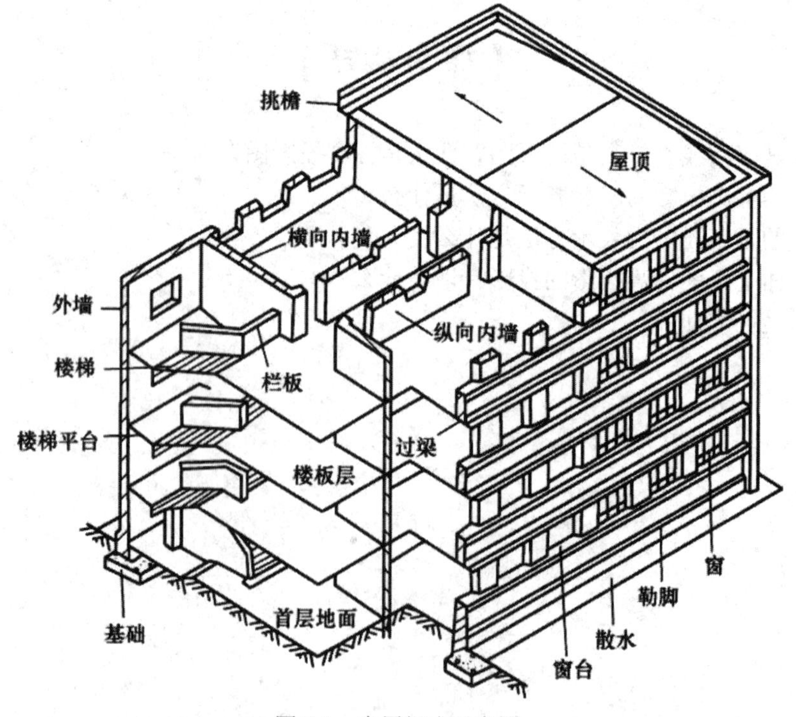

图 7-1　房屋组成示意图

二、房屋施工图的分类、特点及阅读步骤

1. 房屋施工图的分类

遵照建筑制图标准和建筑专业的习惯画法绘制建筑物的多面正投影图，并注写尺寸和文字说明的图样称为建筑图。建筑图包括建筑物的方案图、初步设计图(简称初设图)、扩大初步设计图(简称扩初图)及施工图。

施工图根据其内容和工程不同分为以下几种：

(1) 建筑施工图(简称建施图)。建筑施工图主要用来表示建筑物的规划位置、外部造型、内部各房间的布置、内外装修、构造及施工要求等。它的内容主要包括施工图首页、总平面图、各层平面图、立面图、剖面图及详图。

(2) 结构施工图(简称结构图)。结构施工图主要用来表示建筑物承重结构的结构类型、结构布置、构件种类、数量、大小及做法。它的内容主要包括结构设计说明、结构平面布置图及构件详图。

(3) 设备施工图(简称设施图)。设备施工图主要用来表达建筑物的给水排水、暖气通风、供电照明、燃气等设备的布置和施工要求等。它主要包括各种设备的布置图、系统图和详图等内容。

本章主要讲述建筑施工图的内容。

2. 房屋施工图的特点

房屋施工图具有如下特点：

(1) 施工图中的各种图样除了水暖施工图中水暖管道系统图是用斜投影法绘制之外，其余图样都是用正投影法绘制的。

(2) 房屋的形体庞大，而图纸幅面有限，所以施工图一般是缩小比例绘制的。

(3) 房屋是用多种构、配件和材料建造的，所以施工图中多用各种图例符号来表示这些构、配件和材料。

(4) 房屋设计中有许多建筑物、配件已有标准定型设计，并有标准设计图集可供使用。为了节省大量的设计与制图工作，凡采用标准定型设计之处，只要标出标准图集的编号、页数、图号就可以了。

3. 房屋施工图的编排顺序

房屋施工图一般的编排顺序是图纸目录、设计总说明、建筑施工图、结构施工图、设备施工图等。

各专业的施工图应按图纸内容的主次关系系统地排列。例如，基本图在前，详图在后；全局图在前，局部图在后；布置图在前，构件图在后；先施工的图在前，后施工的图在后等。

4. 房屋施工图的阅读步骤

阅读一套房屋施工图一般应按以下步骤进行：

(1) 根据图纸目录，检查和了解这套图纸有多少类别，每类有几张。有缺损或需用标准图和重复利用旧图时，应及时配齐。检查无缺损后，按目录顺序通读一遍，对工程对象

的建设地点与周围环境及建筑物的大小、形状、结构形式和建筑关键部位等情况先有一个概括的了解。

(2) 负责不同专业(或工种)的技术人员，根据不同的要求，重点深入地阅读不同类别的图纸。阅读时，应按先整体后局部，先文字说明后图样，先图形后尺寸的顺序依次仔细阅读。阅读时还应特别注意各类图纸之间的联系，以免发生矛盾而造成质量事故和经济损失。

三、建筑施工图的组成

建筑施工图由建筑首页图、建筑总平面图、建筑平面图、建筑立面图、建筑剖面图以及建筑详图等内容组成，是房屋工程施工图中具有全局性地位的图纸。建筑施工图反映房屋的平面形状、功能布局、外观特征、各项尺寸和构造做法等，也是房屋施工放线、砌筑、安装门窗、室内外装修和编制施工概算及施工组织计划的依据。它通常编排在整套图纸的最前位置，其后有结构图、设备施工图、装饰施工图。

四、建筑施工图中的常用符号

1. 定位轴线

建筑施工图中的定位轴线是确定建筑物主要承重构件位置的基准线，是施工定位、放线的重要依据。定位轴线应用细点画线绘制。定位轴线一般应编号，编号应注写在轴线端部的圆内。圆应用细实线绘制，直径应为 8 mm，详图上可增为 10 mm。定位轴线圆的圆心应在定位轴线的延长线或延长线的折线上。施工图上定位轴线的编号，宜注写在图样的下方与左侧。横向编号应用阿拉伯数字，从左至右顺序编写，竖向编号应用大写英文字母(I、O、Z 除外)，从下至上顺序编写，如图 7-2 所示。

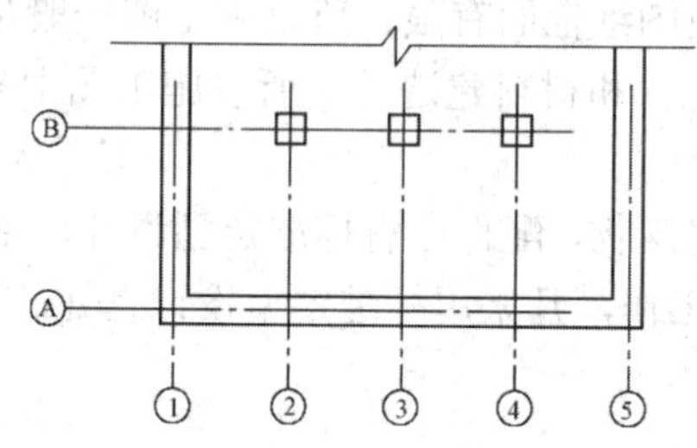

图 7-2　定位轴线的编号顺序

在标注非承重的分隔墙或次要的承重构件时，可用两根轴线间的附加定位轴线。附加定位轴线的编号应以分数的形式表示，如图 7-3 所示。

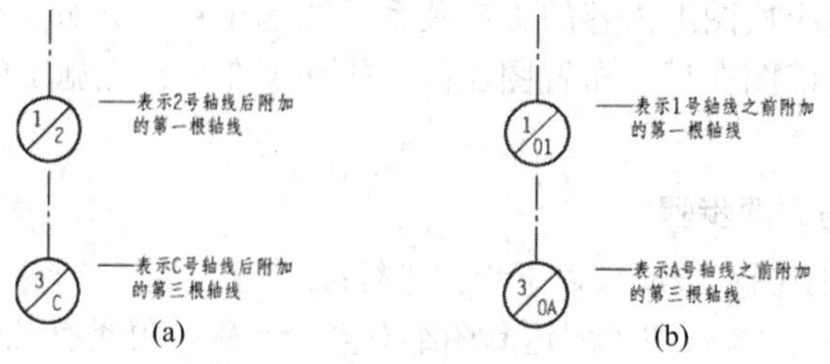

图 7-3　附加定位轴线及其编号

当一个详图适用于几根轴线时，应同时注明有关轴线的编号，如图 7-4 所示。

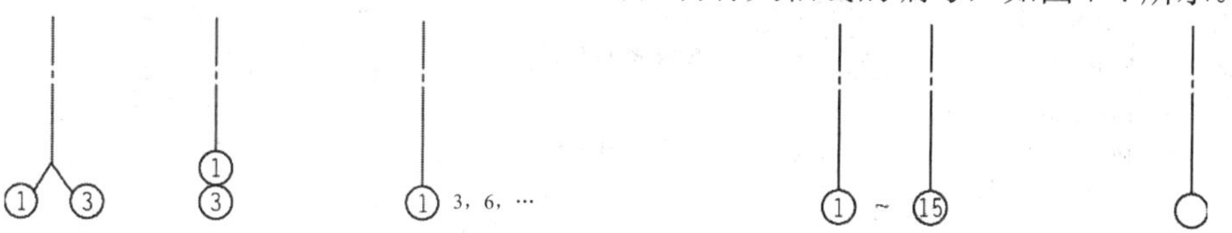

(a) 用于 2 根轴线　(b) 用于 3 根或 3 根以上轴线　(c) 用于 3 根以上连续轴线　(d) 用于通用详图

图 7-4　详图的轴线编号

2. 标高符号

标高是表示建筑物某一部位相对于基准面(标高零点)的竖向高度，是竖向定位的依据。标高是标注建筑物高度的另一种尺寸形式，其按基准面的不同可分为相对标高和绝对标高。

绝对标高以国家或地区统一规定的基准面作为零点的标高。我国规定以山东省青岛市的黄海平均海平面作为标高的零点。相对标高的基准面可以根据工程需要自由选定，一般以建筑物一层室内的主要地面作为相对标高的零点(±0.000)。

标高符号应以等腰直角三角形表示，总平面图室外地坪标高符号用涂黑的三角形表示。标高数字以 m 为单位，注写到小数点后第 3 位，总平面图中可注写到小数点后两位，零点标高注写成±0.000；正数标高不注“+”号，负数标高应注“–”号，如图 7-5 所示。

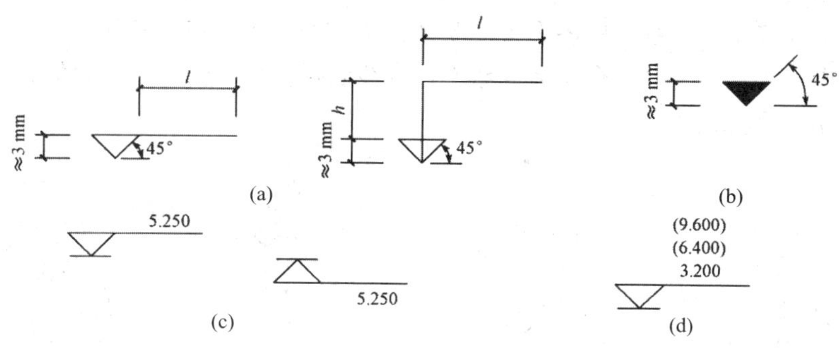

图 7-5　标高符号的标注

3. 索引符号与详图符号

1) 索引符号

对图样中的某一局部或构件，如需另见详图，应以索引符号索引。索引符号的圆及水平直径均应以细实线绘制，圆的直径为 8～10 mm，索引符号的引出线应指在要索引的位置上，当引出的是剖视详图时，应用粗实线表示剖切位置，引出线所在的一侧应为剖视方向，索引符号的含义如图 7-6 所示。

2) 详图符号

详图的名称和编号应以详图符号表示。详图符号的圆应以直径为 14 mm 的粗实线绘制。详图与被索引的图样同在一张图纸内时，应在详图符号内用阿拉伯数字注明详图的编号；详图与被索引的图样不在同一张图纸内时，应用细实线在详图符号内画一水平直径，在上半圆中注明详图编号，在下半圆中注明被索引的图纸的编号。详图符号的含义如图 7-7 所示。

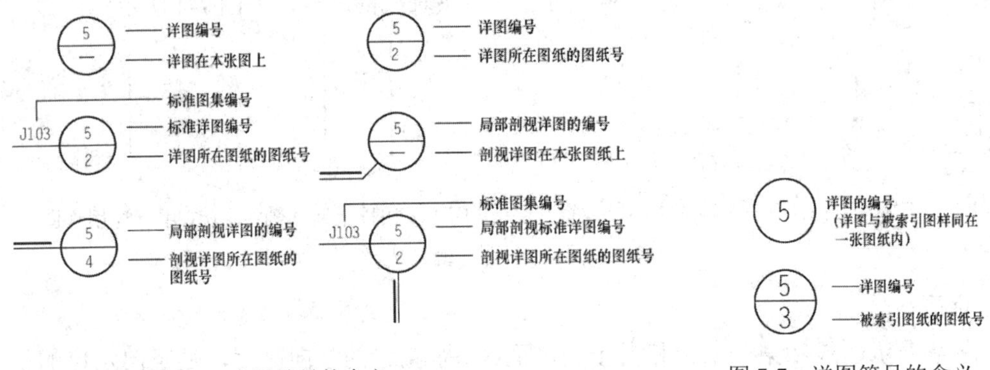

图 7-6　索引符号的含义　　　　图 7-7　详图符号的含义

4. 指北针与风向频率玫瑰图

1) 指北针

指北针符号圆的直径为 24 mm，用细实线绘制，指针尾部的宽度宜为 3 mm，指针头部应注“北”或“N”字。需用较大直径绘制指北针时，指针尾部宽度宜为直径的 1/8，如图 7-8 所示。

2) 风向频率玫瑰图

风向频率玫瑰图简称风玫瑰图，用来表示该地区常年的风向频率和房屋的朝向。风玫瑰图是根据当地多年平均统计的各个方向吹风次数的百分数，按一定比例绘制的。风的吹向是从外吹向中心。实线表示全年风向频率，虚线表示按 6、7、8 三个月统计的夏季风向频率，如图 7-9 所示。

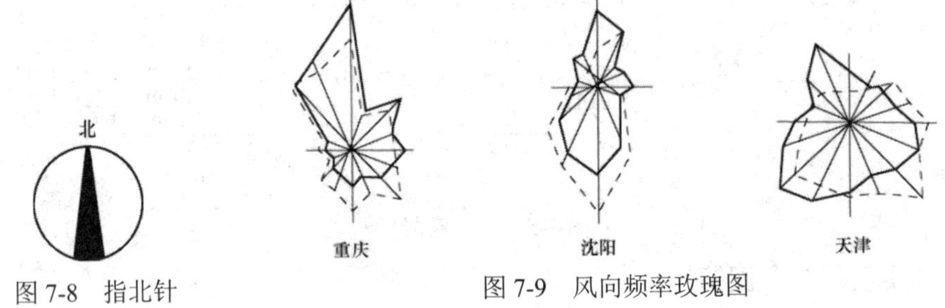

图 7-8　指北针　　　　图 7-9　风向频率玫瑰图

五、模数协调

为使建筑物的设计、施工、建材生产以及使用单位和管理机构之间容易协调，用标准化的方法使建筑制品、建筑构配件和组合件实现工厂化规模生产，从而加快设计速度，提高施工质量及效率，改善建筑物的经济效益，进一步提高建筑工业化水平，国家颁布了《建筑模数协调标准》(GB/T 50002—2013)。

模数协调使符合模数的构配件、组合件能用于不同地区不同类型的建筑物中，促使不同材料、形式和不同制造方法的建筑构配件、组合件有较大的通用性和互换性。模数协调在建筑设计中能简化设计图的绘制，在施工中能使建筑物及其构配件、组合件的放线、定位和组合等更有规律，更趋于统一、协调，从而便于施工。

1. 建筑模数的概念及类型

建筑模数是选定的标准尺度单位，可作为建筑物、建筑构配件、建筑制品及有关设备尺寸相互协调中的基础。

建筑模数包括基本模数和导出模数两种，导出模数又包括扩大模数和分模数两种。具体内容如表 7-1 所示。

表 7-1 建筑模数的类型

序号	分类		内容说明
1	基本模数		基本模数是模数协调中选用的基本尺寸单位，其数值为 100 mm，符号为 M，即 1M = 100 mm。整个建筑物及其一部分或建筑组合构件的模数化尺寸应为基本模数的倍数
2	导出模数	扩大模数	扩大模数是基本模数的整数倍数。水平扩大模数的基数为 2M、3M、6M、12M、15M、30M、60M，其相应的尺寸分别是 200 mm、300 mm、600 mm、1 200 mm、1 500 mm、3 000 mm、6 000 mm
		分模数	分模数是整数除以基本模数的数值。分模数基数为 M/10、M/5、M/2，其相应的尺寸分别是 10 mm、20 mm、50 mm

2. 模数数列

(1) 模数数列应根据功能性和经济性原则确定。

(2) 建筑物的开间或柱距，进深或跨度，梁、板、隔墙和门窗洞口宽度等分部件的截面尺寸宜采用水平模数和水平扩大模数数列，且水平扩大模数数列宜采用 2*n*M、3*n*M(*n* 为自然数)的形式。

(3) 建筑物的高度、层高和门窗洞口高度等宜采用竖向基本模数和竖向扩大模数数列，且竖向扩大模数数列宜采用 *n*M 的形式。

(4) 构造节点和分部件的接口尺寸等宜采用分模数数列，且分模数数列宜采用 M/10、M/5、M/2。

3. 模数协调应用规定

(1) 模数协调利用模数数列调整建筑与部件或分部件的尺寸关系，可减少种类，优化部件或分部件的尺寸。

(2) 当部件与安装基准面关联在一起时，利用模数协调明确各部件或分部件的位置，可使设计、加工及安装等各个环节的配合简单、明确，达到高效率和经济性。

(3) 主体结构部件和内装、外装部件的定位可通过设置模数网格来控制，并应通过部件安装接口要求进行主体结构、内装、外装部件和分部件的安装。

六、标准图与标准图集

为了加快设计与施工的速度，提高设计与施工的质量，我们常把各种常用的、大量性的房屋建筑及建筑构配件按“国标”规定的统一模数，根据不同的规格标准，设计编出成套的施工图，以供选用。这种图样称为标准图或通用图，将其装订成册即为标准图集。标准图集的使用范围限制在图集批准单位所在的地区。

标准图有两种：一种是整幢房屋的标准设计(定型设计)，另一种是目前大量使用的建筑构配件标准图集。建筑标准图集的代号常用“建”或字母“J”表示，如北京市实腹钢门窗图集代号为“京 J891”，西南地区(云、贵、川、渝、藏)屋面构造图集代号为“西南 J202”等。结构标准图集的代号常用“结”或字母“G”表示，如四川省空心板图集代号为“川 G202”，重庆市楼梯标准图集代号为“渝结 7905”等。

第二节　建筑首页图及总平面图

一、建筑首页图

房屋建筑施工图中除各专业图样外，还包括目录、说明等表格和说明文字。这部分内容通常集中编写，放在全套施工图的前部。当内容较少时，可以全部绘制在施工图的第一张图纸上，即首页图。建筑首页图一般由图纸目录、设计说明、工程做法表和门窗表组成。

1. 图纸目录

除图纸的封面外，图纸目录安排在一套图纸的最前面，用来组织和索引图纸，说明本工程的图纸类别、图号编排、图纸名称和备注等，方便图纸的查阅和排序。

2. 设计说明

设计说明位于图纸目录之后，是对施工图的必要补充，主要包括工程的设计概况、工程做法中所采用的标准图集代号，以及在施工图中不宜用图样而必须采用文字加以表达的内容，如材料的内容、饰面的颜色、环保要求、施工注意事项、采用新材料新工艺的情况说明等。设计说明不仅包括建筑设计的内容，还包括其他专业设计的内容。

3. 工程做法表

工程做法表是对建筑物各部位构造、做法、层次、选材、尺寸、施工要求等的备注说明，是现场施工和备料、施工监理、工程预决算的重要技术文件(见表 7-2)。若采用标准图集中的做法表，应注明标准图集的代号，以便查找。

表 7-2　工程做法表(部分)

编号	名称		施工部位	做法	备注
1	外墙面	涂料墙面	见立面图	98J1 外 14	颜色由甲方定
2	外墙面	瓷砖墙面	厨房、卫生间、阳台	98J1 内 43	颜色及规格由甲方定
3	踢脚	水泥砂浆踢脚	卫生间不做	98J1 踢 1	
4	楼面	水泥砂浆楼面	仅用于楼梯间	98J1 楼 1	
		地砖楼面	客厅、餐厅、卧室	98J1 楼 12	颜色及规格由甲方定
		地砖楼面	厨房、卫生间	98J1 楼 14	颜色及规格由甲方定
5	顶棚	乳胶漆顶棚	所有	98J1 棚 7	
6	油漆		木件	98J1 油 6	
			铁件	98J1 油 22	
7	散水			98J1 散 3	宽度 1 500 mm

4. 门窗表

门窗表是建筑物上所有不同类型门窗的统计表格，是施工及预算的依据。门窗表反映门窗的编号、名称、尺寸、数量、标准图集编号等，如表 7-3 所示。

表 7-3 门窗表(部分)

类别	编号	名称	洞口尺寸/mm		数量	图集编号	备注
			宽	高			
门	M—1	塑钢门	2 400	2 700	2	98J4(一)-51-2PM-59	现场
	M—2	木门	1 000	2 400	25	98J4(一)-6-1M-37	
	⋮	⋮	⋮	⋮	⋮	⋮	
窗	C—1	塑钢窗	1 800	2 100	2	98J4(一)-39-1TC-76	
	C—2	塑钢窗	1 200	1 800	16	98J4(一)-39-1TC-46	
	⋮	⋮	⋮	⋮	⋮	⋮	

二、建筑总平面图

建筑总平面图是描绘新建房屋所在的建设地段或建设小区的地理位置以及周围环境的水平投影图，是新建房屋定位、布置施工总平面图的依据，也是室外布置水、暖、电等设备管线的依据。

1. 总平面图的用途

建筑总平面图用于表明新建房屋所在基地有关范围内的总体布置，它反映新建房屋、构筑物的位置和朝向，室外场地、道路、绿化等的布置，地貌、标高等情况以及与原有环境的关系等。

2. 总平面图的图示方法

(1) 总平面图包括的区域面积较大，所以一般采用 1∶500、1∶1 000、1∶2 000 的比例绘制，房屋只用外围轮廓线的水平投影表示。

(2) 应用图例来表示新建、原有、拟建的建筑物，附近的地物、环境、交通和绿化布置等情况，在总平面图上一般应画上所采用的主要图例及其名称。对于标准中缺乏规定而需要自定的图例，必须在总平面图中绘制清楚，并注明其名称。表 7-4 为常用的一部分图例。

表 7-4 总平面图中的常用图例

名称	图例	说 明	名称	图例	说 明
新建的建筑物		需要时，可用▲表示出入口，可在图形内右上角用点数或数字表示层数。 用粗实线表示	填挖边坡		

续表

名称	图例	说　明
原有的建筑物		用细实线表示
计划扩建的预留地或建筑物		用中粗虚线表示
拆除的建筑物		用细实线表示
铺砌场地		
敞棚或敞廊		
围墙及大门		
坐标	X=105.00 Y=425.00 A=131.51 B=278.25	上图表示地形测量坐标系，下图表示自设坐标系，坐标数字平行于建筑标注
雨水口与消火栓井		上图表示雨水口 下图表示消火栓井
常绿阔叶乔木		
落叶针叶乔木		

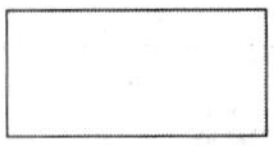

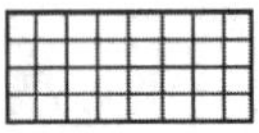

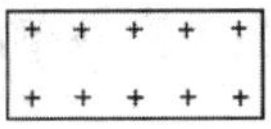

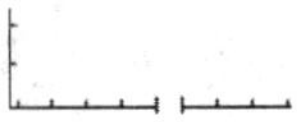

名称	图例	说　明
室内地坪标高	151.00 (±0.00)	数字平行于建筑物书写
 室外地坪标高	 143.00	室外标高也可采用等高线
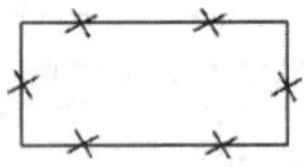 新建的道路	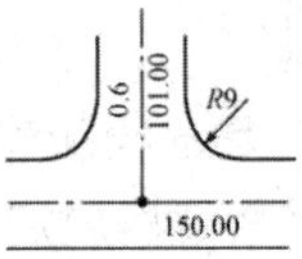 0.6 101.00 R9 150.00	“R9”表示道路转弯半径为 9 m;“150.00”为路面中心控制点标高; “0.6”表示 6%的纵向坡度; “101.00”表示变坡点间的距离
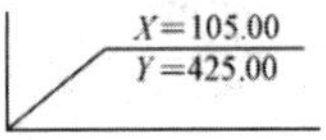 原有的道路		
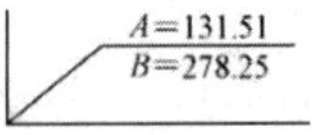 计划扩建的道路		
 人行道	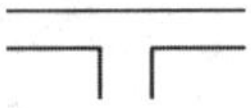	
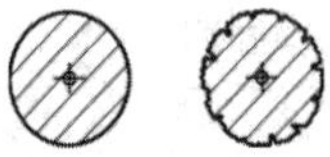 植草砖	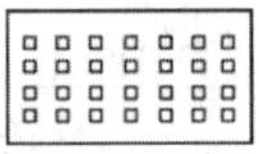	
花卉		

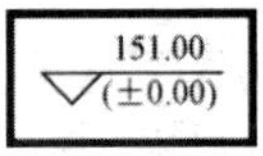

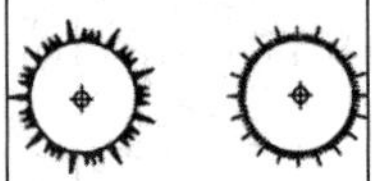

(3) 在总平面图中，除图例外，通常还要画出带有指北方向的风向频率玫瑰图，用来表示该地区的常年风向频率和房屋的朝向。总平面图应按上北下南方向绘制。根据场地形状或布局，可向左或向右偏转，但不宜超过45°。

(4) 确定新建、改建或扩建工程的具体位置，一般根据原有房屋或道路来定位，并以m为单位标出定位尺寸。当新建成片的建筑物和构筑物或较大的公共建筑或厂房时，往往用坐标来确定每一建筑物及道路转折点的位置，地形起伏较大的地区，还应画出地形等高线。坐标分为测量坐标和建筑坐标两种系统。测量坐标是国家或地区测绘的，*X*轴方向为南北方向，*Y*轴方向为东西方向，以100 m × 100 m或50 m × 50 m为一方格，在方格交点处画十字线表示。用新建房屋的两个角点或三个角点的坐标值标定其位置，放线时根据已有的导线点，用仪器测出新建房屋的坐标，以便确定其位置。

建筑坐标将建设地区的某一点定为原点“*O*”，轴线用*A*、*B*表示，*A*相当于测量坐标网的*X*轴，*B*相当于测量坐标网的*Y*轴(但不一定是南北方向)，其轴线应与主要建筑物的基本轴线平行，用100 m × 100 m或50 m × 50 m的尺寸画成网格通线。放线时根据原点“*O*”可导测出新建房屋的两个角点的位置。朝向偏斜的房屋采用建筑坐标较合适，如图7-10所示。

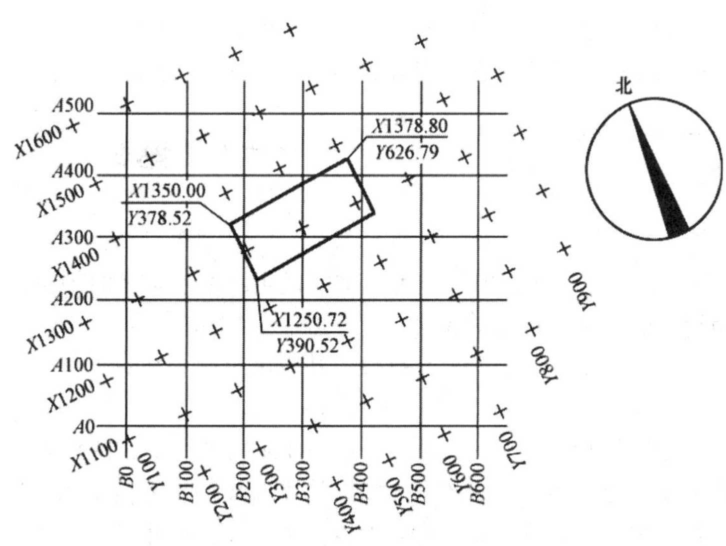

图7-10 测量坐标定位

(5) 在总平面图中，常标出新建房屋的总长、总宽、定位尺寸及层数(多层常用黑色小圆点数表示层数，层数较多时可用阿拉伯数字表示)。总平面图中还要标注新建房屋室内底层地面和室外地面的绝对标高，尺寸标高都以m为单位，注写到小数点后两位数字。

3. 建筑总平面图的阅读方法

(1) 看图标、图例、比例和有关的文字说明，对图纸进行概括性了解。

(2) 看图名了解工程性质、用地范围、地形及周边情况。

(3) 看新建建筑物的层数、室内外标高，根据坐标了解道路、管线、绿化等情况。

(4) 根据指北针和风向频率玫瑰图判断建筑物的朝向及当地常年风向、风速。

【例7-1】 图7-11是某学校拟建教师住宅楼的总平面图。图中用粗实线画出的图形表示新建住宅楼，用中实线画出的图形表示原有建筑物，各个平面图形内的小黑点数表示房屋的层数。

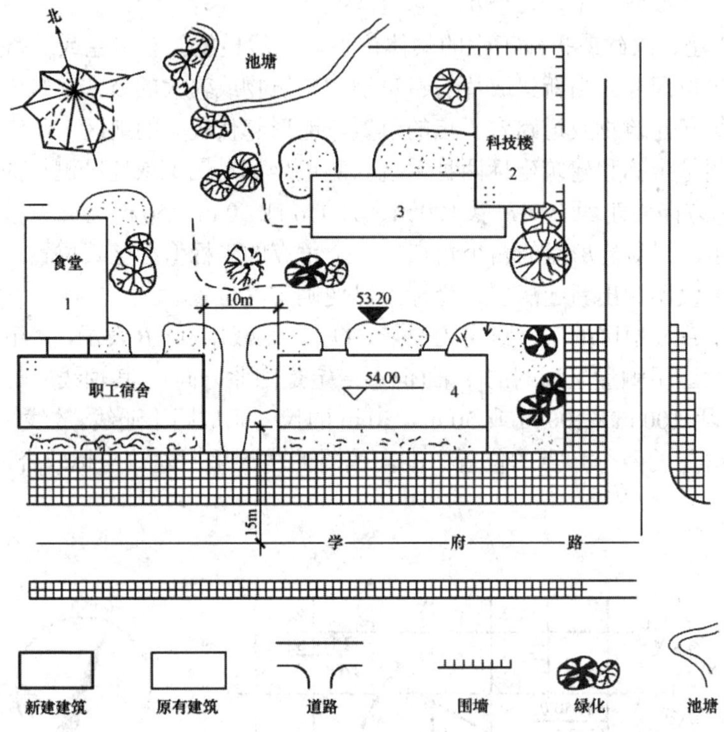

图 7-11　某学校拟建教师住宅总平面图

(1) 先查看总平面图的图名、比例及有关文字说明。由于总平面图包括的区域较大，所以绘制时都用较小的比例，常用的比例有 1∶500、1∶1 000、1∶2 000 等。总平面图中的尺寸(如标高、距离、坐标等)宜以 m 为单位，并应至少取至小数点后两位数字，不足时用“0”补齐。

(2) 了解新建工程的性质和总体布局，如各种建筑物及构筑物的位置、道路和绿化的布置等。由于总平面图的比例较小，各有关物体均不能按照投影关系如实反映出来，只能用图例的形式进行绘制。要读懂总平面图，必须熟悉总平面图中常用的各种图例。

在总平面图中，为了说明房屋的用途，在房屋的图例内应标注出名称。当图样比例小或图面无足够位置时，也可编号列表编注在图内。当图形过小时，可标注在图形外侧附近。同时，还要在图形的右上角标注房屋的层数符号，一般以数字表示，如 14 表示该房屋为 14 层，当层数不多时，也可用小圆点的数量来表示，如“∶∶”表示 4 层。

(3) 看新建房屋的定位尺寸。新建房屋的定位方式基本上有两种。一种是以周围其他建筑物或构筑物为参照物。实际绘图时，标明新建房屋与其相邻的原有建筑物或道路中心线的相对位置尺寸。另一种是以坐标表示新建建筑物或构筑物的位置。当新建建筑区域所在地形较为复杂时，为了保证施工放线的准确，常用坐标定位。坐标定位分为测量坐标定位和建筑坐标定位两种。

① 测量坐标定位如图 7-12 所示。

② 建筑坐标定位如图 7-13 所示。

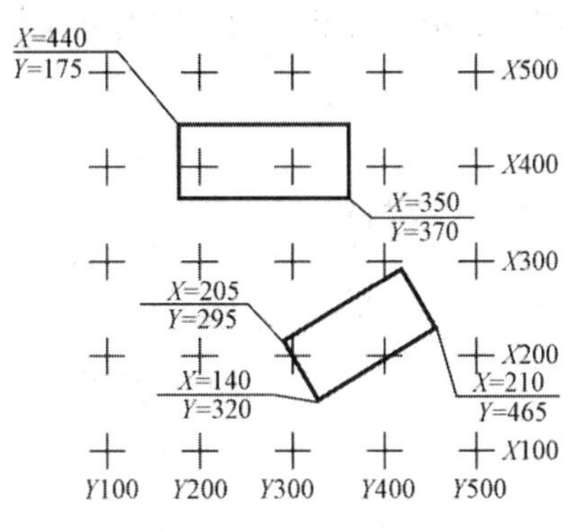

图 7-12　测量坐标定位

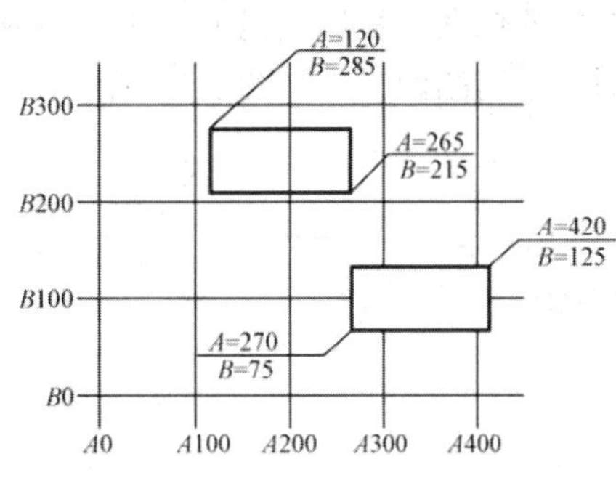

图 7-13　建筑坐标定位

(4) 了解新建建筑附近的室外地面标高，明确室内外高差。总平面图中的标高均为绝对标高，若标注相对标高，则应注明相对标高与绝对标高的换算关系。对建筑物室内地坪，应标注建筑图中±0.000 处的标高。对不同高度的地坪，应分别标注其标高，如图 7-14 所示。

(5) 看总平面图中的指北针，明确建筑物及构筑物的朝向；有时还要画上风向频率玫瑰图，用来表示该地区的常年风向频率。风向频率玫瑰图的画法如图 7-15 所示。风向频率玫瑰图用于反映建筑场地范围内常年的主导风向和六、七、八月的主导风向(用虚线表示)，共有 16 个方向。风向是从外侧刮向中心。刮风次数多的风在图上离中心远，称为主导风。

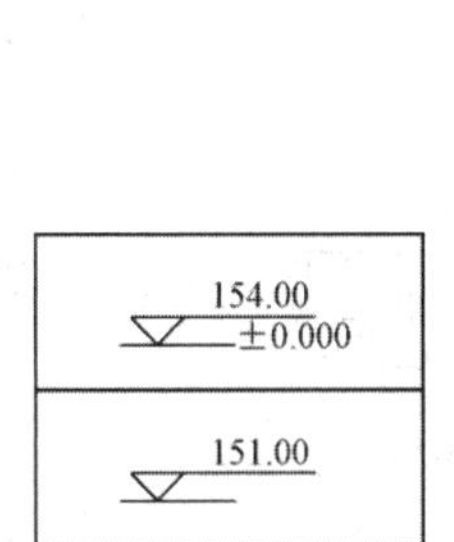

图 7-14　标高注写法

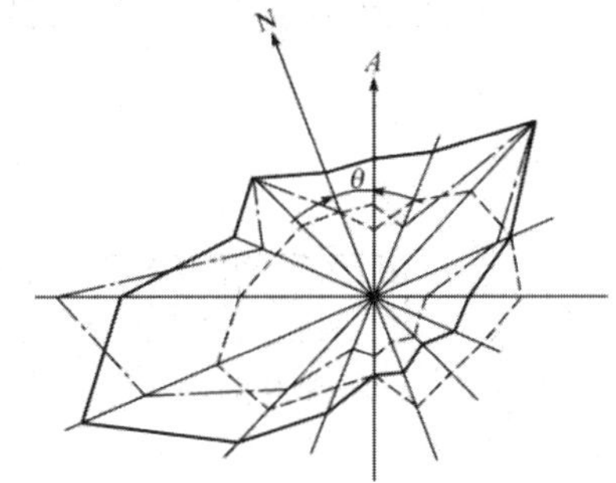

图 7-15　风向频率玫瑰图的画法

明确风向有助于建筑构造的选用及材料的堆放，如有粉尘污染的材料应堆放在下风向处。

第三节　建筑平面图

一、建筑平面图的形成与作用

用一个假想的水平剖切平面沿略高于窗台的位置剖切房屋后，移去上面部分，对剩下的部分向 H 面做正投影，所得的水平剖面图称为建筑平面图，简称平面图。建筑平面图是施工图中最基本的图样。

平面图反映新建房屋的平面形状、房间的大小、功能布局、墙柱选用的材料、截面形状和尺寸、门窗的类型及位置等，作为施工时放线、砌墙、安装门窗、室内外装修及编制预算等的重要依据，是建筑施工中的重要图纸。

平面图常用图例符号如图 7-16 所示。

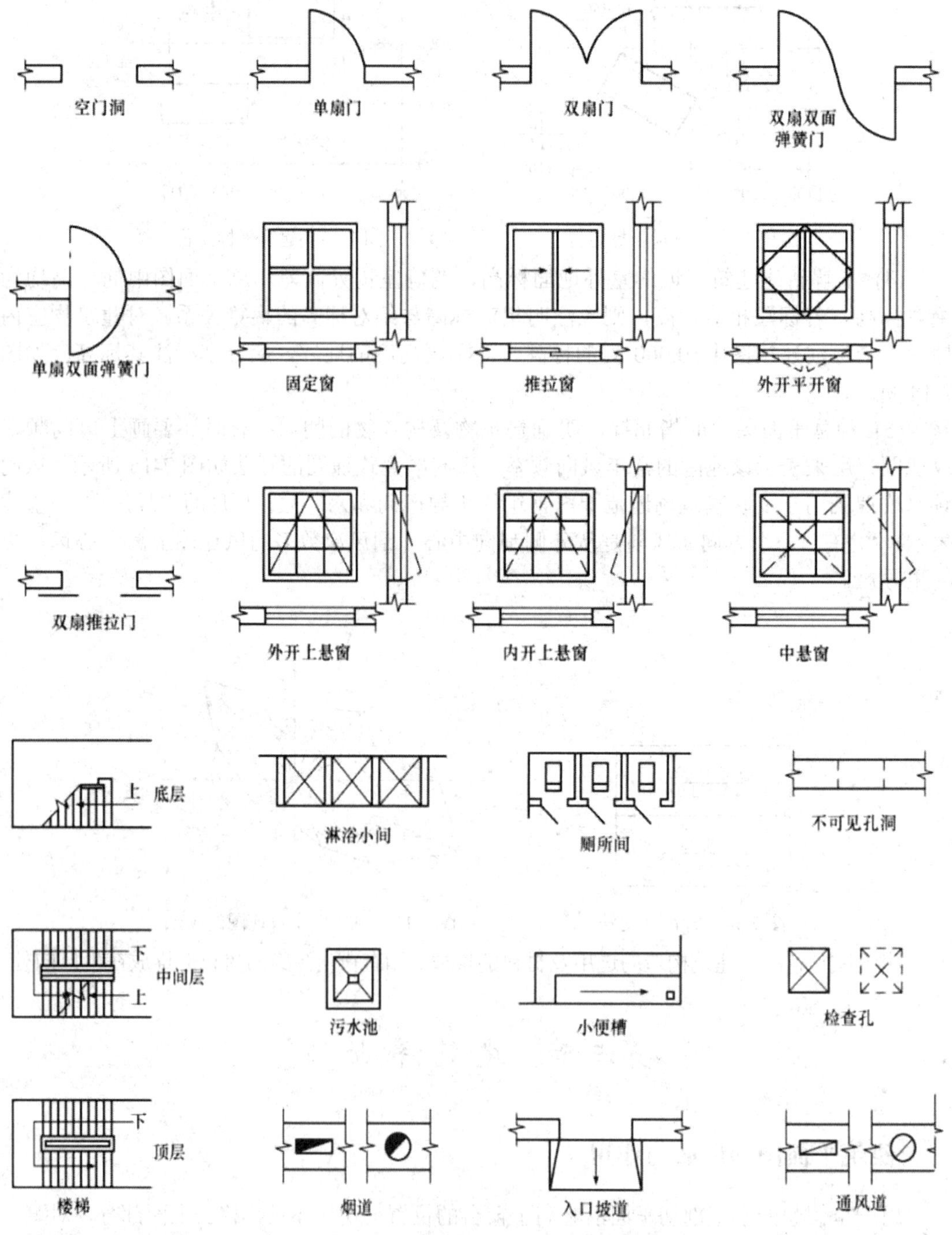

图 7-16　平面图常用图例符号

二、平面图的表示方法

沿房屋底层门窗洞口剖切所得到的平面图称为底层平面图，沿二层门窗洞口剖切所得到的平面图称为二层平面图，用同样的方法可得到三层、四层……平面图。若中间各层完全相同，可画一个标准层平面图。此外，还有屋顶平面图，是房屋顶面的水平投影，对于较简单的房屋可不画出。一般房屋有底层平面图、中间标准层平面图、屋顶平面图即可，在平面图下方注明相应的图名及采用的比例。

1. 底层平面图

底层平面图也叫一层平面图或首层平面图，是指±0.000 地坪所在楼层的平面图。它除了表示该层的内部形状外，还画有室外的台阶(坡道)、花池、散水和落水管的形状和位置，以及剖面的剖切符号，以便与剖面图对照查阅。底层平面图是所有平面图中最重要、信息量最多的图样。为了更加精确地确定房屋的朝向，在底层平面图上应加注指北针，其他层平面图上可以不再标出。底层平面图主要反映以下内容：

(1) 表示建筑物的图名、比例、形状和朝向。

(2) 注明各房间名称及室内外地面标高。

(3) 表示建筑物的墙、柱位置及其轴线编号，以及门、窗位置及编号。

(4) 表示楼梯的位置以及楼梯上下行方向和级数、楼梯平台标高。

(5) 表示阳台、雨篷、台阶、雨水管、散水、明沟、花池等的位置及尺寸。

(6) 表示室内设备(如卫生器具、水池等)的形状、位置。

(7) 标注墙厚、墙段、门、窗、房屋开间、进深等各项尺寸。

(8) 画出剖面图的剖切符号及编号。

(9) 标注详图索引符号。

2. 中间标准层平面图

从底层平面图入手，建立一个比较清晰的轮廓概念，进一步观察中间标准层平面图与底层平面图的相同和不同之处，必要时可以在图纸上作出相应的标记。中间标准层平面图包括中间层(标准层)平面图及顶层平面图。已在底层平面图中表示过的内容(如室外台阶、坡道、散水、指北针等)不必在中间层平面图及顶层平面图中重复绘制。二层平面图需绘制雨篷及排水坡度。需要注意的是，中间层平面图、顶层平面图与底层平面图中楼梯图例也不完全相同。

3. 屋顶平面图

屋顶平面图是指将房屋的顶部单独向下所做的俯视图，主要表示屋顶的形状和尺寸、天窗、水箱、屋面出入口、女儿墙、通风道及屋面变形缝等设施和屋面排水方向、坡度，檐沟、泛水、雨水口等的位置、尺寸及构造等情况。

建筑平面图应按剖面图的方法绘制，被剖切到的墙、柱轮廓用粗实线，门的开启方向线可用中粗实线或细实线，窗的轮廓线以及其他可见轮廓和尺寸线等均用细实线。

三、平面图的识读

图 7-17 为某建筑底层平面图，以此为例说明建筑平面图的识读步骤。

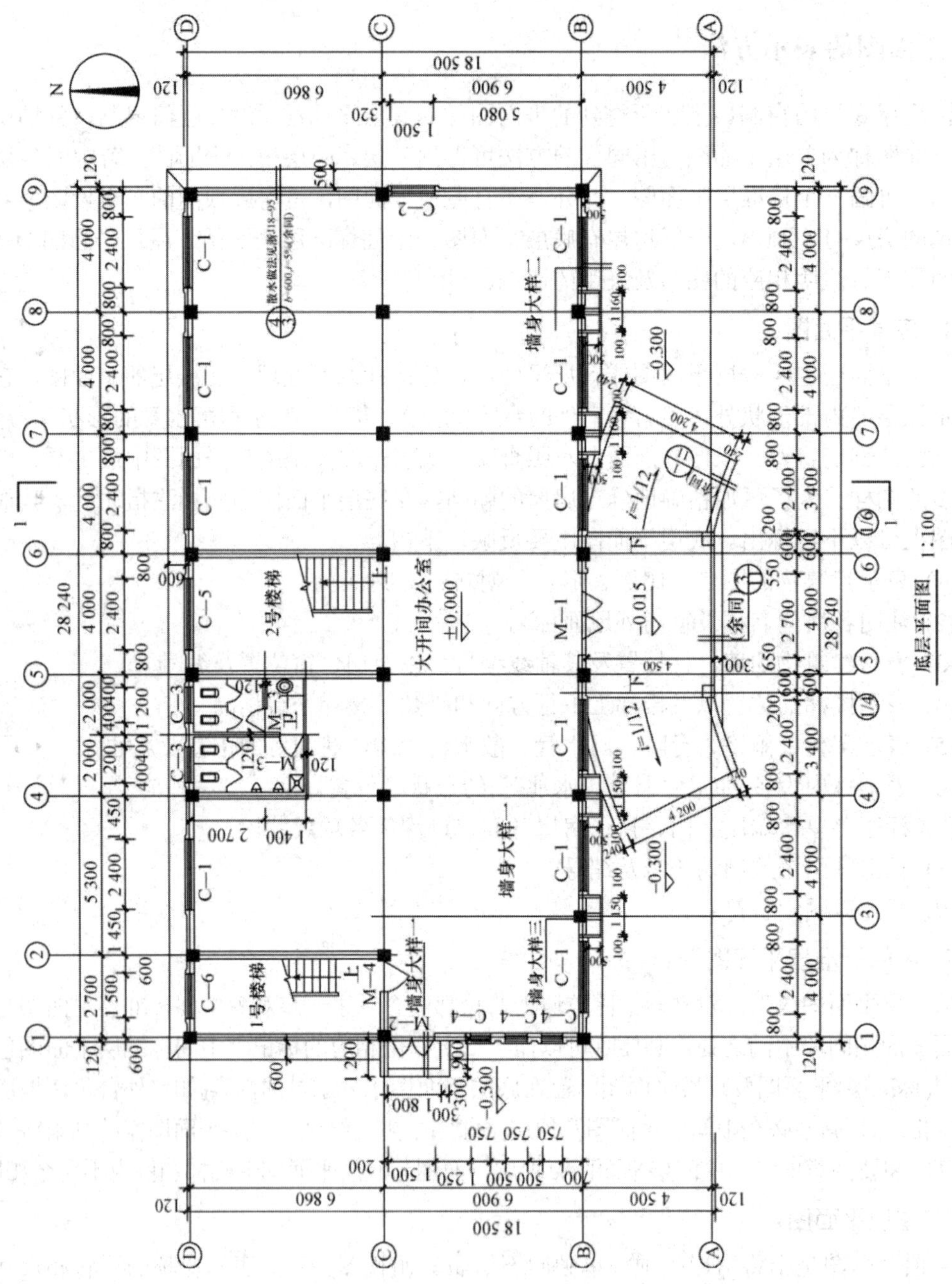

图 7-17　某建筑底层平面图

(1) 看图名、比例。

从图名和比例中了解平面图的层次、图例及绘制建筑平面图所采用的比例，如 1∶50、1∶100、1∶200。本图为底层平面图，绘制比例为 1∶100。

(2) 看图中定位轴线编号及其间距。

看图中定位轴线编号及其间距可以了解各承重构件的位置及房间的大小，以便于施工时定位放线和查阅图纸。定位轴线的标注应符合《房屋建筑制图统一标准》(GB/T 50001—2017)的规定。

本建筑为框架结构。以框架柱中心确定定位轴线的位置。图中横向定位轴线有①～⑨轴，竖向定位轴线有Ⓐ～Ⓓ轴，主要入口在南向⑤～⑥轴之间，室外设有二步台阶和行车坡道，楼梯间正对入口，内外墙厚度均为 240 mm。

(3) 看房屋平面形状和内部墙的分隔情况。

从平面图的形状与总长、总宽尺寸，可算出房屋的用地面积；从墙的分隔情况和房间的名称，可了解内部各房间的分布、用途、数量及其相互间的联系。

建筑底层设有两个入口、大开间办公室，可以根据功能需要自由分隔。在建筑北侧有两部楼梯，卫生间紧邻主楼梯。

(4) 看平面图的各部分尺寸。

在建筑平面图中，标注的尺寸有内部尺寸和外部尺寸两种，主要反映建筑物中房间的开间和进深的大小、门窗的平面位置、墙厚及柱的断面尺寸等。

① 外部尺寸：外部尺寸一般标注 3 道尺寸，最外一道尺寸为总尺寸，表示建筑物的总长、总宽，即从一端外墙皮到另一端外墙皮的尺寸；中间一道尺寸为定位尺寸，表示轴线尺寸，即房间的开间与进深尺寸；最里一道为细部尺寸，表示各细部的位置及大小，如外墙门窗的大小以及与轴线的平面关系。

平面图中，由细部尺寸可以看出：C—1 洞口宽为 2 400 mm，与轴线的间距为 800 mm；C—2 洞口宽为 1 500 mm；柱截面尺寸为 400 mm × 450 mm；M—1 洞口宽为 2 700 mm。由轴间尺寸可以看出：东西方向轴线间距为 2 700 mm、4 000 mm，南北方向轴线间距依次为 4 500 mm、6 900 mm、6 860 mm。由外包尺寸可以看出：建筑总长为 28 240 mm，总宽为 18 500 mm。

② 内部尺寸：用来标注内部门窗洞口的宽度及位置、墙身厚度以及固定设备的大小和位置等，一般用一道尺寸线表示。

由内部尺寸可以看出：主入口雨篷柱东西间距为 5200 mm，台阶踏面宽为 300 mm，行车坡道宽为 4 200 mm，散水宽为 600 mm，卫生间墙厚为 120 mm。

(5) 看楼地面标高。

平面图中标注的楼地面标高为相对标高，而且是完成面的标高。一般在平面图中地面或楼面有高度变化的位置都应标注标高。

在本平面图中，室内地面标高为 ±0.000 m，室外台阶面标高为 –0.015 m，表示比室内地面低 15 mm。根据说明文字，卫生间地面较相邻房间地面低 30 mm，卫生间地面标高应为 –0.030 m。室外地面标高为 –0.300 m，表示比室内地面低 300 mm。

(6) 看门窗的位置、编号和数量。

图中门窗除用图例画出外，还应注写门窗代号和编号。门的代号通常用门的汉语拼音首字母“M”表示，窗的代号通常用窗的汉语拼音首字母“C”表示，并分别在代号后面写上编号，用于区别门窗类型、统计门窗数量，如 M—1、M—2 和 C—1、C—2 等。对一些特殊用途的门窗也有相应的符号进行表示，如 FM 代表防火门、MM 代表密闭防护门、CM 代表窗连门。

本平面图中，有 6 种不同类型的窗：南外墙窗类型为 C—1，北外墙窗类型为 C—1、C—3、C—5、C—6，东外墙窗类型为 C—2，西外墙窗类型为 C—4，均为推拉窗。有两种不同类型的门：主入口门厅大门 M—1 为双扇平开门，次入口侧门 M—2 也为双扇平开门，

M—3、M—4 均为单扇平开门。

为了便于施工，一般情况下，在首页图上或在本平面图内附有门窗表，列出门窗的编号、名称、尺寸、数量及其所选标准图集的编号等内容。

(7) 看剖面的剖切符号及指北针。

查看图纸中的剖切符号及指北针，可在底层平面图中了解剖切部位和建筑物朝向。由指北针可以看出该建筑坐北朝南，入口在南侧，楼梯卫生间在北侧。

第四节　建筑立面图

一、建筑立面图的形成与作用

一般建筑物都有前、后、左、右四个面，在与房屋立面平行的铅直投影面上所作的投影图称为建筑立面图，简称立面图。其中反映主要出入口或比较显著地反映房屋外貌特征的那一面的立面图，称为正立面图，其余的立面图相应地称为背立面图和侧立面图。但通常也按房屋的朝向来命名，如南立面图、北立面图、东立面图和西立面图等。有定位轴线的建筑物，立面图也可按轴线编号来命名。

一座建筑物是否美观、是否与周围环境协调，主要取决于立面的艺术处理，包括建筑造型与尺度、装饰材料的选用、色彩的选用等内容。

在建筑施工图中，建筑立面图主要用于表示建筑物的体形与外貌、立面各部分配件的形状和相互关系以及立面的装饰要求及构造做法等。

二、建筑立面图的图示内容

建筑立面图主要用来表示建筑物的体形和外貌，檐口、窗台、阳台、雨篷、勒脚、台阶等各部位构配件的相互关系，建筑的高度、层数、屋顶形式，立面装饰的色彩、材料要求和构造做法，门窗的形式、尺寸和位置等。具体图示内容如下：

(1) 画出室外地面线及房屋的勒脚、台阶、花池、门窗、雨篷、阳台、室外楼梯、墙柱、檐口、屋顶、落水管、墙面分格线等内容。

(2) 注出外墙各主要部位的标高。如室外地面、台阶顶面、窗台、窗上口、阳台、雨篷、檐口、女儿墙顶、屋顶水箱间及楼梯间屋顶等的标高。

(3) 注出建筑物两端的定位轴线及其编号。

(4) 标注索引符号。

(5) 用文字说明外墙面装修的材料及其做法。

建筑立面图的数量是根据房屋各立面的形状和墙面的装修要求确定的。当房屋各立面造型不同、墙面装修不同时，就需要画出所有立面图。

三、立面图的识读方法

图 7-18 为某建筑立面图，以此为例说明建筑立面图的识读步骤。

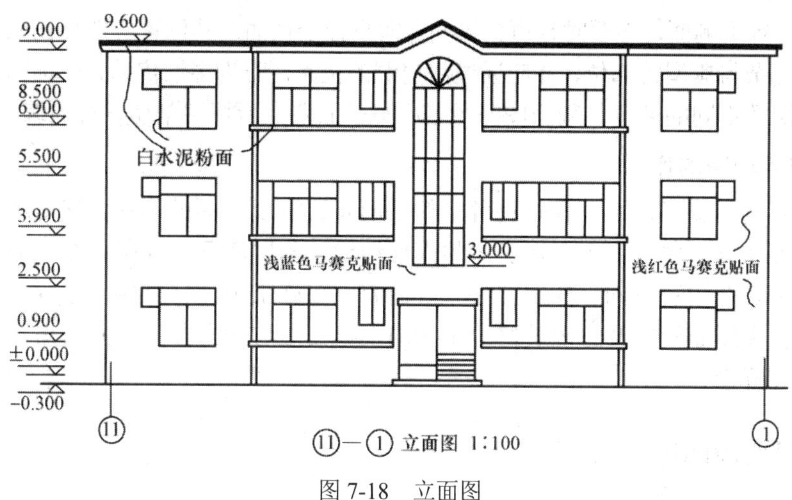

图 7-18 立面图

(1) 看图名、比例。

看图名、比例可以了解该图与房屋哪一个立面相对应以及绘图的比例。立面图的绘图比例与平面图的绘图比例应一致。

从图名或轴线编号可知，图 7-18 为房屋北向的⑪—①立面图，比例为 1∶100。

(2) 看房屋立面的外形、门窗、檐口、阳台、台阶等的形状及位置。

在建筑立面图上，相同的门窗、阳台、外檐装修、构造做法等可在局部重点表示，绘出其完整图形，其余部分只画轮廓线。

(3) 看建筑立面图中的标高尺寸。

建筑立面图中应标注必要的尺寸和标高。注写标高尺寸的部位有室内外地坪、檐口、屋脊、女儿墙、雨篷、门窗、台阶等处。

建筑立面图上一般应在室内外地坪、阳台、檐口、门、窗、台阶等处标注标高，并宜沿高度方向注写某些部位的高度尺寸。从图中所注标高可知，房屋室外地坪比室内地面低 0.300 m，屋顶标高 9.6 m，由此可推算出房屋外墙的总高度为 9.9 m。其他各主要部位的标高在图中均已注出。

(4) 看房屋外墙表面装修的做法和分格线等。

在立面图上，外墙表面分格线应表示清楚，应用文字说明各部位所用面材和颜色。从立面图文字说明可知，外墙面为浅蓝色马赛克贴面和浅红色马赛克贴面；屋顶所有檐边、阳台边、窗台线条均刷白水泥粉面。

第五节 建筑剖面图

一、建筑剖面图的形成与作用

1. 建筑剖面图的形成

假想用一个或多个垂直于外墙轴线的铅垂剖切面将房屋剖开，所得的投影称为建筑剖面图，简称剖面图。建筑剖面图的数量根据房屋的具体情况和施工实际需要确定。剖切面一般为横向，即平行于侧面，必要时也可为纵向，即平行于正面。其位置应选择在能反映出房屋内部构造较复杂与典型的部位，并应通过门窗洞的位置。若为多层房屋，应选择在楼梯间或层高不同、层数不同的部位。剖面图的图名应与平面图上所标注剖切符号的编号一致。

2. 建筑剖面图的作用

通过建筑剖面图可以了解建筑物各层的平面布置以及立面的形状，它是施工、概预算及备料的重要依据，主要用来表示房屋的内部结构、分层情况、各层高度、楼面和地面的构造以及各配件在垂直方向上的相互关系等内容。在施工中，它可作为进行分层、砌筑内墙、铺设楼板和屋面板以及室内装修等工作的依据，是与平面图、立面图相互配合的不可缺少的重要图样之一。

二、建筑剖面图的图示内容

(1) 表示被剖切到的墙、柱、门窗洞口及其所属定位轴线。剖面图的比例应与平面图、立面图的一致，因此，在 1∶100 的剖面图中一般不画材料图例，而用粗实线表示被剖切到的墙、梁、板等轮廓线，被剖断的钢筋混凝土梁板等涂黑表示。

(2) 表示室内底层地面、各层楼面及楼层面、屋顶、门窗、楼梯、阳台、雨篷、防潮层、踢脚板、室外地面、散水、明沟及室内外装修等剖到或看到的内容。

(3) 标出尺寸和标高。在剖面图中，要标注相应的标高及尺寸，其规定如下：

① 标高：应标注被剖切到的所有外墙门窗口的上下标高，室外地面标高，檐口、女儿墙顶以及各层楼地面的标高。

② 尺寸：应标注门窗洞口的高度、层间高度及总高度，室内还应注出内墙上门窗洞口的高度以及内部设施的定位、定形尺寸。

(4) 表示楼地面、屋顶各层的构造。一般可用多层共用引出线说明楼地面、屋顶的构造层次和做法。若另画详图或已有构造说明(如工程做法表)，则在剖面图中用索引符号引出说明。

三、建筑剖面图的识读内容和方法

图 7-19 为某办公楼的剖面图，以此为例说明建筑剖面图的识读内容和方法。

(1) 看图名、比例。

根据图名对照底层平面图，确定剖切平面的位置及投影方向，从中了解该图所画的是房屋哪一部分的投影。剖面图的绘图比例通常与平面图、立面图一致。从图中可知，图 7-19 为某办公楼的 1—1 剖面图，绘制比例为 1∶100。

(2) 看定位轴线。

在剖面图中，被剖切到的墙、柱均应绘制与平面图相一致的定位轴线，并标注轴线编号及轴线间的尺寸。

(3) 看剖切部位。

将剖面图与底层平面图对照，可知 1—1 剖面剖切到散水、⑩轴线墙体、⑧轴线墙体、⑩—⑧轴线楼地层、屋顶、女儿墙、檐口、窗洞、室外台阶及行车坡道，楼梯、正门、雨篷等构造未被剖切到。

(4) 看图例。

若剖面图采用的绘制比例大于 1∶50，应画出抹灰层与楼地面、屋面的面层线，并宜画出材料图例，以便了解各部位选用的材料及构造做法，详细做法见设计说明或标准图集。

(5) 看尺寸标注和标高。

剖面图一般在竖向标注细部高度(门窗洞口、窗下墙、室内外地坪高差等)、层间高度及建筑总高三道尺寸；在水平方向一般应标注轴线间距、建筑总宽度及室内楼梯、门窗及内部设施的定位尺寸。各部位的标高应与尺寸标注保持一致。

从图 7-19 中左右两侧的尺寸标注可知：该办公楼为四层，建筑总高度为 18.13 m，首层层高为 4.2 m，其他层高为 3.3 m，室内外高差为 0.3 m，首层窗高为 2.1 m，其他层窗高为 1.8 m，窗台高为 0.9 m。室内底层地面标高为±0.000 m，二楼楼面标高为 4.200 m，三楼楼面标高为 7.500 m，四楼楼面标高为 10.800 m，檐口标高为 14.100 m，女儿墙顶部标高为 17.830 m。

(6) 看文字说明与索引标注。

剖面图中的构造做法可用文字说明，也可用索引标注。

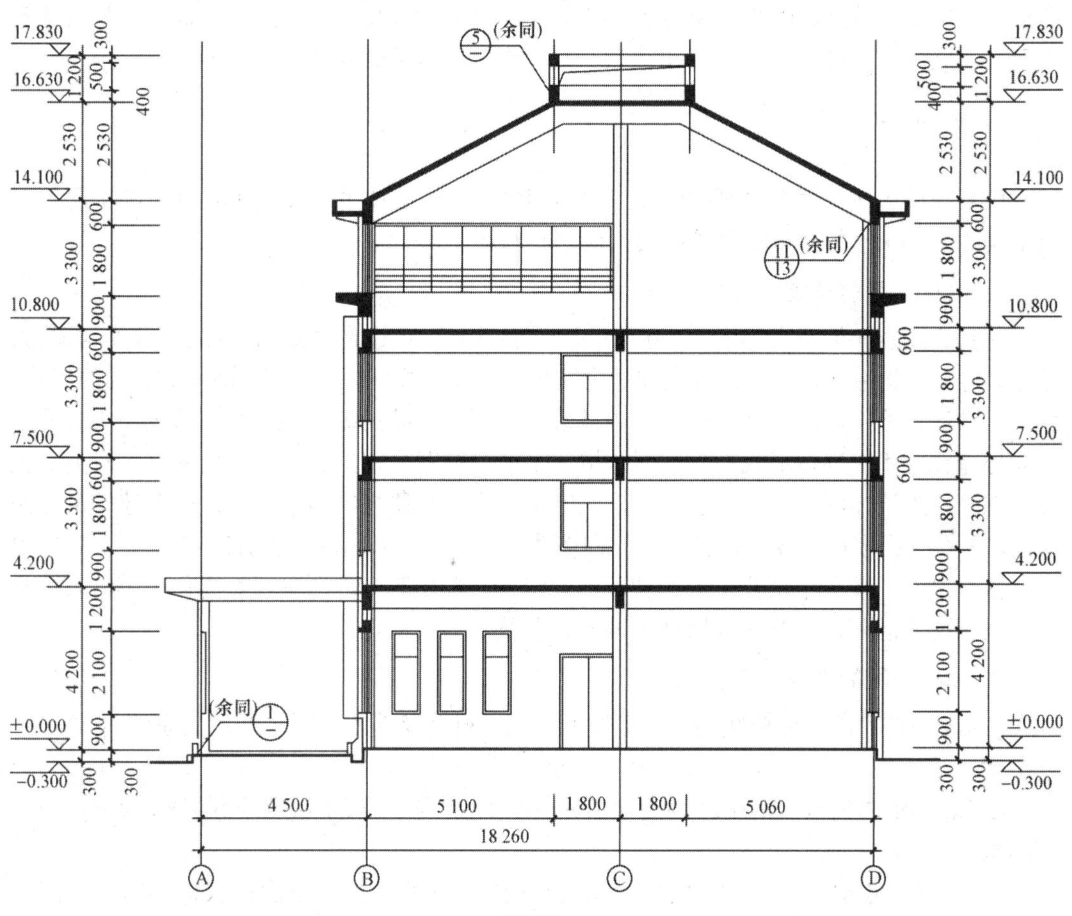

图 7-19　某办公楼剖面图

第六节　建筑详图

一、建筑详图的形成

对一个建筑物来说，有了建筑平面图、立面图、剖面图并不能施工。因为平面图、立面图、剖面图的图样比例较小，建筑物的某些细部及构配件的详细构造和尺寸无法表示清楚，不能满足施工需求。所以在一套施工图中，除了有全局性的基本图样外，还必须有许多比例较大的图样，对建筑物细部的形状、大小、材料和做法加以补充说明，这种图样称为建筑详图。建筑详图包括的主要图样有墙身详图、楼梯详图、门窗详图、厨房详图、浴室详图、卫生间详图等。以下主要讲述墙身详图和楼梯详图。

建筑详图主要表示建筑构配件(如门、窗、楼梯、阳台、各种装饰等)的详细构造及连接关系，建筑细部及剖面节点(如檐口、窗台、明沟、楼梯、扶手、踏步、楼地面、屋面等)的形式、层次、做法、用料、规格及详细尺寸，施工要求及制作方法。建筑详图是对建筑平面图、立面图、剖面图的完善和补充，是制作建筑构配件和编制预算的依据。

二、墙身详图

墙身详图应按剖面图的画法绘制，被剖切到的结构墙体用粗实线(b)绘制，装饰层轮廓用细实线($0.25b$)绘制，在断面轮廓线内画出材料图例。

1. 墙身详图的形成

墙身详图也叫墙身大样图，实际上是建筑剖面图的局部放大图。它表达了墙身与地面、楼面、屋面的构造连接情况以及檐口、门窗顶、窗台、勒脚、防潮层、散水、明沟的尺寸、材料、做法等构造情况，是砌墙、室内外装修、门窗安装、编制施工预算等的重要依据。有时墙身详图不以整体形式布置，而是把各个节点详图分别单独绘制，也称为墙身节点详图。有时在外墙详图上引出分层构造，注明楼地面、屋顶等的构造情况，而在建筑剖面图中省略不标。在多层房屋中，若各层的构造情况一样，可只画墙脚、檐口和中间层(含门窗洞口)3 个节点，按上下位置整齐排列。由于门窗一般均有标准图集，为简化作图，采用折断省略画法，因此，门窗在洞口处出现双折断线。

2. 墙身详图的主要内容

(1) 表明墙身的定位轴线编号，墙体的厚度、材料及其本身与轴线的关系(如墙体是否为中轴线等)。

(2) 表明墙脚的做法，墙脚包括勒脚、散水(或明沟)、防潮层(或地圈梁)以及首层地面等的构造。

(3) 表明各层梁、板等构件的位置及其与墙体的联系，构件表面抹灰、装饰等内容。

(4) 表明檐口部位的做法。檐口部位包括封檐构造(如女儿墙或挑檐)，圈梁、过梁、屋顶泛水构造，屋面保温、防水做法和屋面板等结构构件。

(5) 图中的详图索引符号等。

3. 墙身详图的识读

(1) 外墙底部节点：看基础墙、防潮层、室内地面与外墙脚各种配件构造做法的技术要求。

(2) 中间节点(或标准层节点)：看墙厚及其轴线位于墙身的位置，内外窗台构造，变形截面的雨篷、圈梁、过梁标高与高度，楼板结构类型、与墙的搭接方式及结构尺寸。

(3) 檐口节点(或屋顶节点)：看屋顶承重层结构的组成与做法、屋面组成与坡度做法，也要注意各节点的引用标准图集代号与页码，以便与剖面图相核对和查找。

(4) 除明确上面 3 点外，还应注意：

① 除了读懂图的内容，还应仔细与平面图、立面图、剖面图和其他专业的图联系阅读。如勒脚下边的基础墙做法要与结构施工图的基础平面图和剖面图联系阅读；楼层与檐口、阳台等也应和结构施工图的各层楼板平面布置图和剖面节点图联系阅读。

② 要反复核对图内尺寸标高是否一致，并与本项目其他专业的图纸校核。

③ 因每条可见轮廓线可能代表一种材料的做法，所以不能忽视每一条可见轮廓线，如图 7-20 所示。由图中可见，门厅是由室外三步台阶步入的，在第二步台阶外有一条可见轮廓线，说明那里有一堵没有剖切到的墙，这堵墙直接连接到二层挑出的面梁处。另外，在地面和楼地面上有一道可见轮廓线，那是踢脚线。

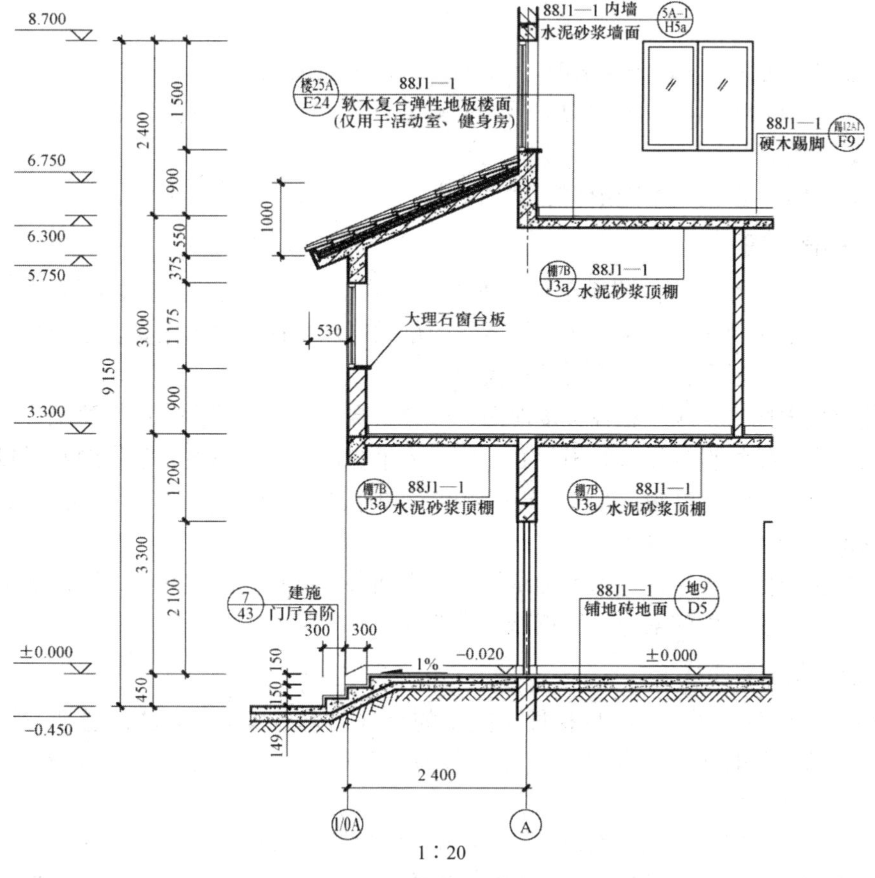

图 7-20　墙身详图

三、楼梯详图

楼梯详图主要表示楼梯的结构形式、构造做法，各部分的详细尺寸、材料。楼梯是建筑中构造比较复杂的部位，其详图一般包括楼梯平面图、楼梯剖面图和楼梯节点详图3部分内容。

1. 楼梯平面图

楼梯平面图实际是建筑平面图中楼梯间部分的局部放大。假设用一水平剖切平面在该层往上引的第一楼梯段中剖切开，移去剖切平面及以上部分，将余下的部分按正投影的原理投射在水平投影面上所得到的图，称为楼梯平面图。其绘制比例常采用1∶50。楼梯平面图一般分层绘制，有底层平面图、中间层平面图和顶层平面图。

三层以上的楼梯，当中间各层的楼梯位置、梯段数、踏步数大小都相同时，通常只画出底层、中间层和顶层3个平面图即可。楼梯平面图的识读要求如下：

(1) 核查楼梯间在建筑中的位置与定位轴线的关系，应与建筑平面图上一致。

(2) 看楼梯段、休息平台的平面形式和尺寸，楼梯踏面的宽度和踏步级数，以及栏杆扶手的设置情况。

(3) 看上下行方向，用细实箭头线表示，箭头表示“上下”方向，箭尾标注“上”或“下”字样和级数。

(4) 看楼梯间的开间、进深情况，以及墙、窗的平面位置和尺寸。

(5) 看室内外地面、楼面、休息平台的标高。

(6) 底层楼梯平面图还应标明剖切位置。

(7) 看楼梯一层平面图中楼梯的剖切符号。

2. 楼梯剖面图

楼梯剖面图是用假想的铅垂剖切平面通过各层的一个梯段和门窗洞口将楼梯垂直剖开，向另一未剖切到的楼梯段方向投影所作的剖面图。楼梯剖面图主要表达楼梯踏步、平台的构造与连接，以及栏杆的形式及相关尺寸。

在楼梯剖面图中，应注意各层楼地面、平台、楼梯间窗洞的标高；与建施平面图核查楼梯间墙身定位轴线编号和轴线间尺寸；注意每个梯段踢面的高度、踏步的数量以及栏杆的高度；看楼梯的竖向尺寸、进深方向尺寸和有关标高，并与建施图核实；看踏步、栏杆、扶手等细部详图的索引符号等。

若楼梯剖面图中各层楼梯都为等跑楼梯，中间各层楼梯构造又相同，则剖面图可只画出底层、顶层剖面，中间部分可用折断线省略。

3. 楼梯节点详图

楼梯节点详图主要表示楼梯栏杆与扶手的形状、大小和具体做法，栏杆与扶手、踏步的连接方式，楼梯的装修做法以及防滑条的位置和做法。楼梯节点详图的识读步骤要求如下：

(1) 明确楼梯详图在建筑平面图中的位置、轴线编号与平面尺寸。

(2) 掌握楼梯平面布置形式，明确梯段宽度、梯井宽度、踏步宽度等平面尺寸；查清标准图集代号和页码。

(3) 从剖面图中可明确掌握楼梯的结构形式，各层梯段板、梯梁、平台板的连接位置与方法，踏步高度与踏步级数，栏杆扶手高度。

(4) 无论楼梯平面图或剖面图都要注意底层和顶层的阅读，其底层楼梯往往要照顾进出门入口净高而设计成长短跑楼梯段，顶层尽端安全栏杆的高度与底、中层也不同。

在建筑和结构设计中，对大量重复出现的构配件，如门窗、台阶、面层做法等，通常采用标准设计，即由国家或地方编制一般建筑常用的构件和配件详图，供设计人员选用，以减少不必要的重复劳动。在读图时要学会查阅这些标准图集。

【本章小结】

本章主要介绍了房屋的组成，房屋施工图的分类、特点及阅读步骤，建筑施工图的组成，建筑施工图中的常用符号、模数协调、标准图与标准图集、建筑首页图、建筑总平面图、建筑平面图、建筑立面图、建筑剖面图、建筑详图等内容。通过本章的学习，可以对建筑施工图有一定的认识，能正确、熟练地绘制、识读建筑施工图。

【课后练习】

1. 简述房屋的组成及各组成的作用。
2. 房屋施工图可分为哪几类？
3. 什么是风向频率玫瑰图？
4. 简述建筑模数的概念及类型。
5. 简述建筑首页图的内容。
6. 简述建筑总平面图的阅读方法。
7. 简述建筑平面图的形成与作用。
8. 简述建筑立面图的图示内容。
9. 建筑剖面图的作用是什么？
10. 楼梯平面图的识读要求有哪些？

第八章　结构施工图

第一节　结构施工图概述

为了建筑物的使用安全，除了要满足建筑物的使用功能、美观、防火等要求外，还应按照建筑各方面的要求进行力学与结构计算，确定建筑承重构件(如基础、梁、板、柱等)的布置、形状、尺寸和详细设计的构造要求，并将结果绘制成图样，用以指导施工。

一、结构施工图的内容

建筑结构施工图的内容主要包括结构设计说明、结构布置平面图和构件详图 3 部分，现分述如下。

1. 结构设计说明

结构设计说明主要用于说明结构设计的依据、对材料质量及构件的要求、有关地基的概况及施工要求等。

2. 结构布置平面图

结构布置平面图与建筑平面图一样，属于全局性图纸，通常包括基础平面图、楼层结构平面布置图、屋顶结构平面布置图。

3. 构件详图

构件详图属于局部性图纸，表示构件的形状、大小，所用材料的强度等级和制作安装情况等。构件详图的主要内容包括基础详图，梁、板、柱等构件详图，楼梯结构详图以及其他构件详图等。

二、结构施工图的图示要求

绘制结构施工图既要满足《房屋建筑制图统一标准》(GB/T 50001—2017)的规定，还要遵循《建筑结构制图标准》(GB/T 50105—2010)的有关要求。

结构施工图与建筑施工图一样，均是采用正投影方法绘制的。但由于它们反映的侧重点不同，故在比例、线型及尺寸标注等方面上有所区别。

1. 比例

根据结构施工图所表达的内容及深度的不同，其绘制比例可以选用表 8-1 所给的常用比例，特殊情况也可以选用可用比例绘制。

表 8-1　结构施工图绘制比例

图　　名	常用比例	可用比例
结构平面图，基础平面图	1∶50，1∶100，1∶150	1∶60，1∶200
圈梁平面图，总图中管沟、地下设施等	1∶200，1∶500	1∶300
详图	1∶10，1∶20，1∶50	1∶5，1∶25，1∶30

2. 结构施工图中常用的图线

结构施工图的图线选择要符合《建筑结构制图标准》(GB/T 50105—2010)的规定。各图线的线型、线宽应符合表 8-2 的要求。

表 8-2　图线的线型、线宽要求

名称		线型	线宽	一 般 用 途
实线	粗	————————	*b*	螺栓、钢筋线、结构平面图中的单线结构构件线、钢木支撑及系杆线、图名下横线、剖切线
	中粗	————————	0.7*b*	结构平面图及详图中剖到或可见的墙身轮廓线，基础轮廓线，钢、木构件轮廓线、钢筋线
	中	————————	0.5*b*	结构平面图及详图中剖到或可见的墙身轮廓线，基础轮廓线，可见的钢筋混凝土构件轮廓线、钢筋线
	细	————————	0.25*b*	标注引出线、标高符号线、索引符号线、尺寸线
虚线	粗	— — — — —	*b*	不可见的钢筋线、螺栓线、结构平面图中不可见的单线结构构件线及钢、木支撑线
	中粗	— — — — —	0.7*b*	结构平面图中不可见的构件、墙身轮廓线，不可见钢、木结构构件线，不可见的钢筋线
	中	— — — — —	0.5*b*	结构平面图中的不可见构件、墙身轮廓线不可见钢、木结构构件线不可见的钢筋线
	细	— — — — —	0.25*b*	基础平面图中的管沟轮廓线，不可见的钢筋混凝土构件轮廓线
点画线	粗	——·——·——	*b*	柱间支撑、垂直支撑、设备基础轴线图中的中心线
	细	——·——·——	0.25*b*	定位轴线、对称线、中心线、重心线
双点画线	粗	——··——··——	*b*	预应力钢筋线
	细	——··——··——	0.25*b*	原有结构轮廓线
折断线		——∿——	0.25*b*	断开界线
波浪线		～～～	0.25*b*	断开界线

3. 常用构件代号

由于结构构件的种类繁多，为了便于读图，在结构施工图中常用代号来表示构件的名称，代号后应用阿拉伯数字标注该构件的型号或编号，也可为构件的顺序号，构件的顺序号采用不带角标的阿拉伯数字连续排列。常用构件的名称、代号见表 8-3。

表 8-3　常用构件代号

序号	名称	代号	序号	名称	代号	序号	名称	代号
1	板	B	16	屋面框架梁	WKL	31	构造柱	GZ
2	屋面板	WB	17	吊车梁	DL	32	地沟	DG
3	空心板	KB	18	圈梁	QL	33	柱间支撑	ZC
4	槽形板	CB	19	过梁	GL	34	垂直支撑	CC
5	折板	ZB	20	连系梁	LL	35	水平支撑	SC
6	密肋板	MB	21	基础梁	JL	36	梯	T
7	楼梯板	TB	22	楼梯梁	TL	37	雨篷	YP
8	盖板或沟盖板	GB	23	檩条	LT	38	阳台	YT
9	挡雨板或檐口板	YB	24	屋架	WJ	39	梁垫	LD
10	吊车安全走道板	DB	25	托架	TJ	40	预埋件	M-
11	墙板	QB	26	天窗架	CJ	41	天窗端壁	TD
12	天沟板	TGB	27	框架	KJ	42	钢筋网	W
13	梁	L	28	刚架	GJ	43	钢筋骨架	G
14	框架梁	KL	29	柱	Z	44	基础	J
15	框支梁	KZL	30	框架柱	KZ	45	桩	ZH

注：① 预制钢筋混凝土构件、现浇钢筋混凝土构件、钢构件和木构件，一般可直接采用本表中的构件代号。在设计中，当需要区别上述构件的材料种类时，可在构件代号前加注材料代号，并在图纸中加以说明。

② 预制钢筋混凝土构件代号，应在构件代号前加注“Y-”，如 Y-DL 表示预应力吊车梁。

三、结构施工图的识读方法与步骤

1. 结构施工图的识读方法

结构施工图的识读一般要先弄清是什么图，然后根据图纸特点从上往下、从左往右、由外向内、由大到小、由粗到细，对照图样与说明，结合建施、结施、水暖电施看，还要根据结构设计说明准备好相应的标准图集与相关资料。

2. 结构施工图的识读步骤

(1) 读图纸目录，按图纸目录检查图纸是否齐全，图纸编号与图名是否符合。

(2) 读结构总说明，了解工程概况、设计依据、主要材料要求、标准图或通用图的使用、构造要求及施工注意事项等。

(3) 读基础图。

(4) 读结构平面图及结构详图，了解各种尺寸、构件的布置、配筋情况、楼梯情况等。

(5) 看结构设计说明要求的标准图集。

在整个读图过程中，要把结构施工图与建筑施工图、水暖电施工图结合起来，看有无矛盾的地方，构造上能否施工等。读图时要边看边记下关键的内容，如轴线尺寸、开间尺寸、层高、主要梁柱截面尺寸和配筋以及不同部位混凝土的强度等级等。

3. 标准图集的阅读

为加快设计、施工进度，提高质量，降低成本，经常直接采用标准图集。标准图集的分类及查阅方法如下。

(1) 标准图集的分类。我国编制的标准图集，按其编制的单位和适用范围可分为3类：

① 经国家批准的标准图集，供全国范围内使用。

② 经各省、自治区、直辖市等地方批准的通用标准图集，供本地区使用。

③ 各设计单位编制的图集，供本单位设计工程使用。

全国通用的标准图集，通常采用代号“G”或“结”表示结构标准构件类图集，用“J”或“建”表示建筑标准配件类图集。

(2) 标准图集的查阅方法。标准图集的查阅方法如下：

① 根据施工图中注明的标准图集名称、编号及编制单位，查找相应的图集。

② 阅读标准图集的总说明，了解编制该图集的设计依据、使用范围、施工要求及注意事项等。

③ 了解该图集的编号和表示方法，一般标准图集都用代号表示。代号表明构件、配件的类别、规格及大小。

④ 根据图集的目录及构件、配件代号在该图集内查找所需详图。

第二节　钢筋混凝土结构施工图

在建筑工程中钢筋混凝土是一种应用极为广泛的建筑材料，它由力学性能完全不同的钢筋和混凝土两种材料组合而成。

一、钢筋

1. 不同类型钢筋的作用及标注方法

按钢筋在构件中的作用不同，构件中的钢筋可分为受力筋、箍筋、架立筋、分布筋、构造筋等，如图8-1所示。

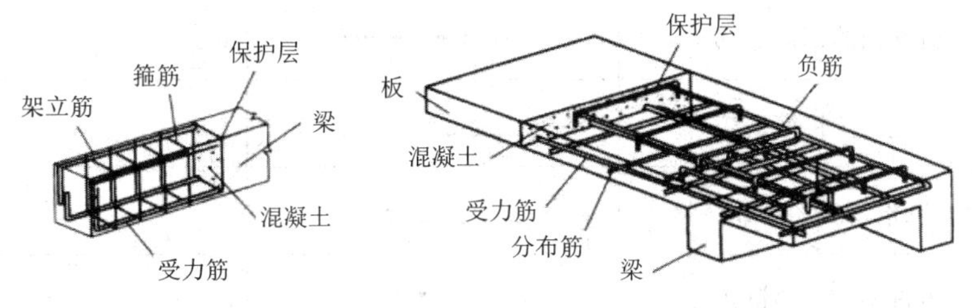

(a) 钢筋混凝土梁　　(b) 钢筋混凝土板

图8-1　钢筋混凝土构件中的钢筋种类

(1) 受力筋：承受构件内拉、压应力的钢筋。其配置根据受力通过计算确定，且应满足构造要求。在梁、柱中的受力筋也称纵向受力筋，标注时应说明其数量、品种和直径，如 4A20，表示配置 4 根 HPB300 级钢筋，直径为 20 mm。

在板中的受力筋，标注时应说明其品种、直径和间距，如 A10@100(@是相等中心距符号)表示配置 HPB300 级钢筋，直径为 10 mm，间距为 100 mm。

(2) 架立筋：一般设置在梁的受压区，与纵向受力钢筋平行，用于固定梁内钢筋的位置，并与受力筋形成钢筋骨架。架立筋是按构造配置的，其标注方法同梁内受力筋。

(3) 箍筋：箍筋用于承受梁、柱中的剪力和扭矩，固定纵向受力筋的位置等。标注箍筋时，应说明箍筋的级别、直径、间距，如 A10@100。

(4) 分布筋：分布筋用于单向板、剪力墙。单向板中的分布筋与受力筋垂直。其作用是将承受的荷载均匀地传递给受力筋，并固定受力筋的位置以及抵抗热胀冷缩所引起的温度变形。标注方法同板中的受力筋。

在剪力墙中布置的水平和竖向分布筋，除上述作用外，还可参与承受外荷载，其标注方法同板中的受力筋。

(5) 构造筋：因构造要求及施工安装需要而配置的钢筋，如腰筋、吊筋、拉结筋等，其标注方法同板中的受力筋。

2. 钢筋的表示方法

了解钢筋混凝土构件中钢筋的配置非常重要。在图中，通常用粗实线表示钢筋。普通钢筋的表示方法如表 8-4 所示，钢筋在结构构件中的画法如表 8-5 所示。

表 8-4　普通钢筋的表示方法

序号	名　称	图　例	说　明
1	钢筋横断面	●	
2	无弯钩的钢筋端部	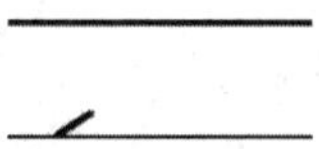	下图表示长、短钢筋投影重叠时，短钢筋的端部用 45°斜画线表示
3	带半圆形弯钩的钢筋端部		
4	带直钩的钢筋端部		
5	带丝扣的钢筋端部		
6	无弯钩的钢筋搭接		
7	带半圆形弯钩的钢筋搭接		
8	带直钩的钢筋搭接		
9	花篮螺栓钢筋接头		

表 8-5　钢筋在结构构件中的画法

序号	说　　明	图　　例
1	在平面图中配置双层钢筋时，底层钢筋弯钩应向上或向左，顶层钢筋则向下或向右	底层　顶层
2	配双层钢筋的墙体，在配筋立面图中，远面钢筋的弯钩应向上或向左，近面钢筋的弯钩则向下或向右(YM：远面；JM：近面)	JM　YM　JM　YM　JM　YM　JM　YM
3	如在断面图中不能表示清楚钢筋的布置，则应在断面图外面增加钢筋大样图	
4	图中所表示的箍筋、环筋，如布置复杂，应加画钢筋大样图及说明	
5	每组相同的钢筋、箍筋或环筋，可以用粗实线画出其中一根，同时用一横穿的细线表示其余的钢筋、箍筋或环筋，横线的两端带斜短画线，表示该号钢筋的起止范围	

3. 弯钩的表示方法

为了增强钢筋与混凝土的黏结力，表面光圆的钢筋两端需要做弯钩。弯钩的形式及表示方法如图 8-2 所示。

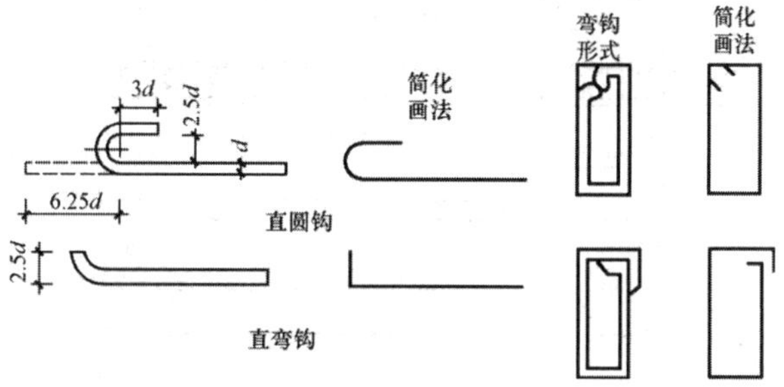

图 8-2　弯钩的形式及表示方法

二、钢筋混凝土构件

1. 钢筋混凝土构件的配筋

各种钢筋的形式及在梁、板、柱中的位置及其形状如图 8-3 所示。

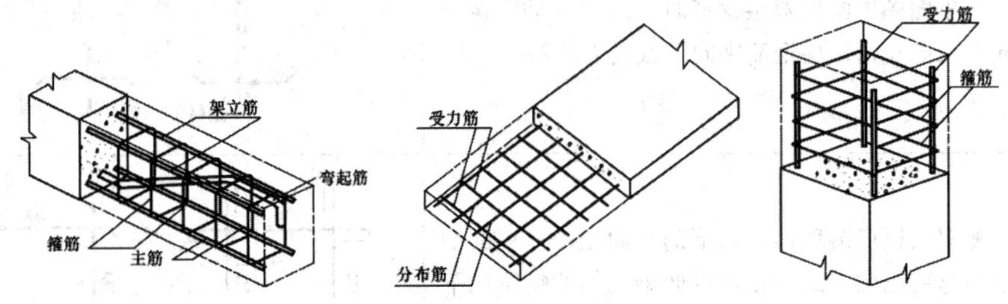

图 8-3　钢筋混凝土梁、板、柱的配筋

2. 钢筋混凝土构件图

钢筋混凝土构件图是加工制作钢筋、浇筑混凝土的依据，其内容包括模板图、配筋图、钢筋表三部分。

(1) 模板图：模板图是为浇筑构件的混凝土绘制的，主要用来表达构件的外形尺寸、预埋件的位置、预留孔洞的大小和位置。外形简单的构件，一般不单独绘制模板图，只需在配筋图中把构件的尺寸标注清楚。外形较复杂或预埋件较多的构件，一般要单独画出模板图。

(2) 配筋图：配筋图包括立面图、断面图两部分，表达钢筋在混凝土构件中的形状、位置与数量。在立面图和断面图中，构件的外轮廓线用细实线表示，钢筋用粗实线表示。配筋图是钢筋下料、绑扎的主要依据。

(3) 钢筋表：为便于编制施工预算和统计用料，在配筋图中还应列出钢筋表，图 8-4 为梁的配筋详图，表 8-6 为梁的钢筋用表，表内应注明构件名称、构件数量、钢筋编号、钢筋简图、钢筋规格、长度、数量、总数量、总长和质量等。对于比较简单的构件，可不画钢筋详图，只列钢筋表。钢筋表对于识读钢筋混凝土配筋图很有帮助，应注意两者结合识读。

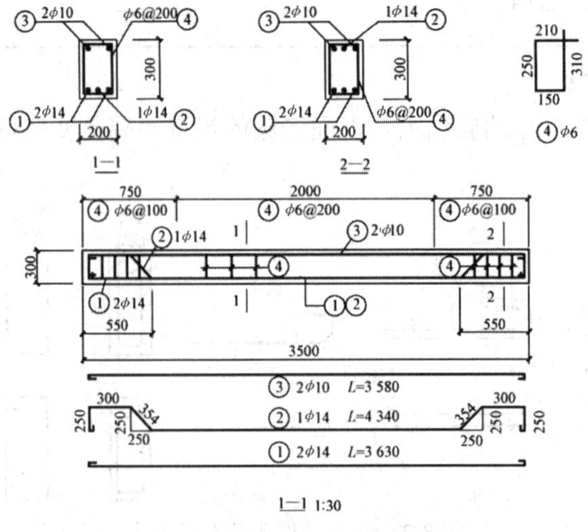

图 8-4　梁的配筋详图

表 8-6　梁的钢筋表

构件名称	构件数	钢筋编号	钢筋简图	钢筋规格	长度/mm	每件根数	总根数	质量/kg
1-1	1	1		A14	3 630	2	2	8.78
		2		A14	4 340	1	1	5.25
1-1	1	3		A10	3 580	2	2	4.42
		4		A6	920	25	25	5.11
		钢筋总质量						23.6

3. 钢筋的保护层

为了防止构件中的钢筋被锈蚀，加强钢筋与混凝土的黏结力，构件中的钢筋不允许外露，构件表面到钢筋外缘必须有一定厚度的混凝土，这层混凝土被称为钢筋的保护层。保护层的厚度因构件不同而异，根据钢筋混凝土的结构设计规范规定，一般情况下，梁和柱的保护层厚度为 25 mm，板的保护层厚度为 10～15 mm。

三、混凝土结构施工图平面整体表示方法

为提高设计效率、简化绘图、改革传统的逐个构件表达的烦琐设计方法，我国推出钢筋混凝土结构施工图平面整体表示方法，简称为“平法”。所谓平法，就是将结构构件的尺寸和配筋等信息，按照平面整体表示方法制图规则，直接表达在各类构件的结构平面布置图上，再与标准构造详图相配合，即构成一套完整的结构设计。

（一）柱平法施工图的识读

柱平法施工图是在柱平面布置图上，采用截面注写方式或列表注写方式，表示柱的截面尺寸和配筋等具体情况的平面图。它主要表达了柱的代号、平面位置、截面尺寸、与定位轴线的几何关系和配筋等内容。

1. 柱的平面表示方法

(1) 列表注写方式。列表注写方式是指在柱平面布置图上，分别在同一编号的柱中选择一个或几个截面，标注与轴线的关系、几何参数代号，通过列表注写柱号、柱段起止标高、几何尺寸与配筋具体数值，并配以各种柱截面形状及其箍筋类型图说明箍筋形式的方式，如图 8-5 所示。列表注写方式相关注意事项如下：

① 柱的编号。柱的编号由类型、代号和序号组成，且应符合表 8-7 的规定。

表 8-7　柱 的 编 号

柱的类型	代　　号	序　　号
框架柱	KZ	××
转换柱	ZHZ	××
芯柱	XZ	××
梁上柱	LZ	××
剪力墙上柱	QZ	××

② 各柱段的起止标高。自柱根部往上以变截面位置或截面未变但配筋改变处为界分段注写。

③ 柱截面尺寸及其与定位轴线的关系。对于矩形柱，注写截面尺寸 $b \times h$ 及与轴线关系的几何参数代号 b_1、b_2 和 h_1、h_2 的具体数值。其中，$b = b_1 + b_2$，$h = h_1 + h_2$。对于圆柱，表中 $b \times h$ 一栏改用在圆柱直径数字前加 d 标识。为了表达简单，圆柱截面与轴线的关系，也用 b_1、b_2 和 h_1、h_2 表示，并使 $d = b_1 + b_2 = h_1 + h_2$。

④ 柱纵筋。当柱纵筋直径相同，各边根数也相同时，将纵筋写在“全部纵筋”一栏中；除此之外，纵筋一般按角筋、截面 b 边中部钢筋和 h 边中部钢筋分别注写(采用对称配筋的可仅注写一侧中部钢筋，对称边省略不写)。当为圆柱时，表中角筋一栏注写全部纵筋。

⑤ 箍筋类型号及箍筋肢数。具体工程设计的各种箍筋的类型图，需画在表的上部或图中适当的位置，并在其上标注与表中相对应的 b、h 和类型号。

⑥ 箍筋级别、直径与间距。标注时，用斜线“/”区分柱端箍筋加密区与柱身非加密区长度范围内箍筋的不同间距。当箍筋沿全高为一种间距时，则无需使用“/”。

例如，A10@100/200 表示箍筋为 HPB300 级钢筋，直径为 10 mm，加密区间距为 100 mm，非加密区间距为 200 mm。

(2) 截面注写方式。截面注写方式是指在柱的平面布置图上，相同编号的柱中，选择一个截面在原位采用较大比例绘制出柱的截面配筋图，并在放大的柱截面图上直接注写柱截面尺寸 $b \times h$，角筋或全部纵筋、箍筋的具体数值，以及在柱截面配筋图上标注截面与轴线的关系 b_1、b_2、h_1、h_2 的具体数值，如图 8-6 所示。

2. 柱平法施工图的识读方法

(1) 查看图名、比例。

(2) 核对轴线编号及其间距尺寸是否与建筑图、基础平面图相一致。

(3) 与建筑图配合，说明各柱的编号、数量及位置。

(4) 通过结构设计说明或柱的施工说明，明确柱的材料及等级。

(5) 根据柱的编号，查阅截面标注图或柱表，明确各柱的标高、截面尺寸以及配筋情况。

(6) 根据抗震等级、设计要求和标准构造详图，确定纵向钢筋和箍筋的构造要求。

3. 读图实例

图 8-6 中分别表示了框架柱、梁上柱的截面尺寸和配筋情况。图中 KZ1 的柱所标注的截面尺寸为 650 mm × 600 mm，其中角筋为 4C22，4 根直径为 22 mm 的 HRB400 级钢筋；柱截面上方标注的是 b 边一侧配置的中部筋 5C22；图左方标注的是 h 边一侧的中部筋 4C20，由于柱是对称配筋，所以在柱的下方和右方标注省略掉了。箍筋为 A10@100/200，表示箍筋为 HPB300 级钢筋，直径为 10 mm，其间距加密区为 100 mm，非加密区为 200 mm。

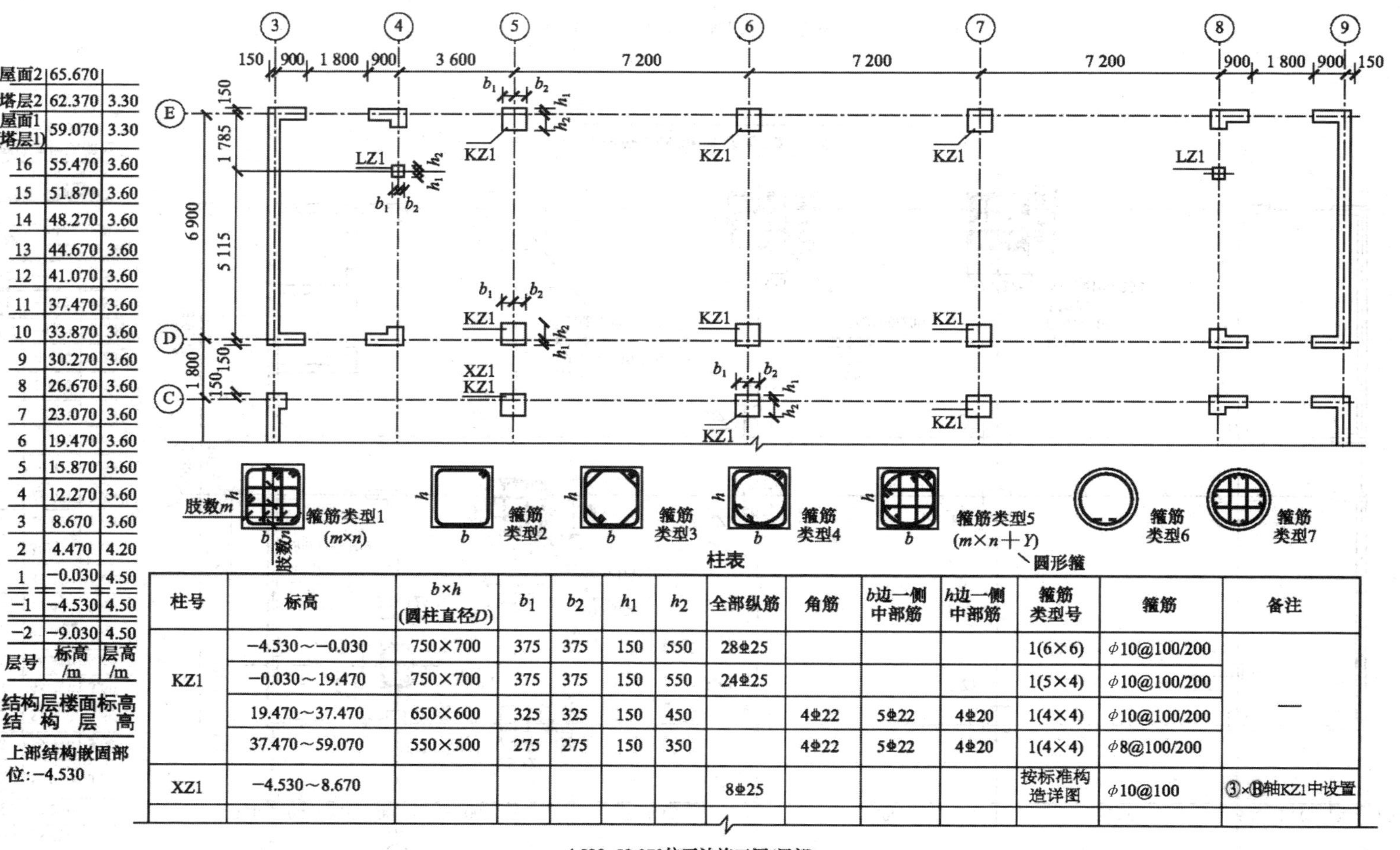

层号	标高/m	层高/m
屋面2	65.670	
塔层2	62.370	3.30
屋面1(塔层1)	59.070	3.30
16	55.470	3.60
15	51.870	3.60
14	48.270	3.60
13	44.670	3.60
12	41.070	3.60
11	37.470	3.60
10	33.870	3.60
9	30.270	3.60
8	26.670	3.60
7	23.070	3.60
6	19.470	3.60
5	15.870	3.60
4	12.270	3.60
3	8.670	3.60
2	4.470	4.20
1	−0.030	4.50
−1	−4.530	4.50
−2	−9.030	4.50

结构层楼面标高
结构层高

上部结构嵌固部位：−4.530

柱号	标高	b×h(圆柱直径D)	b_1	b_2	h_1	h_2	全部纵筋	角筋	b边一侧中部筋	h边一侧中部筋	箍筋类型号	箍筋	备注
KZ1	−4.530～−0.030	750×700	375	375	150	550	28⌀25				1(6×6)	ϕ10@100/200	—
	−0.030～19.470	750×700	375	375	150	550	24⌀25				1(5×4)	ϕ10@100/200	
	19.470～37.470	650×600	325	325	150	450		4⌀22	5⌀22	4⌀20	1(4×4)	ϕ10@100/200	
	37.470～59.070	550×500	275	275	150	350		4⌀22	5⌀22	4⌀20	1(4×4)	ϕ8@100/200	
XZ1	−4.530～8.670						8⌀25				按标准构造详图	ϕ10@100	③×Ⓑ轴KZ1中设置

图 8-5 柱平法施工图列表注写方式示意

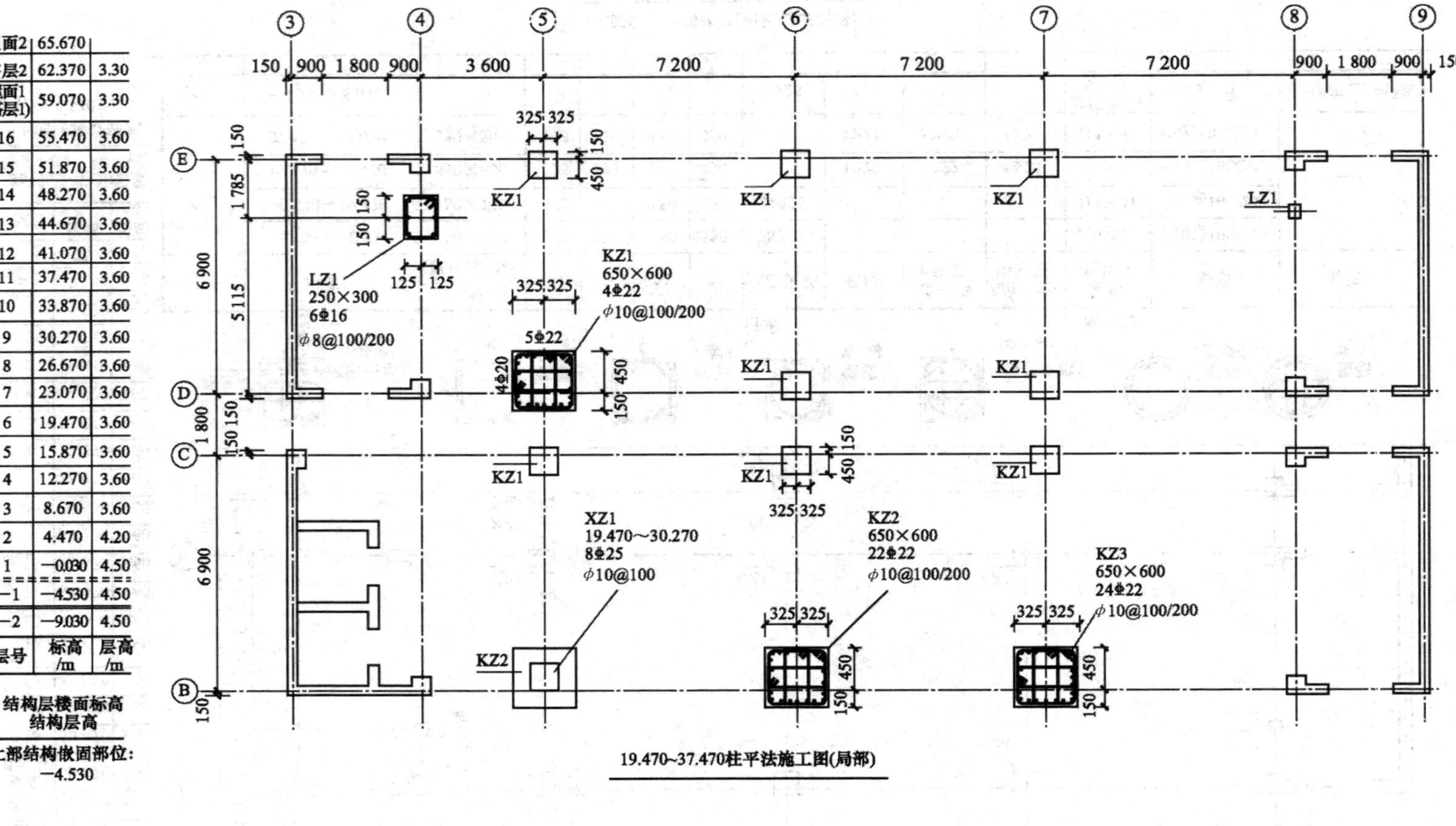

层号	标高 /m	层高 /m
屋面2	65.670	
塔层2	62.370	3.30
屋面1 (塔层1)	59.070	3.30
16	55.470	3.60
15	51.870	3.60
14	48.270	3.60
13	44.670	3.60
12	41.070	3.60
11	37.470	3.60
10	33.870	3.60
9	30.270	3.60
8	26.670	3.60
7	23.070	3.60
6	19.470	3.60
5	15.870	3.60
4	12.270	3.60
3	8.670	3.60
2	4.470	4.20
1	−0.030	4.50
−1	−4.530	4.50
−2	−9.030	4.50

图 8-6 柱平法施工图截面注写方式

(二) 梁平法施工图的识读

梁平法施工图是在梁结构平面图上，采用平面注写方式或截面注写方式来表示梁的截面尺寸和钢筋配置的施工图。

1. 梁的平面表示方法

1) 平面注写法

梁的平面注写法是指在梁平面布置图上，分别在每一种编号的梁中选择一根梁，在其上注写截面尺寸和配筋具体数值，如图 8-7 所示。它有集中标注和原位标注两种。集中标注注写梁的通用数值，原位标注注写梁的特殊数值。当集中标注中的某项数值不适用于梁的某部位时，则将该项数值原位标注，施工时，原位标注取值优先。

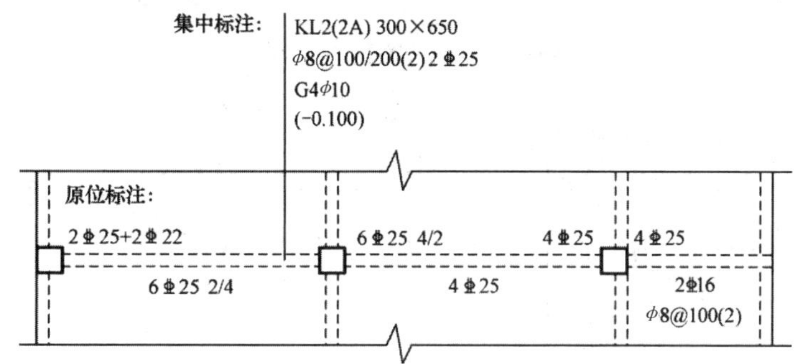

图 8-7　梁的集中标注和原位标注

(1) 集中标注。集中标注的内容包括五项必注值(梁的编号、截面尺寸、箍筋、上部通长筋或架立筋配置、侧面纵向构造钢筋或受扭钢筋)和一项选注值(高差值)。

① 梁的编号。注写前应对所有梁进行编号，梁的编号由梁类型、代号、序号、跨数及有无悬挑代号几项组成，其含义见表 8-8。

表 8-8　梁 的 编 号

梁 类 型	代号	序号	跨数及是否带有悬挑
楼层框架梁	KL	××	(××)、(××A)或(××B)
楼层框架扁梁	KBL		
屋面框架梁	WKL		
框支梁	KZL		
托柱转换梁	TZL		
非框架梁	L		
悬挑梁	XL		
井字梁	JZL		
注：(××A)为一端有悬挑，(××B)为两端有悬挑，悬挑不计入跨数。 例如，KL7(5 A)表示第 7 号框架梁，5 跨，一端有悬挑；L9(7 B)表示第 9 号非框架梁，7 跨，两端有悬挑，但悬挑不计入跨数。			

② 梁的截面尺寸。如图 8-8 所示，如果为等截面梁，用 $b \times h$ 表示；如果为加腋梁，用 $b \times h$ Y$c_1 \times c_2$表示，Y 表示加腋，c_1为腋长，c_2为腋高，如图 8-8(a)所示；如果有悬挑梁且根部和端部的高度不同，用斜线分隔根部与端部的高度值，即 $b \times h_1/h_2$表示，如图 8-8(b)所示。

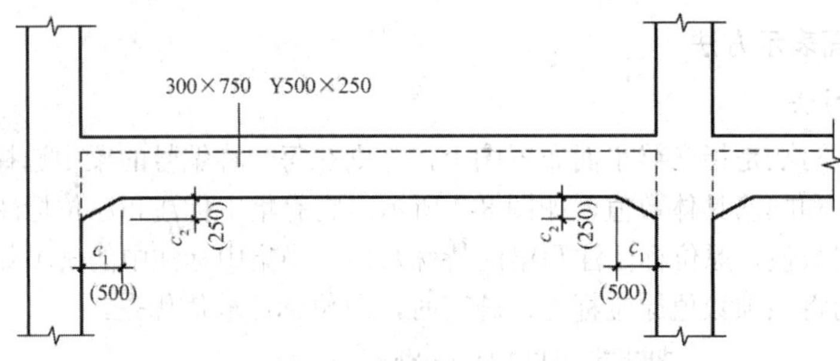

(a) 竖向加腋截面注写示意

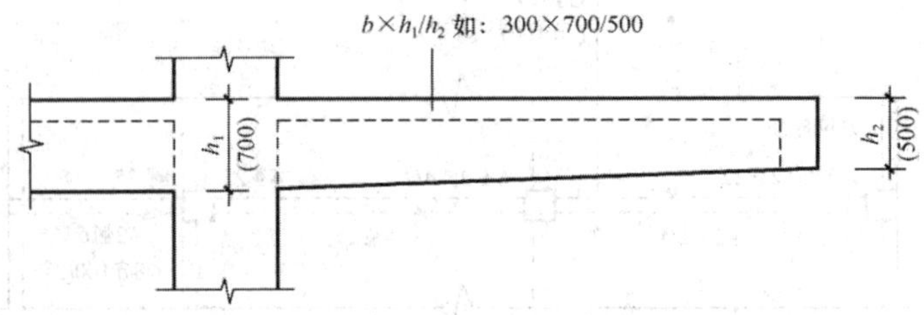

(b) 悬挑梁不等高截面尺寸注写示意

图 8-8　梁的截面尺寸注写

③ 梁的箍筋标注。此类标注包括钢筋级别、直径、加密区与非加密区间距及肢数等。箍筋加密区与非加密区的不同间距及肢数应用“/”分隔，箍筋肢数应写在括号内。

例如，A10@100/200(4)表示箍筋为 HPB300 级钢筋，直径为 10 mm，加密区间距为 100 mm，非加密区间距为 200 mm，均为四肢箍。

A8@100(4)/150(2)，表示箍筋为 HPB300 级钢筋，直径为 8 mm，加密区间距为 100 mm，四肢箍；非加密区间距为 150 mm，两肢箍。

④ 梁上部的通长筋及架立筋根数和直径。当它们在同一排时，应用加号“+”将通长筋与架立筋相连，注写时应将角部纵筋写在加号的前面，架立筋写在加号后面的括号内，以表示不同直径及与通长筋的区别。

例如，2C22 + (4A12)用于六肢箍，其中 2C22 为通长筋，4A12 为架立筋。

当梁的上部纵筋和下部纵筋为全跨相同且多数跨配筋相同时，该项可以加注下部纵筋的配筋值，用分号“；”将上部与下部纵筋的配筋值分隔开。

例如，3C22；3C20 表示梁的上部配置了通长筋 3 根 HRB400 级钢筋，直径为 22 mm，下部配置了通长筋 3 根 HRB400 级钢筋，直径为 20 mm。

⑤ 梁侧面纵向构造钢筋或受扭钢筋配置的注写，应按以下要求进行：当梁腹板高度 $h_w \geqslant 450$ mm 时，需配置纵向构造钢筋，在配筋数量前加大写字母“G”，注写的钢筋数量为梁两个侧面的总配筋值，且为对称配置；当梁侧面配置受扭纵向钢筋时，在配筋数量前加“N”，注写的钢筋数量为梁两个侧面的总配筋值，为对称配置。例如，G4A10，表示梁

的两个侧面共配置了 4 根直径为 10 mm 的 HPB300 级钢筋，每侧各配置 2 根。N6C22，表示梁的两个侧面共配置 6 根直径为 22 mm 的 HRB400 级钢筋，每侧各配置 3C22。

⑥ 梁顶面标高高差，是指相对于结构层楼面标高的高差值，对于位于结构夹层的梁，则指相对于结构夹层楼面标高的高差。若有高差，需将其写入括号内，无高差时则不注。当某梁的顶面高于所在结构层的楼面标高时，其标高高差为正值；反之为负值。

(2) 原位标注。原位标注主要标注梁支座上部纵筋(指该部位含通长筋在内的所有纵筋)及梁下部纵筋，或当梁的集中标注内容不适用于等跨梁或某悬挑部分时，则以不同数值标注在其附近。

① 梁支座上部的纵筋，该部位含通长筋在内的所有纵筋，注写在梁上方，且靠近支座。当多于一排时，用斜线“/”将各排纵筋自上而下分开。例如，6C25 4/2 表示上部纵筋为 4C25，下部纵筋为 2C25。当同排钢筋有两种直径时，用加号“+”将两种直径的纵筋相连，注写时将角部纵筋写在前面。例如，梁支座上部有四根纵筋，2C25 放在角部，2C22 放在中部，在支座上部应注写 2C25 + 2C22。当梁中间支座两边的上部纵筋不同时，须在支座两边分别标注，当梁中间支座两边的上部纵筋相同时，可仅在支座一边标注配筋值，另一边省略不注。

② 梁下部纵筋。当下部纵筋多于一排时，用斜线“/”将各排纵筋自上而下分开。例如，6C25 2/4 表示上部纵筋为 2C25，下部纵筋为 4C25。当同排钢筋有两种直径时，用加号“+”将两种直径的纵筋相连，注写时将角部纵筋写在前面。当梁的下部纵筋不全部伸入支座时，将梁支座下部纵筋减少的数量写在括号内。如梁下部纵筋注写为 2C25+3C22(−3)/5C25，表示上排纵筋为 2C25 和 3C22，其中 3C22 不伸入支座，下一排纵筋为 5C25，全部伸入支座。

③ 对于梁中的附加箍筋或吊筋，应将其画在平面图中的主梁上，用引线注写总配筋值，附加箍筋的肢数注在括号内。当多数附加箍筋或吊筋相同时，可以在梁平法施工图上统一注明，少数与统一注明值不同时，在原位引注。原位引注时，需注意以下几点：

a. 当梁中间支座两边的上部纵筋相同时，可仅在支座的一侧标注，另一边省略不注；否则，需在两侧分别标注。

b. 附加箍筋和吊筋直接画在平面图的主梁支座处，与主梁的方向一致，用引线引注总配筋数值(附加箍筋的肢数注在括号内)，如图 8-9 所示。当多数附加箍筋或吊筋相同时，可在梁平法施工图上统一注明，少数不同的，在原位引注。施工时，附加箍筋或吊筋的几何尺寸采用标准构造详图。

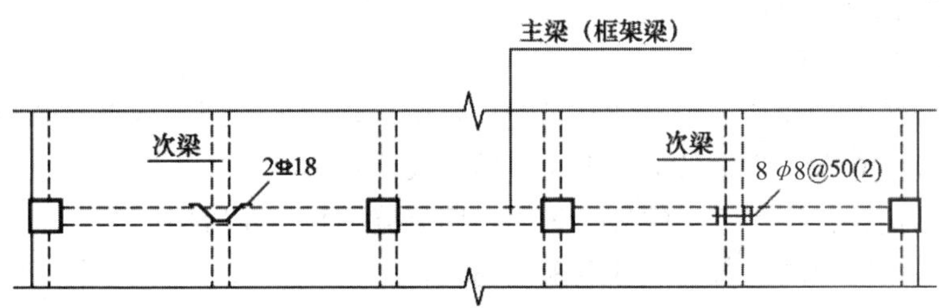

图 8-9 附加箍筋和吊筋的画法示例

2) 截面注写方式

截面注写方式是在分层绘制的梁平面布置图上，分别在不同编号的梁中各选择一根梁，用单边截面号画在该梁上，再引出配筋图，并在其上注写截面尺寸和配筋具体数值的方式。具体来讲，就是对梁按规定进行编号，相同编号的梁中，选择一根梁，先将单边剖切符号画在梁上，再画出截面配筋详图，在配筋详图上直接标注截面尺寸，并采用引出线的方式标注上部钢筋、下部钢筋、侧面钢筋和箍筋的具体数值。当某梁的顶面标高与结构层的楼面标高不同时，应在梁编号后注写梁顶面标高高差，如图 8-10 所示。

截面注写方式可以单独使用，也可与平面注写法结合使用。

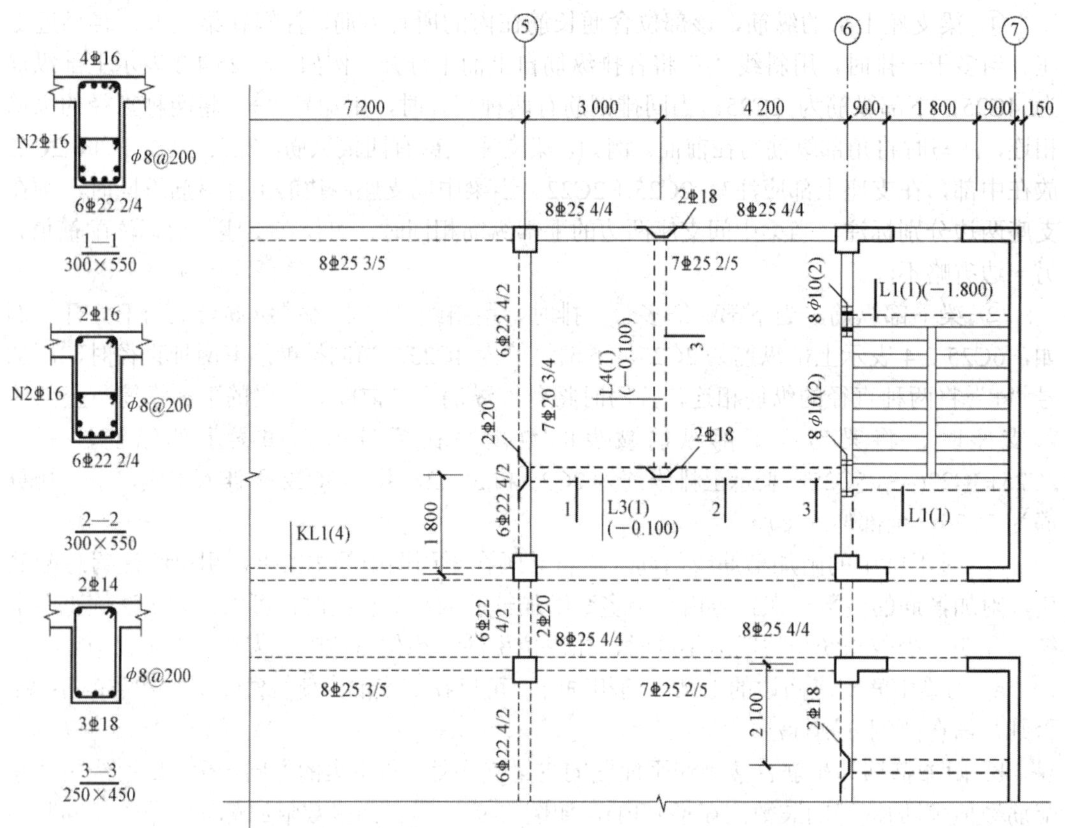

图 8-10　梁平法施工图截面注写方式

2. 梁平法施工图识读方法

(1) 查看图名、比例。

(2) 核对轴线编号及其间距尺寸是否与建筑图、基础平面图、柱平面图相一致。

(3) 与建筑图配合，明确各梁的编号、数量及位置。

(4) 通过结构设计说明或梁的施工说明，明确梁的材料及等级。

(5) 明确各梁的标高、截面尺寸及配筋情况。

(6) 根据抗震等级、设计要求和标准构造详图(在“平法”标准图集中后半部分)，确定纵向钢筋、箍筋和吊筋的构造要求。例如，纵向钢筋的连接方式、搭接长度、弯折要求、锚固要求，箍筋加密区的范围，附加箍筋和吊筋的构造等。

3. 读图实例

以图 8-10 为例，梁编号为 L3(1)，表示该梁为 3 号非框架梁，共有 1 跨，截面高为 550 mm，宽为 300 mm。配筋情况如下：

上部钢筋：2C16 为上部通长钢筋角筋。⑤、⑥轴支座 1 截面纵筋为单排 4C16(其中 2C16 在外侧为通长筋)；跨中截面上部纵筋为通长筋 2C16。

下部钢筋：⑤、⑥轴支座间梁下部纵筋为双排 6C22 2/4(下排 4C22，上排 2C22)。

梁的侧面配置 N2C16 纵向构造钢筋，HRB400 级钢筋，直径为 16 mm，每侧 1 根，共配置 2 根。

箍筋：采用 A8@200 钢筋，HPB300 级钢筋，直径为 8 mm，间距为 200 mm。

梁顶面标高低于同层楼板面 0.100 m。细部构造可查阅标准图集。

第三节 基础结构施工图

基础结构施工图通常包括基础平面图和基础详图，是用来表示房屋地面以下基础部分的平面布置和详细构造的图样。它是进行施工放线、基槽开挖和砌筑的主要依据，也是施工组织和预算的主要依据。

一、基础平面图

假想用一个水平剖切面，沿建筑物首层室内地面把建筑物水平剖开，移去剖切面以上的建筑物和回填土，向下作水平投影，得到的图称为基础平面图。基础平面图的剖视位置在室内地面(零值)处，一般不得因对称而只画一半。被剖切的墙身(或柱)用粗实线表示，基础底宽用细实线表示。它主要用来表示基础的平面布置以及墙、柱与轴线的关系。

条形基础平面图的主要内容及阅读方法如下。

(1) 看图名、比例和轴线。

基础平面图的绘图比例、轴线编号及轴线间的尺寸必须与建筑平面图一样。看基础的平面布置，即看基础墙、柱以及基础底面的形状、大小及其与轴线的关系。

(2) 看基础梁的位置和代号。

看基础梁的位置和代号主要了解基础哪些部位有梁，根据代号可以统计梁的种类、数量，查阅梁的详图，了解平面中基坑的类型。

(3) 看地沟与孔洞。

由于给水排水的要求，建筑物常常设置地沟或在地面以下的基础墙上预留孔洞。在基础平面图中用虚线表示地沟或孔洞的位置，并应注明大小及洞底的标高。

(4) 看基础平面图中的剖切符号及其编号。

在不同的位置，基础的形状、尺寸、埋置深度及与轴线的相对位置不同，需要分别画出它们的断面图(基础详图)。条形基础平面如图 8-11 所示。

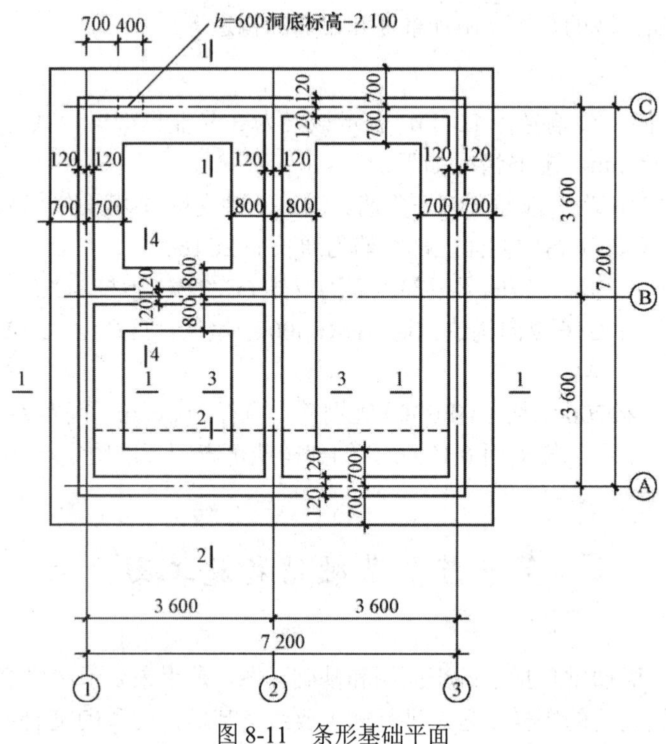

图 8-11　条形基础平面

二、基础详图

不同类型的基础，其详图的表示方法也有所不同。如条形基础详图一般为基础的垂直剖面图，独立基础详图一般应包括平面图和剖面图。

1. 条形基础详图

条形基础详图就是先假想用剖切平面垂直剖切基础，再用较大比例画出的断面图。它用于表示基础的断面形状、尺寸、材料、构造及基础埋置深度等内容。条形基础详图如图 8-12 所示，其阅读方法及步骤如下。

(1) 看图名、比例。由图 8-12 可知，该图为条形基础 1—1 断面图。该基础为砖基础，轴线与基础墙中心线重合；砖基的大放脚为 9 级，每级高度为 120 mm、60 mm 间隔设置，两侧内缩 65 mm、60 mm 间隔设置；基础垫层为 C20 混凝土垫层，厚度为 100 mm，宽度为 1500 mm。

(2) 看基础断面的形状、大小、材料及配筋。该基础墙体设置了钢筋混凝土基础圈梁，断面尺寸为 240 mm × 240 mm，配置了 A12 的钢筋，箍筋为 A6@200。

(3) 看基础断面图的各部分详细尺寸和室内外地面、基础底面的标高。该图中基础底部标高为 –1.500 m，基础顶部标高为 –0.660 m；本基础中基础圈梁兼作墙身水平防潮层。

2. 独立基础详图

钢筋混凝土独立基础详图一般应画出平面图和剖面图，用以表达每一个基础的形状、尺寸和配筋情况，可参考图 8-13 进行识读。

由图 8-13 可以看出，本基础采用倒锥形现浇混凝土独立基础，基础截面为 1800 mm ×

1800 mm，基础高为 400 mm，基础为矩形截面，基础垫层宽度为 2000 mm × 2000 mm，采用 C20 混凝土，厚度为 100 mm。

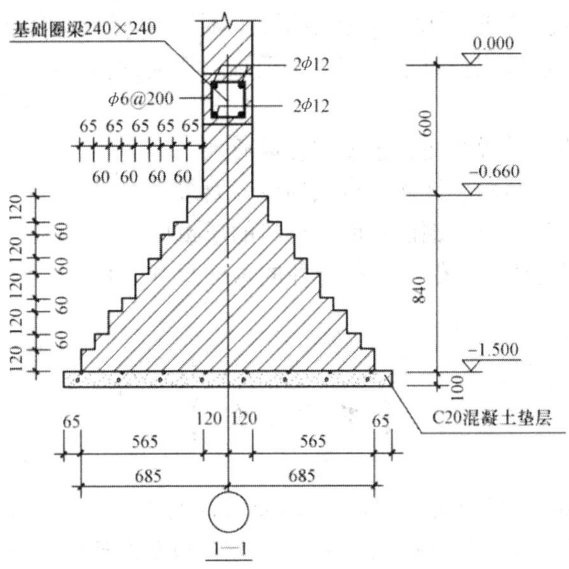

图 8-12　条形基础详图

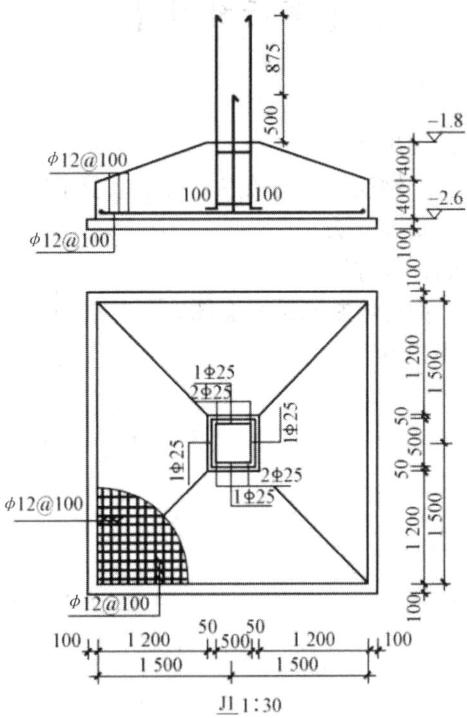

图 8-13　独立基础详图

三、基础设计说明

设计说明一般是说明难以用图示表达而易用文字表达的内容，如材料的质量要求、施工注意事项等。基础设计说明由设计人员根据具体情况编写，一般包括以下内容：

(1) 对地基土质情况提出注意事项和有关要求，概述地基承载力、地下水位和持力层土质情况。

(2) 地基处理措施，并说明注意事项和质量要求。

(3) 对施工方面提出验槽、钎探等事项的设计要求。

(4) 垫层、砌体、混凝土、钢筋等所用材料的质量要求。

(5) 防潮(防水)层的位置、做法，构造柱的截面尺寸、材料、构造，混凝土保护层厚度等。

【本章小结】

本章主要介绍了结构施工图的内容、图示要求、识读方法与步骤，钢筋混凝土结构施工图，基础结构施工图等内容。通过本章的学习，可以对结构施工图有一定的认识，能熟练绘制、应用结构施工图。

【课后练习】

1. 简述结构施工图的内容。
2. 简述结构施工图的识读步骤。
3. 什么是钢筋的保护层？钢筋保护层的厚度有哪些要求？
4. 简述柱平法施工图的识读方法。
5. 简述梁平法施工图的识读方法。
6. 什么是基础平面图？如何绘制基础平面图？
7. 基础设计说明包括哪些内容？

第九章 设备工程图

第一节 建筑给水排水工程图

一、给水排水工程图的分类

给水排水工程图按其作用和内容来分，可分为下面3类图样。

1. 室内给水排水工程图

室内给水排水工程图主要表示从室外给水管网引水到建筑物内部以及自建筑物内排水到检查井之间，需要用水的房间(如厨房、卫生间、浴室等)内，各种配水器具、卫生设备的安装位置及其各种管道的布置情况。它一般以管道平面布置图、管道系统轴测图为主，另外还有卫生器具或用水设备的安装详图与之配套。

2. 室外管网及附属设备图

室外管网及附属设备图主要表示一个区域、一个厂(校)区或一条街道铺设在地下的各种给水排水管道的平面及高程布置情况。其中包括管道总平面图、管道纵剖面图和横剖面图，以及管道上的附属设备(如消火栓、阀门井、检查井、排放口、管道穿墙等)的构造详图。

3. 水处理工艺设备图

水处理工艺设备图主要包括给水厂和污水处理厂的总平面布置图，反映高程布置的流程图，以及取水构筑物、投药间、泵房等附属构筑物的单项工程平面、剖面等设计图，给水厂和污水处理厂的各种水处理设备构筑物(如沉淀池、澄清池、滤池、曝气池、消化池等)的工艺设计图。

二、给水排水工程图的图示方法与特点

室内给水排水工程图包括管道平面布置图、管道系统轴测图及卫生器具或用水设备的安装详图等内容。它主要用来表示建筑物用水房间内卫生器具或用水设备的安装位置及其管道的布置情况。给水排水工程图除了与其他专业图一样，要符合投影原理和视图、剖面、断面等基本画法的规定外，由于管道是给水排水工程图的主要表达对象，因此有其特殊的图示特点。为了将这些性质各异、内容复杂的管道及其设备画在同一张图上，同时清楚地表达室内给水排水工程的内容，并做到图面清晰、简明，符合设计、施工的要求，除了遵

守《建筑给水排水制图标准》(GB/T 50106—2010)中的规定外，还应符合《房屋建筑制图统一标准》(GB/T 50001—2017)及国家现行有关标准、规范的规定。

1. 图例

在给水排水工程图中，管道上的附属设备、仪表及用水房间内的卫生设备、配水器具等，一律采用《建筑给水排水制图标准》(GB/T 50106—2010)中规定的图例符号来表示，如表 9-1 所示。

表 9-1　给水排水工程图中常用的图例

名称	图例	说明	名称	图例	说明
管道	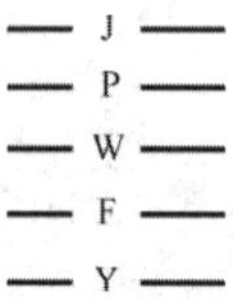 —J— —P— —W— —F— —Y—	用汉语拼音首字母表示管道类别，分别为生活给水管、排水管、污水管、废水管及雨水管	室内消火栓	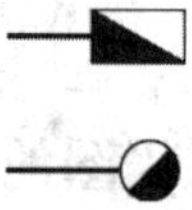	上图：平面 下图：系统
多孔管			水表		
存水弯	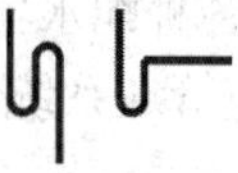	S 型、P 型	水表井		
清扫口	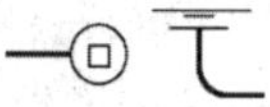	左图：平面 右图：系统	污水池	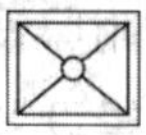	
地漏		左图：平面 右图：系统	通气帽	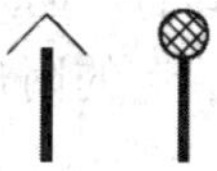	左图：成品 右图：铅丝球
检查口			小便器		
小便槽	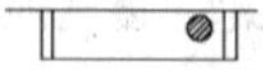		洗脸盆	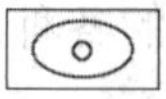	
闸阀			蹲式大便器	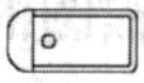	
截止阀	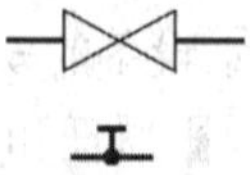	上图：$DN \geqslant 50$ 下图：$DN < 50$	浴盆	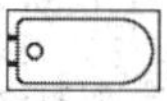	
放水龙头	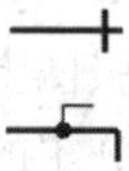	上图：平面 下图：系统	坐式大便器	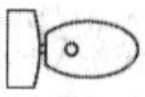	

2. 管道的画法

在管道平面布置图中，由于管道的断面尺寸比其长度尺寸小得多，所以在小比例的施工图中以单线条表示管道。当给水管道、排水管道在同一张平面布置图时，水平方向的管道用单一线条来表示，水平方向的给水管道用粗实线绘制、排水管道用粗虚线绘制；竖直的管道用小圆圈表示。常用“J”作为给水系统和给水管的代号，用“P”作为排水系统和排水管的代号。

当建筑物的给水引入管或排水排出管的数量超过 1 根时，宜进行编号，编号宜按图 9-1 的方法进行。建筑物内穿越楼层的立管，其数量超过 1 根时宜进行编号，编号应按管道类别和代号自左至右分别进行，如图 9-2 所示。

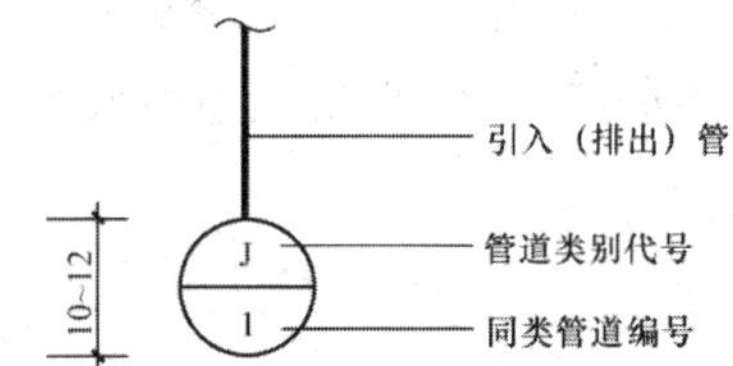

图 9-1　给水引入(排水排出)管编号表示

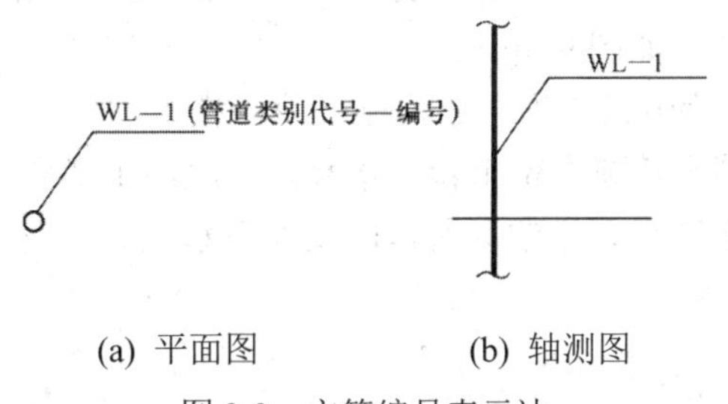

(a) 平面图　　(b) 轴测图

图 9-2　立管编号表示法

由于给水排水管道在平面图上难以表明它们的空间走向，所以在给水排水工程图中一般都要绘制管道系统轴测图。管道系统轴测图通常采用 45° 正面斜轴测投影法绘制，给水管道、排水管道分别绘制管道系统轴测图。给水管道和排水管道用单一的粗实线来表示，管道布置方向与平面图一致，并按比例绘制。当局部管道按比例不易表达清楚时，该处可不按比例绘制。轴测图中管道的管径、标高、类别代号及编号，一律按照《建筑给水排水制图标准》(GB/T 50106—2010)中的规定进行标注。

3. 管道的标注方法

1) 管径

管道的管径必须标注在管道系统轴测图上。管径需标注“公称管径”，在管径数字前应加注代号“*DN*”，如 *DN*50 表示公称管径为 50 mm。管径一般可标注在管段的旁边，如无地方时则可用引出线引出标注。

2) 标高

室内给水排水工程图汇总应标注相对标高，并与建筑图一致。对于建筑物，应标注室内地面、室外地面、各层楼面及屋面等标高；对于管道，通常应标注该管段的中心线高程。

三、室内给水工程图

室内给水工程主要是把水自室外管网引入室内，在保证需要的水压和满足用户对水质要求的情况下，输送足够的水到各种卫生器具、配水龙头、生产设备和消防装置等用水点，以满足生活、生产和消防的需要。

1. 室内给水系统的组成

(1) 引入管：又称进户管，是指自室外管网通过建筑物外墙引入房屋内部的一段水平管。

(2) 量测配件：包括压力表(测水压)、文氏表(测流量)、水表(记录用水量)等。

(3) 室内配水管网：包括干管、立管和支管等。

(4) 配水器具与附件：包括各种配水龙头、阀门等。

(5) 水箱及升压设备：应配备水箱以供消防等紧急用水；当水压不足时，需要设置水泵。

2. 室内给水系统的布置方式

1) 根据干管敷设位置不同划分

根据干管敷设位置的不同，室内管网通常可分为下行上给式和上行下给式两种：

(1) 下行上给式。干管敷设在地下室或第一层地面下，一般用于住宅、公共建筑以及水压能满足要求的建筑物，如图 9-3(a)所示。

(2) 上行下给式。干管敷设在顶层的顶棚上或阁楼中，由于有时室外管网给水压力不足，建筑物上需要设置蓄水箱或高位水箱和水泵，一般用于多层民用建筑，公共建筑或生产流程不允许在底层地面敷设管道的场所，以及地下水位高、敷设管道有困难的地方，如图 9-3(b)、(c)所示。

2) 根据干管与立管的关系划分

根据配水干管或配水立管是否互相连接成环状来分，室内管网可以布置成环形和树枝形两种：

(1) 环形。环形干管首尾相接，有两根引入管，一般用于生产性建筑，如图 9-3(a)所示。

(2) 树枝形。树枝形干管首尾不相接，只有一根引入管，支管布置形状像树枝，一般用于民用建筑，如图 9-3(b)、(c)、(d)所示。

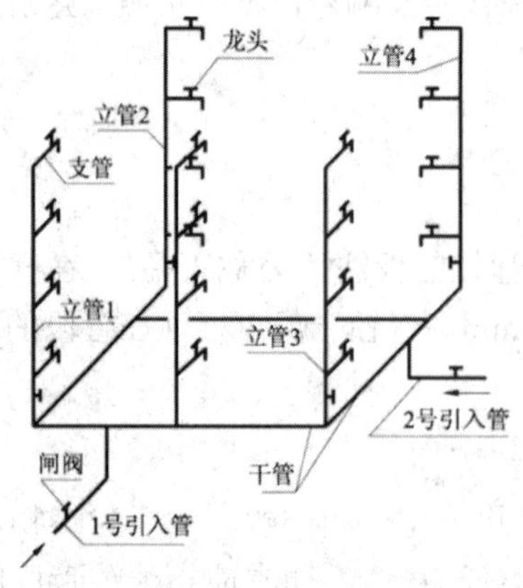

(a) 直接给水的水平环形下行上给式布置

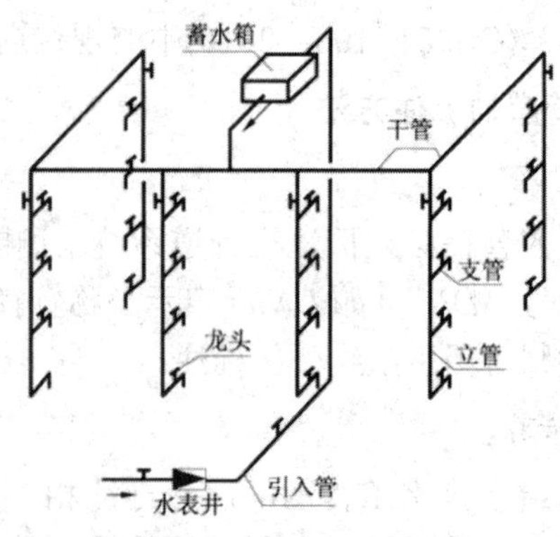

(b) 设水箱的树枝形上行下给式布置

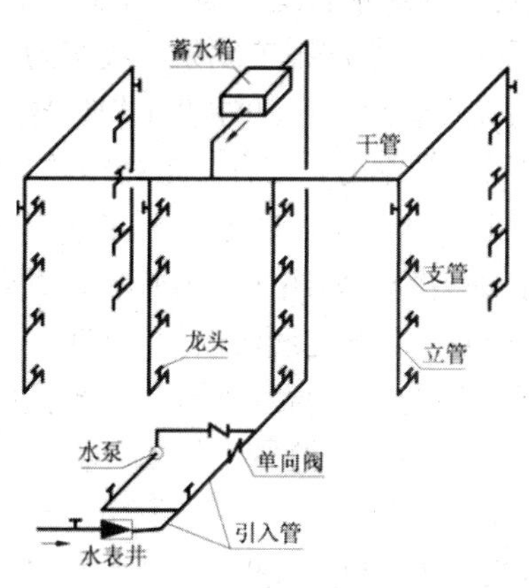

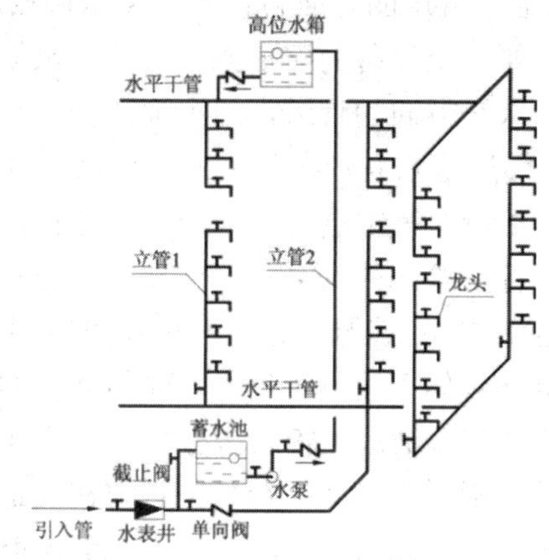

(c) 设水箱和水泵的树枝形上行下给式布置　(d) 设水箱和水泵分区给水的树枝形布置

图 9-3　室内给水系统的给水方式及布置方式

3. 室内给水管道平面图

1) 室内给水管道平面图的内容、画法及图示特点

室内给水管道平面图是室内给水工程图的重要图样，是绘制室内给水管道系统轴测图的重要依据，它是在建筑平面图的基础上用来表达用水房间内卫生器具的平面位置及给水管道的布置情况的。因此，在房屋建筑内部，凡需用水的房间，都需要配以给水器具和卫生设备并布置管道。现以图 9-4 所示的某水厂办公楼卫生间的给水管道布置为例，说明室内给水管道平面布置图的内容、画法及图示特点。

(1) 比例。室内给水管道平面布置图的比例，可采用与房屋建筑平面图相同的比例，一般为 1∶100。如果用水房间的设备或管道较复杂，可采用 1∶50 或 1∶25 局部放大用水房间的平面图。

(2) 建筑平面图的内容及图示特点。建筑平面图中的墙和柱等轮廓线，门窗、楼梯、台阶等部分都用线宽为 0.25*b* 的细实线绘出，其他一些细部结构可以省略不画。为使土建施工与管道设备的安装能互相核实，在各层的平面布置图上，必须标注墙、柱的定位轴线编号和轴线尺寸，室外地坪及各楼层地面标高。这些标注必须与建筑施工图中的平面图一致。底层平面布置图还应画出指北针以指示房屋朝向，指北针应在底层平面布置图的右上方。

底层平面布置图应画出整幢房屋的建筑平面图，各楼层平面图只需绘出与用水设备和管道布置有关的房间的局部平面图。

(3) 卫生器具与用水设备的平面布置图及图示特点。在房屋建筑内部，凡需用水的房间，都需要配以卫生器具和配水设备，各类卫生器具和配水设备均要按国家标准规定的图例，用线宽为 0.5*b* 的中实线按比例画出其平面图的外形轮廓，内轮廓以线宽为 0.25*b* 的细实线绘出。对于常用的卫生器具和配水设备，如洗脸盆、大便器、小便器等，都是工业定型产品，施工时可按给水排水国家标准图集进行安装。对于非定型产品，如盥洗槽、污水池等，施工时则按建筑专业要求绘制的施工详图进行安装。各类标准的卫生器具都不标注其外形尺寸，只标注其定位尺寸。图 9-4 中显示了 6 个蹲便器、2 个污水池、3 个小便器、4 个洗脸盆及 5 个地漏的平面布置情况。

(4) 给水管道的平面布置图及图示特点。管道是室内给水管道平面布置图的主要内容，给水管道要画至设备的配水龙头或冲洗水箱的支管接口。通常用单线条、线宽为 b 的粗实线来表示水平方向的管道，用小圆圈表示穿楼层的竖直管道，并加注“JL”代号表示给水立管，穿楼层给水立管在两个或两个以上时，要加注立管编号，且各楼层相一致，如图 9-4 中的 JL—1 等。在本层内空间转折的立管，平面图上不加表示。底层平面布置图应画出引入管、下行上给式的水平干管、立管、支管和配水龙头等，如图 9-4(a)所示。对于上行下给式的给水方式，应画出顶层平面布置图中的水平干管等。管道线仅表示管道的安装位置，并不表示其具体平面位置尺寸，如与墙面的距离等。因此，在给水管道平面布置图上一般不必标注管径、坡度、管长等数据，管径和坡度在管道系统轴测图中标出，管长则可在施工安装时，根据设备间的距离，直接在实地测量后得到。

例如，图 9-4(a)中，第一号给水引入管自房屋定位轴线⑧、⑨之间进入室内，通过底层水平干管进入三个给水立管，分三路供水。第一路通过 JL—1 立管分两层，通过支管送入小便器和污水池。第二路通过 JL—2 立管分两层，由支管送入洗脸盆和蹲便器。第三路通过 JL—3 立管分两层送入污水池。

多层房屋给水管道平面布置图原则上应分层绘制，对于用水房间的卫生器具及管道布置完全相同的楼层，可以绘制一个平面布置图，但是底层平面布置图必须单独绘出，以反映室内外管道的连接情况。

2) 室内给水管道平面图的绘制步骤

绘制室内给水管道平面图时，一般先绘制底层给水管道平面图，再画其余各楼层的给水管道平面图。

以图 9-4(a)底层平面图为例，介绍管道平面图的绘制步骤如下：

(1) 画建筑平面图。

(2) 画卫生设施的平面布置图。

(3) 画给水管道的平面布置图。

(4) 画必要的图例，如指北针等。

(5) 注写应标注的尺寸、标高、编号和必要的说明文字等。

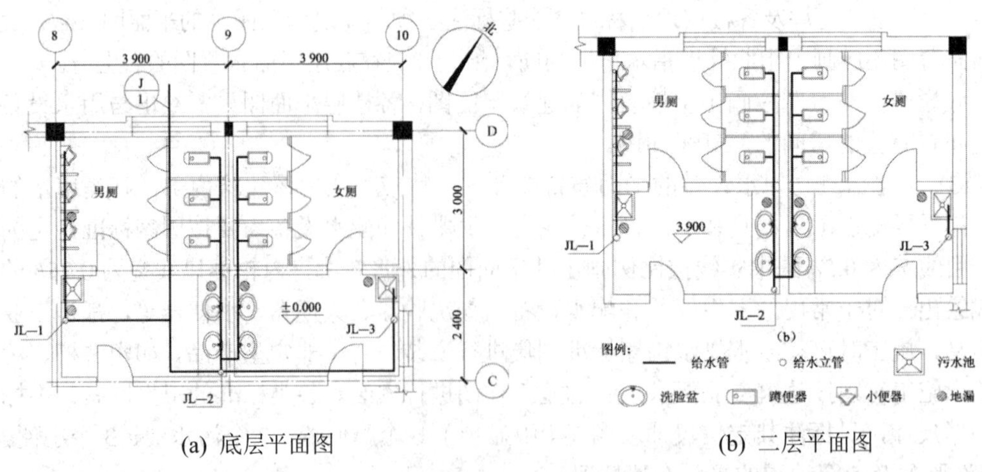

(a) 底层平面图　　(b) 二层平面图

图 9-4　某水厂办公楼卫生间的给水管道平面布置图

4. 室内给水管道系统轴测图

室内给水管道平面图已表示了用水设备、卫生器具的平面位置和给水管道水平方向的走向，还应配以立体图来表示给水管系空间布置和转折情况。通常采用 45° 正面斜等轴测来绘出给水管系的立体图，以反映给水管系的全貌。图 9-5 是根据图 9-4 给水管道平面图绘出的给水管道系统轴测图。

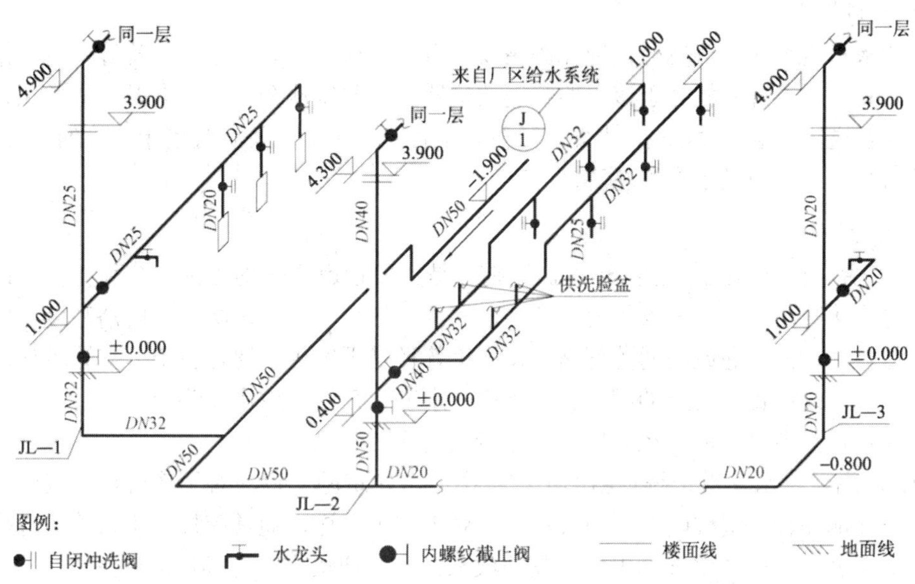

图 9-5 室内给水管道轴测图

1) 轴向选择

给水管道系统轴测图选用正面斜等轴测图，该轴测图的 *OZ* 轴上下竖直安放，*OX* 轴水平横向安放，两轴夹角为 90°；*OY* 轴前后斜向安放，一般与水平方向成 45°，各轴向的变形系数都为 1。画管道轴测图时，管道中的立管沿 *OZ* 轴向画，左右方向的水平管道沿 *OX* 轴向画，前后方向的水平管道沿 *OY* 轴向画，其选择原则是使图上所示管道简单明了，避免图上管道过多交叉。

2) 比例和图形

给水管道系统轴测图是沿着轴测图轴向采用与管道平面布置图相同的比例及图线绘出的，比例为 1∶100 或 1∶50，管道为粗实线。

3) 图示内容、画法

在给水管道系统轴测图上，只需绘制管道、配水设备及给水附件。

当管道穿越地面、墙面时，可示意性地用细实线画成地面线及墙面线，墙面线中间画斜向图例线。

绘制管道时，管道的布置方向与平面图一致，并按比例绘制。局部管道按比例不易表达清楚时，可不按比例绘制。*OX* 和 *OY* 轴向的长短可直接从给水管道平面图中量取，*OZ* 轴向穿层立管的高度与房屋净高、各楼层地面标高有关，可根据房屋建筑剖面图的高度尺寸来设计。凡不平行于轴测图轴向方向的管道，需用坐标定位法，首先确定管段起止两点的轴测图位置，然后连线画出。画配水设备及给水附件时，各种用水设备的高度由专业设计要求决定，并用图例符号绘出。

空间交叉的管道在轴测图中相交时，可根据两管道前后、上下的可见性，在相交处将前面或上面的管道画成连续的，而后面或下面的管道画成断开的。管道布置相同的部分可采用省略画法，但要注明同某层，如图 9-5 所示的“同一层”。

4) 绘制步骤

画给水管道系统轴测图时，应先画主要的管道，如引入管、水平干管等；再根据其他管道，如立管、支管等相对于该主要管道的位置，按照轴测图中的方向及距离关系，逐步地画出各管道，并绘出截止阀、水龙头等附件的图例符号，以及与管道相连接的主要设备，设备可用细实线画出其示意性轮廓。

5) 标注

(1) 管径。给水系统管径的标注，原则上是每段管道一般均需标注公称直径，但在距离较长的连接管段中，可在管径变化的始段和终段注出，如不影响图示的清晰度，中间管段可省略标注。在三通或四通的管路中，不论管径是否发生变化，各个分支管段均需注出管径。至于装设在各管段上的阀门、截止阀、水表、角阀、放水龙头等附件，除特殊规格外，其管径均与各管段的管径相同，无须专门注出。

(2) 标高。给水管道系统轴测图上的标高应与建筑图一致，对于建筑物，应标注室内地面、室外地坪、各层楼面及屋面等标高。对于给水管道，通常应标注引入管、各分支横管、水平管道、阀门、水表和卫生器具的放水龙头、连接支管等部位的标高。

四、室内排水工程图

室内排水工程的任务，是将房屋内的生活污水或车间生产设备排出的工业污(废)水以及落到屋面上的雨雪水，通过室内排水管道及时排至室外排水管道系统，同时保证管内污水不渗漏，不使室外管道中的有害气体和虫类进入室内，不污染周围的环境。

1. 室内排水管道的分类

根据排出的污(废)水的不同性质，室内排水管道可以分为 3 类。

1) 生活污水管道

生活污水管道用以排出人们日常生活中盥洗、洗涤所产生的生活废水和粪便污水。

2) 工业废水管道

工业废水管道用以排出工矿企业生产过程中所产生的污水和废水。

3) 雨水管道

雨水管道用以排出屋面上的雨水和融化的雪水。

2. 室内排水系统的组成

下面以生活污水系统为例，说明建筑室内排水系统的主要组成部分。

1) 污(废)水收集器

污(废)水收集器指各种卫生器具、排放生产污水的设备和雨水斗等。

2) 排水管道及附件

(1) 存水弯：用存水弯的水封隔绝和防止有害、易燃气体及虫类通过卫生器具泄水口侵入室内。常用的管式存水弯有 S 形和 P 形。

(2) 连接管：连接卫生器具和排水横支管之间的一段短管。除坐式大便器外，器具排水管上都设有存水弯。

(3) 排水横支管：连接器具排水管和立管之间的水平支管，将卫生器具的污水排至立管，排水横支管应具有一定的坡度，且坡向排水立管。当大便器多于一个或卫生器具多于两个时，排水横支管应设有清扫口。

(4) 排水立管：在垂直方向连接各楼层排水横支管的立管，将各层流出的污水排至排出管。立管在首层和顶层应设有检查口，多层建筑中则每隔一层应有一个检查口，检查口距地面高度为 1.1 m。

(5) 排出管：室内立管与室外检查井之间的连接横管，排出管应具有一定的坡度，且坡向检查井。

3) 通气管

通气管是指顶层检查口以上伸出屋面的一段立管，通气管用以排出室内外排水管道中的有害气体和臭气，并向管内补充新鲜空气，以利于水流通畅，保护存水弯水封。通气管应高出屋面不小于 0.3 m(平屋面)或 0.7 m(坡屋面)，同时必须大于最大积雪厚度。

布置室内排水系统时应注意：立管布置要便于安装和检查；立管应尽量靠近污物、杂质最多的卫生设备(如大便器、污水池)，横管向立管方向应有坡度；排出管应选最短长度与室外管道连接，连接处应设检查井。

3. 室内排水管道平面图

室内排水管道平面图用来表达室内排水管道、排水附件及卫生器具的平面位置，各种卫生器具的类型、数量，各段排水管道的位置和连接情况等内容。现以图 9-6 所示的某水厂办公楼卫生间的排水管道布置为例，说明室内排水管道平面布置图的内容、画法及图示特点。

建筑平面图、卫生器具和用水设备平面图的内容、要求与给水管道平面布置图相同。在室内排水管道平面布置图中，水平方向的排水管道通常用单线条粗虚线表示，排水立管用小圆圈表示，并标注立管的类别及编号，如图 9-6 的 PL—1、PL—2。排水管道应画至卫生器具的排水泄水口处，底层平面布置图还应画出排出管和室外检查井，并在排出口处标注排水系统的类别和编号，以及注出排出管与建筑定位轴线的尺寸关系。图 9-6(a)中的第一号排水系统的排出管与定位轴线的距离为 320 mm，第二号排水系统的排出管与定位轴线的距离为 320 mm。

由图 9-6 可知，图中有两个排水系统，第一号排水系统是将左边每层男厕中的 3 个小便器、1 个污水池、3 个地漏、2 个洗脸盆及 3 个蹲便器的污水经排水支管输送，汇入第一号排水立管 PL—1，最终进入第一号排水系统。第二号排水系统是将右边每层女厕中的 1 个污水池、2 个地漏、2 个洗脸盆及 3 个蹲便器的污水经排水支管输送，汇入第二号排水立管 PL—2，最终进入第二号排水系统。最后，两个排水系统的污水均排入厂区的排水系统中。

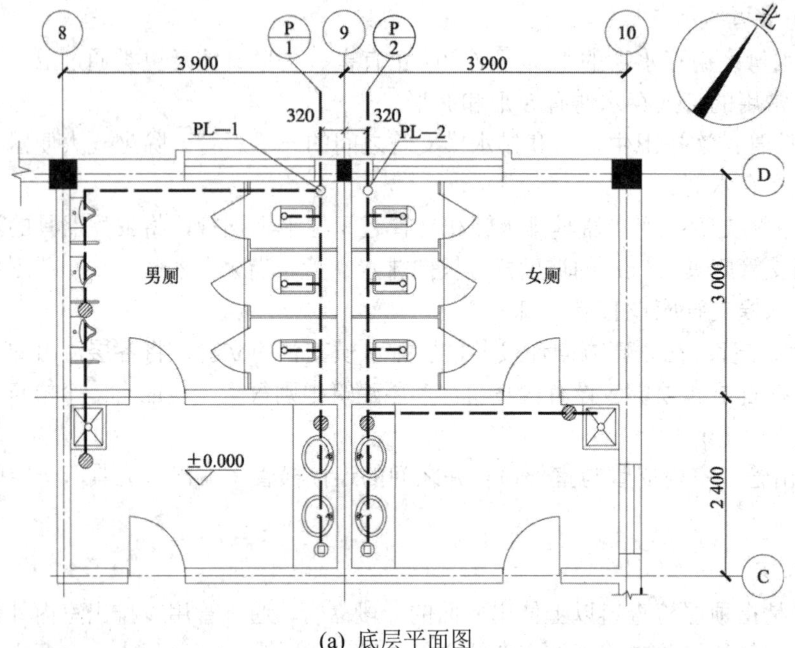

(a) 底层平面图

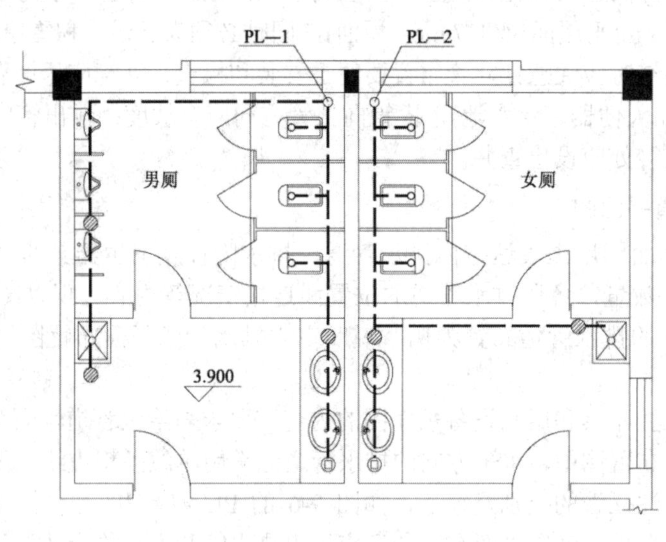

(b) 二层平面图

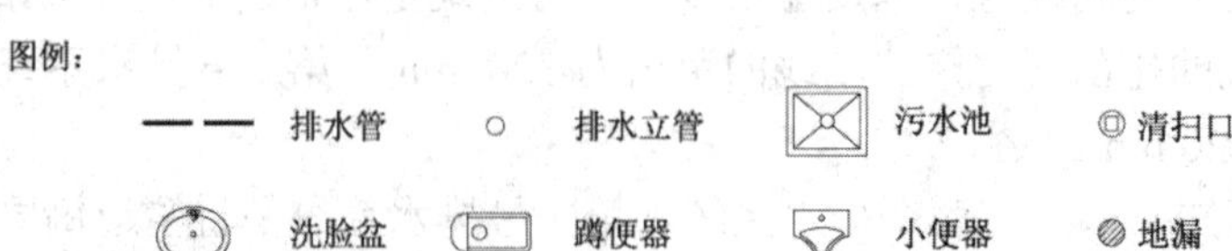

图 9-6　某水厂办公楼卫生间的排水管道平面布置图

4. 室内排水管道系统轴测图

1) 图示特点

排水管道系统轴测图用以表示其空间连接和转折情况。排水管道系统轴测图仍选用正面斜等测。在同一幢房屋中，排水管道轴测图的轴向选择应与给水管道轴测图一致。排水管线在轴测图中用粗实线绘制。连接卫生器具的排水管要画至存水弯，如果管端部连接的是地漏或清扫口，要将其按图例符号画出。在排水立管上要按图例画出检查口及通气管系，并按规定标明检查口的位置以及立管顶部通气管、通气帽的设置高度。

排水管道轴测图一般不表示管件的连接方式，但应注明各段管道的公称直径 *DN* 及水平排水管的管内底标高、坡度方向及大小。同时，注出与平面布置图相应的立管类别代号、编号，以及排水管系出口的名称代号及编号，如图 9-7 所示的立管类别代号、编号 PL—1、PL—2 等。

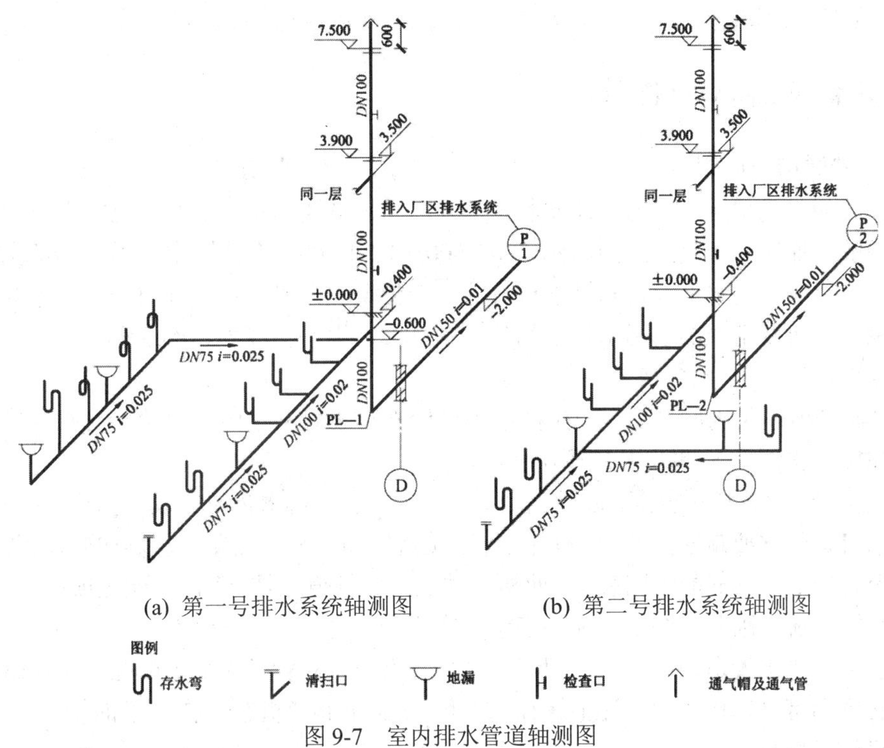

图 9-7 室内排水管道轴测图

图 9-7 是根据图 9-6 所示排水管道平面图绘出的排水管道轴测图，两个排水系统分别绘制。第一号排水系统是用来输送男厕污水的，如图 9-7(a)所示。每层男厕中的 3 个小便器、1 个污水池和 2 个地漏的污水是在本层地面以下 0.600 m 处进入一条排水横支管；2 个洗脸盆、3 个蹲便器和 1 个地漏的污水是在本层地面以下 0.400 m 处进入另一条排水横支管，两条排水横支管汇入第一号 *DN*100 的排水立管 PL—1，最后进入标高为−2.000 m 的排出管 *DN*150。第二号排水系统是用来输送女厕污水的，如图 9-7(b)所示。每层女厕中的 1 个污水池、2 个地漏、2 个洗脸盆及 3 个蹲便器的污水在本层地面以下 0.400 m 处进入排水横支管，为避免排水横支管上的存水弯与其他图线交叉太多，存水弯画在了排水横支管的左侧，之后汇入第二号 *DN*100 的排水立管 PL—2，最后进入标高为−2.000 m 的排出管 *DN*150。两个排水系统的污水通过检查井排入厂区的排水系统中。从图中还可以看到，排水横支管的端部设有清扫口，排水立管上距地面 1.100 m 处设有检查口，在顶层楼检查口以上设置通气管伸至屋面外，管端部设有通气帽。

2) 绘制步骤

(1) 确定轴测轴。

(2) 一般先画排出管，再画排水横支管，最后画立管。

(3) 根据设计标高确定立管上的地面、楼面和屋面。

(4) 根据卫生器具、管道附件(如地漏、清扫口、检查口及通气帽等)的安装标高以及管道坡度来决定排水横支管的位置。

(5) 画出卫生器具的存水弯、连接管，并绘出管道附件的图例符号。

(6) 画出各管道所穿墙的断面图例。

(7) 在适当位置注写管径、坡度、标高、编号以及必要的文字说明等。

五、室外管网及附属设备图

1. 室外管网平面图

为了说明新建房屋室内给水排水管道与室外管网的连接情况，通常还需用小比例画出室外管网的平面图，一般采用的比例为 1∶500、1∶1 000。在此图中只画出局部室外管网的干管，能说明与给水引入管和排水排出管的连接情况即可。室外管网平面布置图以管网布置为重点，所以用中实线画出建筑物外墙轮廓线，用粗实线表示给水管道，用粗虚线表示排水管道。

图 9-8 是前述某水厂办公楼卫生间的室外给水排水管网平面布置图。给水与排水管网布置画在同一张图纸上(也可分别画出)。

画图时，给水管道布置中，应画出消火栓和水表井；给水管道一般只标注直径和长度。由于排水管道经常要疏通，因此所有排水管的起端、两管相交点和转折点均要设置检查井。检查井用直径 2～3 cm 的小圆表示。两检查井之间的管道应是直线，不能画成折线或曲线。排水管是重力流，因此在图上用箭头表示流水方向。

为了说明排水管道、检查井的埋设深度、管道坡度、管径大小等情况，对较简单的管网平面布置图可以直接在图中注上管径、坡度、流向和检查井处各向管子的管底标高(室外管道标注绝对标高)。

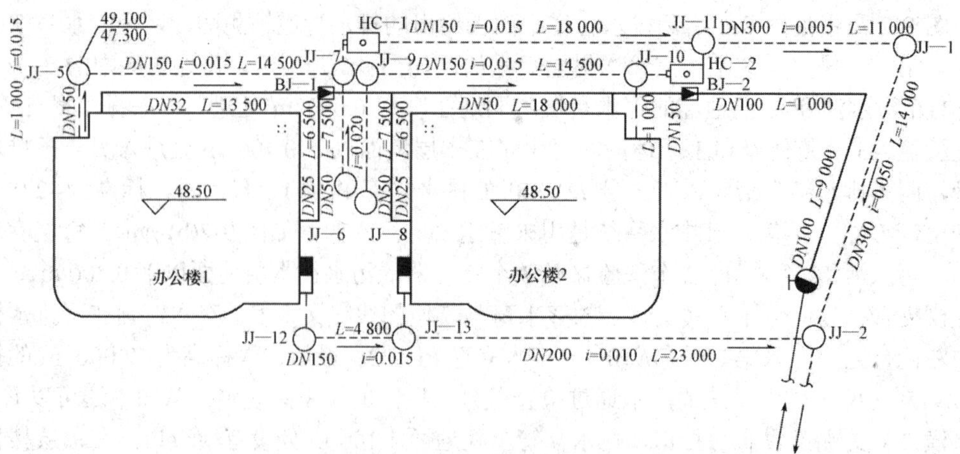

图 9-8　某水厂办公楼卫生间的室外给水排水管网平面布置图

2. 管道上的构配件详图

凡平面布置图、系统图中局部构造，因受图面比例影响，表达不完善或不能表达的，为使施工不出现失误，必须绘制施工详图，以指导安装。详图一般采用1∶25～1∶5的比例画出，应做到投影关系清楚、尺寸注写充分、材料和规格说明清楚，并应使平面布置图和管网轴测图上的有关安装位置和尺寸，与详图上相应的位置和尺寸完全相同，以免施工安装时引起差错。

第二节　采暖通风工程图

一、采暖工程图

采暖工程是指在冬季创造适宜人们生活和工作的温度环境，保证各类生产设备正常运转，保证产品质量的一整套工程设施。室内采暖工程图包括室内采暖平面图、室内采暖轴测图(又称系统图)和详图，特殊需要时可增加剖面图。

1. 采暖工程的组成

(1) 产热部分，即热源，如锅炉房、热电站等。

(2) 输热部分，即由热源到用户输送热能的热力管网。

(3) 散热部分，即各种类型的散热器。

(4) 主要设备，即使采暖系统能正常工作的控制和调节设备，如水泵、膨胀水箱、集气罐、疏水器及各种阀门等。

2. 采暖工程的分类

采暖工程按热媒不同，一般分为热水采暖和蒸汽采暖，其采暖管道的布置方式大致相同。现以热水采暖系统为例，从不同的角度出发，来说明它的不同分类。

(1) 按照系统中促使热水循环推动力的不同，可分为以下两种：

① 自然循环：靠热水与低温回水的密度差使水循环，适用规模较小的建筑物。

② 机械循环：靠水泵所产生的压力使水循环，适用规模较大、管道长及内部阻力大的建筑物。

(2) 按照热水主管的布置方式不同，可分为以下两种：

① 向下供给式：又称上供式、上分式等，热水主管设于系统的所有散热器之上，而回水主管则设于所有散热器之下。

② 向上供给式：又称下供式、下分式等，热水主管及回水主管均敷设在系统中所有散热器之下。

(3) 按照多层建筑物中散热器在立管上的连接方式是串联还是并联，可分为以下两种：

① 单管系统：指同一位置各层散热器的进水、出水口连接在同一根立管上，包括顺流式和跨越式两种。

② 双管系统：指各层散热器的进水管及出水管分别由两根立管相连接。

图9-9为自然循环双管上分式热水采暖系统。该系统的工作过程为：工作前先打开充

水管 9 的阀门，向系统内充水。系统中的空气从膨胀水箱 P 排出。水在锅炉 G 中被加热，在系统的作用力下，沿着供水总立管 1、供水干管 2、供水立管 3、供水支管 4 流进散热器 S 内。热水通过散热器散发能量，从散热器流出来温度降低的回水，沿着回水支管 5、回水立管 6、回水干管 7、回水总立管 8 流回锅炉再进行加热。支管和立管上的阀门可起调节作用，根据需要系统中的水可通过放水管 10 放掉。

图 9-10 为自然循环单管顺流式上分式热水采暖系统，该形式的热水立管将散热器串联起来，使各楼层散热器的进水温度不同，越上层温度越高，越下层温度越低。

图 9-11 为机械循环上分式热水采暖系统，该系统利用水泵 B 产生的压力使水循环，系统中的空气靠集气罐排出，而膨胀水箱起着吸收系统中由于温度影响引起的水的膨胀量的作用。

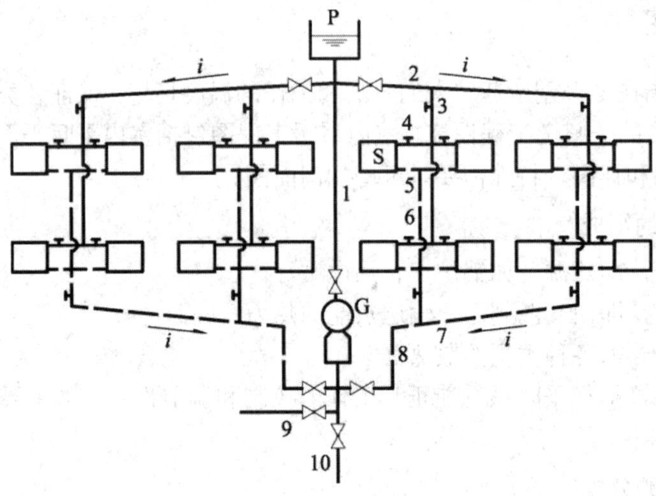

G—锅炉；P—膨胀水箱；S—散热器；1—供水总立管；2—供水干管；3—供水立管；4—供水支管；5—回水支管；6—回水立管；7—回水干管；8—回水总立管；9—充水管(给水管)；10—放水管

图 9-9　自然循环双管上分式热水采暖系统

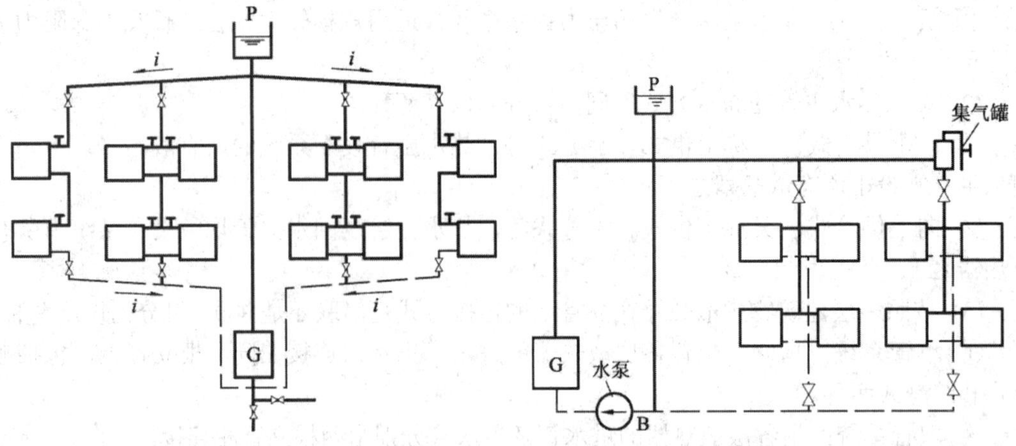

图 9-10　自然循环单管顺流式上分式热水采暖系统　　图 9-11　机械循环上分式热水采暖系统

3. 室内采暖工程图的画法及要求

1) 比例

绘图时应根据图样的用途和物体的复杂程度优先选用常用比例，特殊情况允许选用可用比例。室内采暖平面图、采暖轴测图常用的比例为1∶50或1∶100。

2) 线型及用途

线型及用途如表9-2所示。

表9-2 线型及用途

线型名称	线宽	用 途
粗实线	b	用于绘制采暖供水干管、供气干管和立管
中实线	$0.5b$	用于绘制散热器及其连接支管线和采暖设备的轮廓线
细实线	$0.25b$	用于绘制采暖平面图中房屋建筑构造轮廓线以及尺寸、图例、标高和引出线等
粗虚线	b	用于绘制采暖回水管、凝结水管
细点画线	$0.25b$	用于绘制建筑定位轴线
细虚线	$0.25b$	用于绘制采暖地沟轮廓线

3) 图例

采暖工程的常用图例如表9-3所示。

表9-3 采暖工程常用图例

名 称	图 例	名 称	图 例
供水(气)管采暖回(凝结)水管	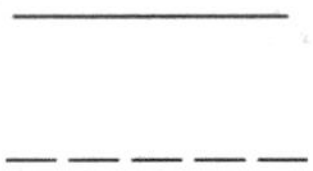	散热器	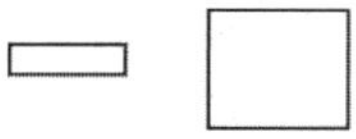
截止阀	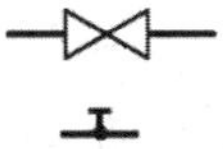	闸阀	
手动调节阀	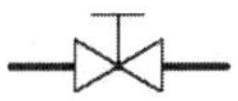	自动排气阀	
集气罐、 排气装置	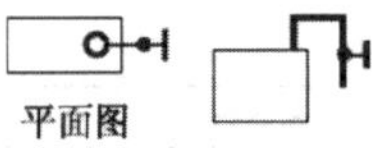 平面图	固定支架	
散热器及手动放气阀	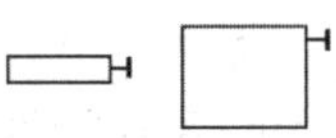	水泵	 左侧为进水，右侧为出水

4) 标高和坡度

(1) 需要限定高度的管道，应标注相对标高。

(2) 管道应标注管中心标高并应标注在管段的始端或末端。

(3) 散热器宜标注底部标高，同一层、同标高的散热器只标右端的一组。

(4) 坡度用单面箭头表示，数字表示坡度，箭头表示坡向。

5) 管道转弯、连接和交叉的画法

管道转弯、连接和交叉表示法如图 9-12 所示。

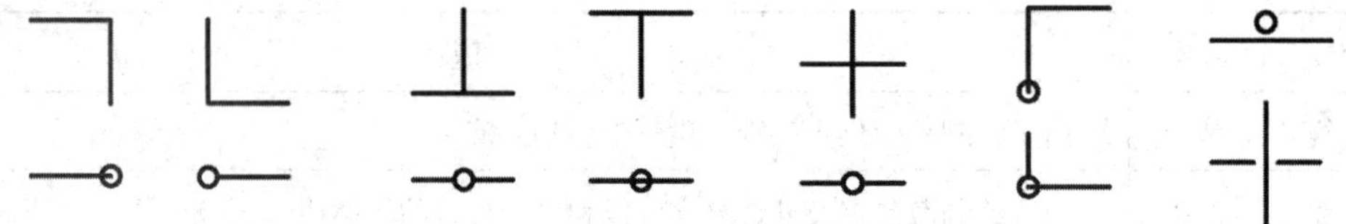

图 9-12　管道转弯、连接和交叉表示法

6) 管径标注

管径尺寸标注的位置如图 9-13 所示，具体有如下几处：

(1) 管径变径处；

(2) 水平管道的上方；

(3) 斜管道的斜上方；

(4) 竖直管道的左侧。

同一种管径的管道较多时，可不在图上标注管径尺寸，但应在附注中说明。

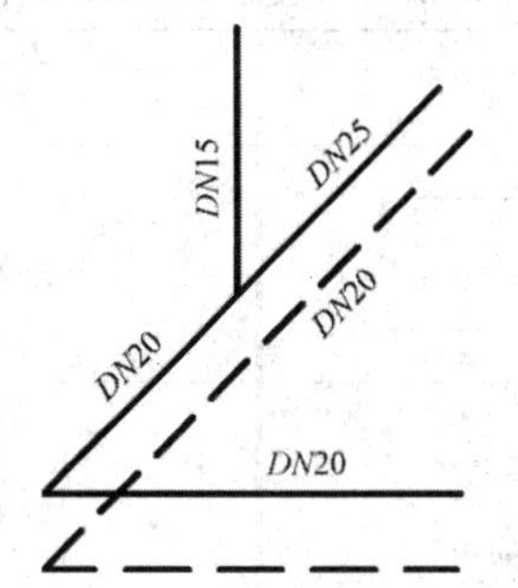

图 9-13　管径尺寸标注的位置

7) 散热器与管道连接的各种画法及散热器的标注

图 9-14 为散热器的供水(供气)管道、回水(凝结水)管道的平面图画法，该图分别表示了双管系统和单管系统画法。

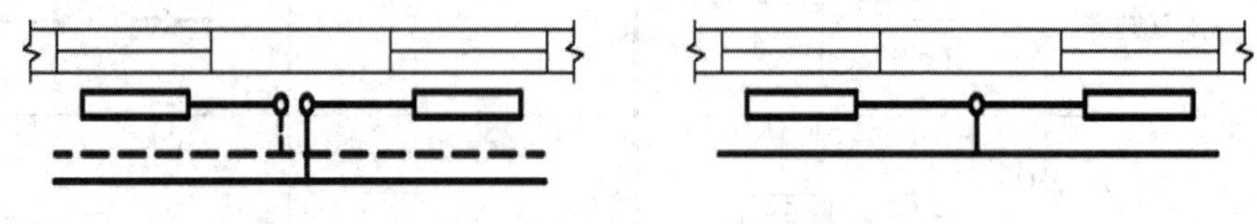

(a) 双管系统画法　　(b) 单管系统画法

图 9-14　散热器与管道连接的平面图画法

图 9-15 是采暖工程图中的散热器画法及标注。图中 14 为柱式散热器的片数；3 × 2 表示圆翼型散热器为 2 排，每排为 3 根。

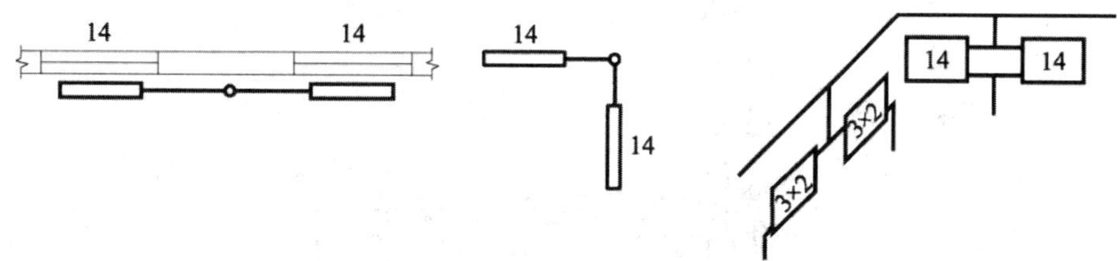

(a) 采暖平面图散热器画法　　(b) 采暖轴测图散热器画法

图 9-15　散热器画法及标注

8) 编号

(1) 采暖系统有两个或两个以上时，应进行系统编号。系统编号由系统代号和顺序号组成。系统代号由大写英文字母 N 表示，顺序号由阿拉伯数字表示，系统编号宜标注在系统总管处，如图 9-16 所示。

(2) 竖向布置的垂直管道系统应标注立管编号，如图 9-17 所示，在不致引起误解时，可只标注序号，但应与建筑轴线编号有明显区别。

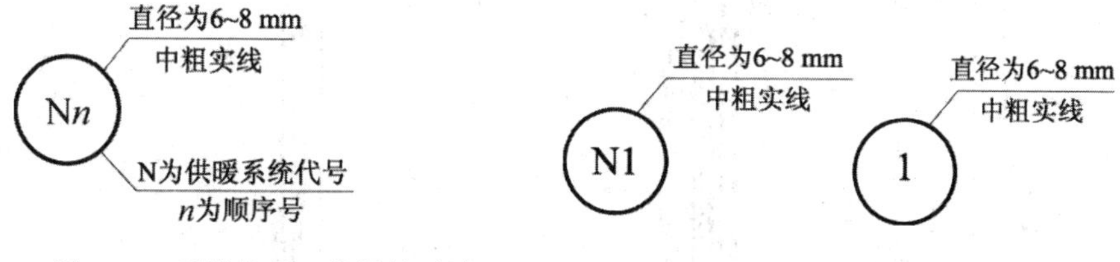

图 9-16　系统代号、编号的画法　　图 9-17　立管编号的画法

4. 采暖平面图

1) 室内采暖平面图的内容

室内采暖平面图是在房屋建筑平面图的基础上绘制的，多层房屋的采暖平面图原则上应分层绘制，管道系统布置相同的楼层可只绘制一个平面图。室内采暖平面图是在管道系统上水平剖切后的水平投影，是按正投影法绘制的。室内采暖平面图表示采暖管道及设备平面布置的情况，以图 9-18、图 9-19、图 9-20 所示某水厂办公楼的室内采暖平面图为例，主要说明以下内容：

(1) 散热器平面位置、数量及其安装方式(明装或暗装)。

(2) 采暖管道系统的干管、立管及支管的平面位置、走向，水平管道的管径及坡度情况，立管编号和管道安装方式(明装或暗装)。

(3) 采暖干管上的阀门、固定支架及补偿器等的平面布置情况。

(4) 采暖系统中有关设备如膨胀水箱、集气罐、疏水器(蒸汽采暖)等的平面位置以及设备连接管的平面布置情况。

(5) 热媒入口及入口地沟情况、热媒来源及流向情况。

(6) 管道及设备安装时所需的留洞、预埋件及管沟等与土建施工的关系和要求。

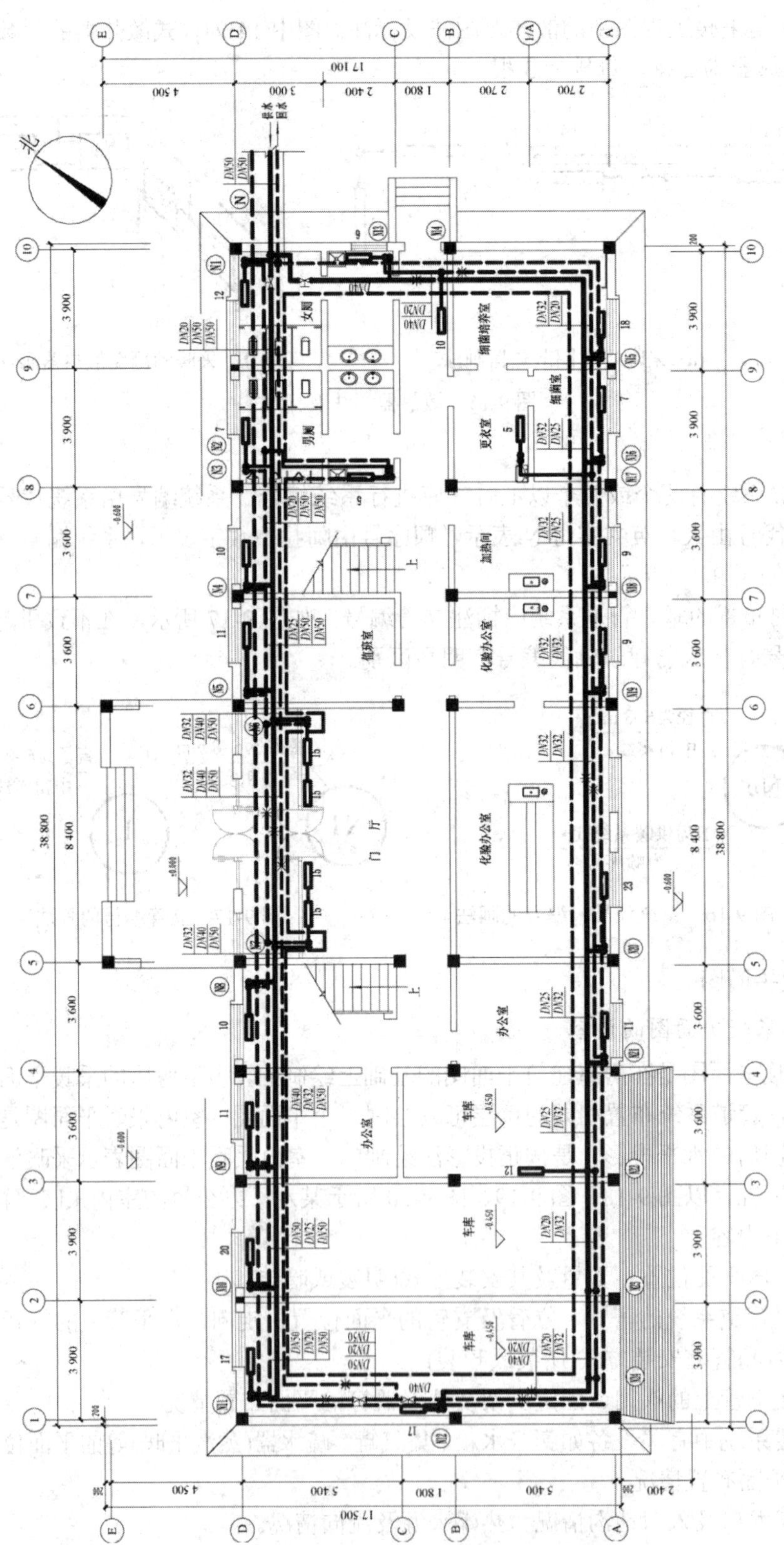

图 9-18　某水厂办公楼的室内采暖平面图(一)

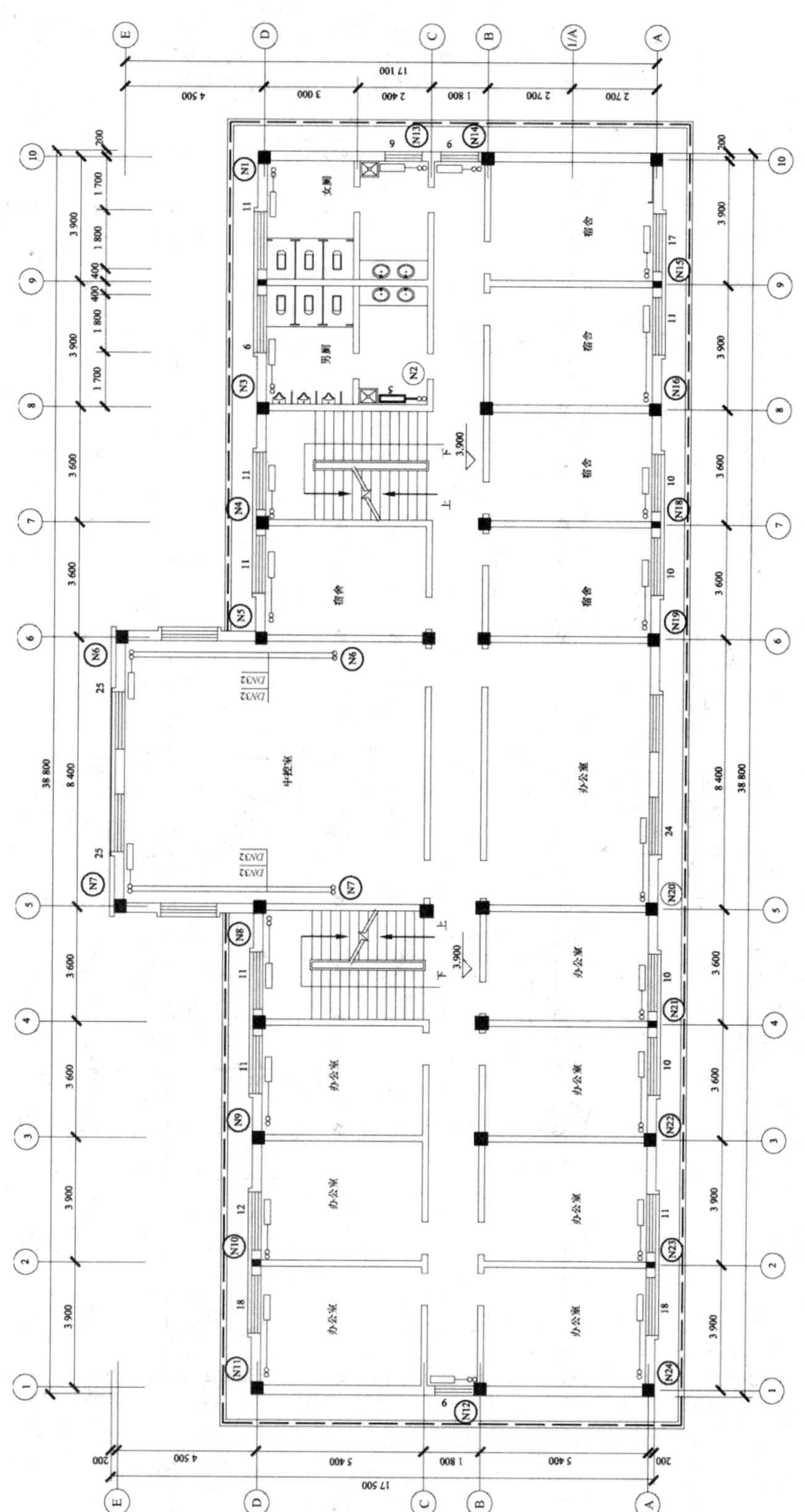

图 9-19 某水厂办公楼的室内采暖平面图(二)

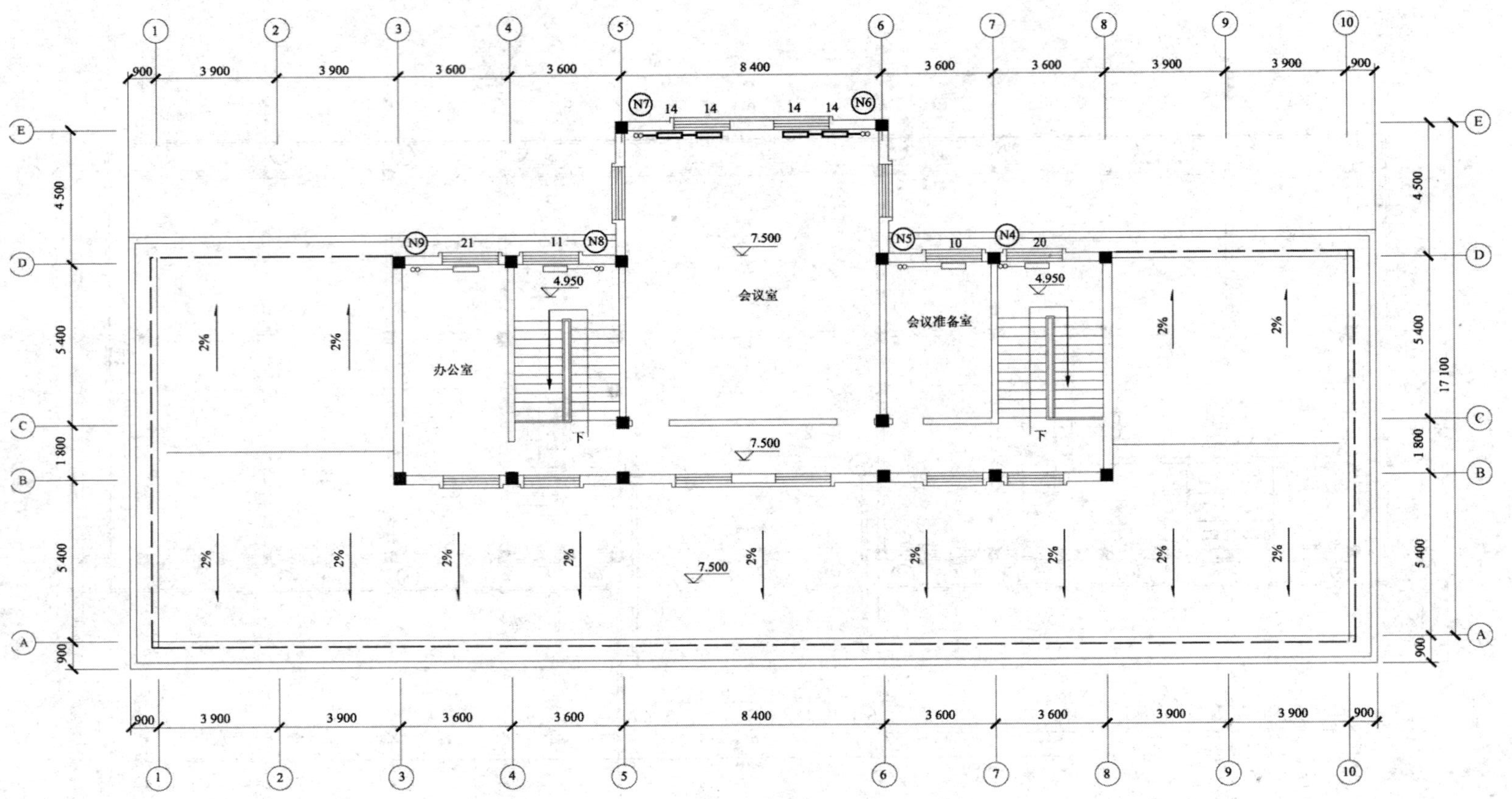

图 9-20 某水厂办公楼的室内采暖平面图(三)

由图 9-18～图 9-20 所示某水厂办公楼的室内采暖平面图可知，供水干管、回水干管都敷设在底层室内地沟内，供水主干管为 *DN*50，由靠近右侧轴线的地下管沟进入室内后，分成两条供水干管，一条供水干管与编号为Ⓝ1～Ⓝ11的供水立管相通，另一条供水干管与编号为Ⓝ12～Ⓝ24的供水立管相通，由各立管通向各散热器。与编号为Ⓝ1～Ⓝ11的供水立管相连的散热器散热后，经过回水立管进入一条回水干管；与编号为Ⓝ12～Ⓝ24的供水立管相连的散热器散热后，经过回水立管进入另一条回水干管。两条回水干管在左侧靠近轴线处汇合后，向北再向东与一条供水干管并行，经过轴线的外墙，到达室外采暖系统。由图中可以看出，该供热系统为双管下供下回式热水采暖系统。

从采暖平面图的标注可了解到采暖系统各处的管径、坡度情况，在各立管处都注出了立管编号，入口处注出了采暖系统编号，在散热器旁分别注出了散热器片数(该散热器为柱式散热器)。管道及散热器的定位尺寸另有标准的安装详图，不再另注。从图中还可了解到管道上的阀门、固定支架的敷设情况。

2) 室内采暖平面图的绘制要求

(1) 抄绘土建图样的建筑平面图的有关部分。室内采暖平面图中的房屋平面图不用于土建施工，仅作为管道系统及设备的平面布置和定位基准。因此，仅需抄绘房屋的墙身、柱、门窗洞、楼梯、台阶等主要构件的图例，其他房屋细部和有关代号等均可省略。同时，房屋的轮廓线一律简化为用细线绘制。

(2) 画出采暖设备的平面布置情况。散热器等主要设备及附件均按图例符号绘制，且要注出散热器的数量。

(3) 画出由干管(包括供水干管、回水干管等)、立管及支管组成的管道系统布置情况。各种管道不论在楼地面之上或之下，都不考虑其可见性，仍按管道类型以规定线型和图例画出。管道系统一律用单线绘制。

(4) 标注尺寸、标高、管径及坡度，注写系统和立管编号以及有关图例、文字说明等。

房屋平面尺寸一般只需在采暖平面图中注出轴线尺寸，另外要标注室外地面的整平标高和各层楼面标高。管道和设备一般都是沿墙布置的，不必标注定位尺寸，必要时，以墙面和柱面为基准标出。采暖入口定位尺寸应标注由管中心至所邻墙面或轴线的距离。管道的管径、坡度和标高都标注在管道的轴测图中，平面图中不必标注。管道的长度以安装时现场实测尺寸为依据，故图中不予标注。

5. 采暖轴测图

1) 内容

室内采暖轴测图是根据各层采暖平面中管道及设备的平面位置和竖向标高，用正面斜等测或正等测投影法以单线绘制而成的。它表明自采暖入口至出口的室内采暖管道系统、散热设备、主要附件的空间位置和相互关系。采暖轴测图注有管径、标高、坡度、立管编号、系统编号以及各种设备、附件在管道系统中的位置。因此，采暖轴测图基本上反映了室内采暖系统的全貌，是采暖工程图中不可缺少的图样。

图 9-21 为某水厂办公楼的室内采暖轴测图，该图基本反映了室内采暖系统的全貌，由

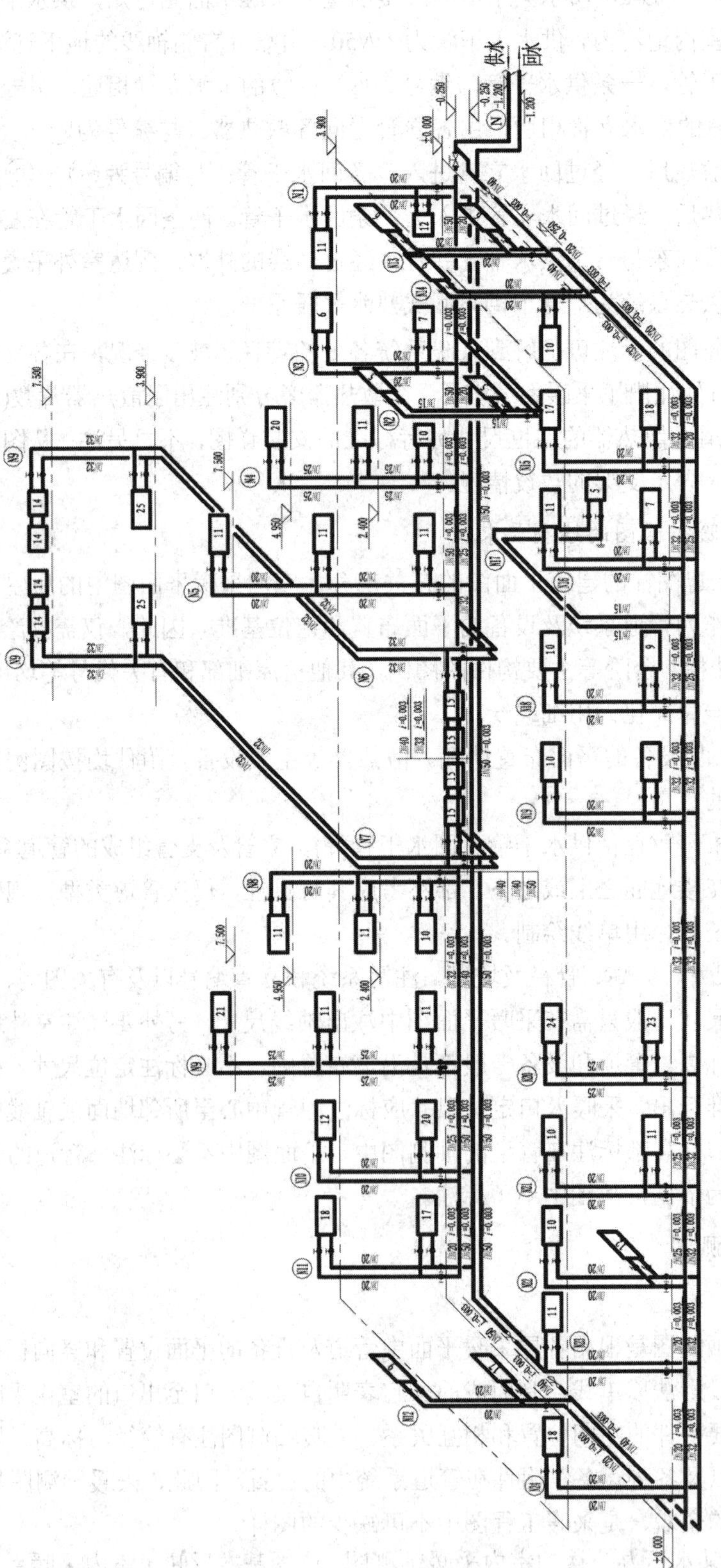

图 9-21 某水厂办公楼的室内采暖轴测图

图可知，室外供水总干管以标高为−1.200 m进入室内后，上升至标高为−0.250 m处分成两条供水干管，一条与(N1)～(N11)的供水立管相通，另一条与(N12)～(N24)的供水立管相通，由各立管通向各散热器。与(N1)～(N11)的供水立管相连的散热器散热后，经过回水立管进入一条回水干管，与(N12)～(N24)的供水立管相连的散热器散热后，经过回水立管进入另一条回水干管。两条回水干管始端的标高为 −0.250 m，在左侧靠近(N12)供水立管下端处汇合后，向北再向东与一条供水干管并行，以标高 −1.200 m 进入室外回水总管。从图中可以看出，该供热系统为双管下供下回式热水采暖系统。

从采暖轴测图的标注可了解到采暖系统各处的管径、坡度、标高的情况，在各立管处都注出了立管编号，入口处注出了采暖系统编号，在散热器旁分别注出了散热器片数(该散热器为柱式散热器)。从图中还可了解到管道上阀门的敷设情况。图 9-22 所示为室外采暖系统与室内采暖系统的导入口装置安装图，从图中可以看出室外采暖管道与室内采暖管道的连接情况，供水管道上有压力表、手动调节阀、截止阀等采暖附件，回水管道上有过滤器和阀门等附件。

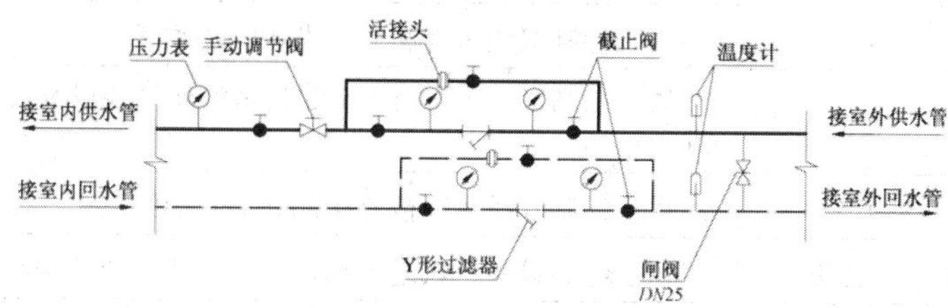

图 9-22　导入口装置安装图

2) *绘制方法及要求*

(1) 选择轴测类型，确定轴测方向。室内采暖系统轴测图一般均采用正面斜等轴测图，在轴测图中反映实长。

(2) 确定绘图比例。采暖轴测图一般采用与对应的采暖平面图相同的比例。当管道系统复杂时，也可放大比例。

(3) 按比例画出建筑楼层地面线，以便确定散热器的位置。

(4) 按采暖平面图上管道的位置，依系统及编号画出水平干管和立管。水平方向管道的长度、宽度及立管位置可以从采暖平面图上直接量取。绘制时要注意管道交叉、重叠时的处理方法。

(5) 依据散热器安装位置及高度画出各层散热器及散热器支管。

(6) 按设计位置画出管道系统中的主要附件，如阀门、集气罐、膨胀水箱等。

(7) 画出管道穿越房屋构件的位置，主要是供水干管与回水干管穿越外墙和立管穿越楼板的位置。

(8) 画出采暖入口装置，必要时加绘详图表示。

(9) 标注管径、标高、坡度、散热器数量以及管道系统、立管编号等。

二、通风空调工程图

通风空调工程图主要包括通风空调平面图、剖面图及轴测图，一般还另附有设备或构件的制作及安装详图、文字说明等。

1. 通风空调工程图画法及要求

通风空调平面图是按本层屋顶以下以正投影法俯视绘出的；通风空调剖面图是在其平面图上选择能反映系统全貌的部位直立剖切，剖切的投射方向一般宜向上、向左，绘出相应的剖面图；通风空调轴测图是用轴测投影法绘制而成的。通风空调工程图画法及要求如下。

1) 比例

绘制通风空调平面图、剖面图及轴测图的常用比例为 1∶50 和 1∶100。

2) 线型及用途

线型及用途如表 9-4 所示。

表 9-4 线型及用途

线型名称	线宽	用 途
粗实线	*b*	用于绘制单线风管
中实线	0.5*b*	用于绘制双线风管和通风设备的轮廓线
细实线	0.25*b*	用于绘制平、剖面图中土建构造的轮廓线以及尺寸、图例、标高和引出线等
中虚线	0.5*b*	用于绘制双线风管被遮挡部分的轮廓线
细点画线	0.25*b*	用于绘制设备、风道和部件的中心线、定位轴线
细双点画线	0.25*b*	用于绘制工艺设备外轮廓线
细虚线	0.25*b*	用于绘制原有风管的轮廓线、工艺设备被遮挡部分的轮廓线

3) 图例

通风空调工程常用图例如表 9-5 所示。

表 9-5 通风空调工程常用图例

名 称	图 例	名 称	图 例
风管	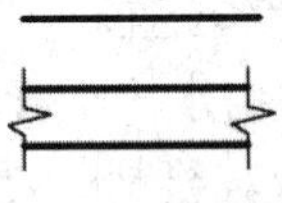	回风口	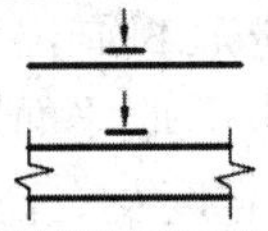
送风管	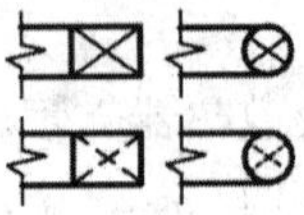	送风口	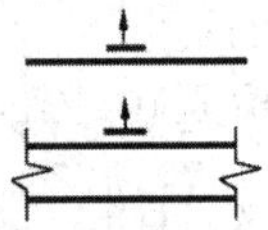
回风管	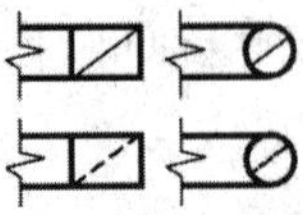	圆 形 散流器	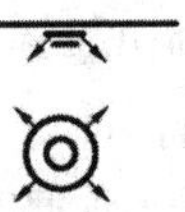
离心风机	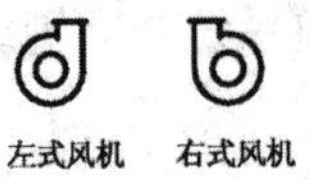 左式风机 右式风机	方 形 散流器	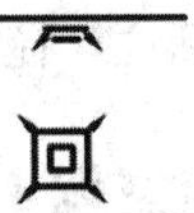
风管	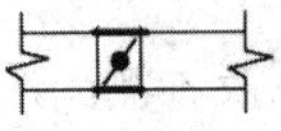	风 管 止回阀	

4) 标注

(1) 管道截面尺寸的标注。双线表示的风管，其规格可标注在管道轮廓线内，如图 9-23 所示。单线表示的风管规格尺寸的标注方法与图 9-13 的方法相同。

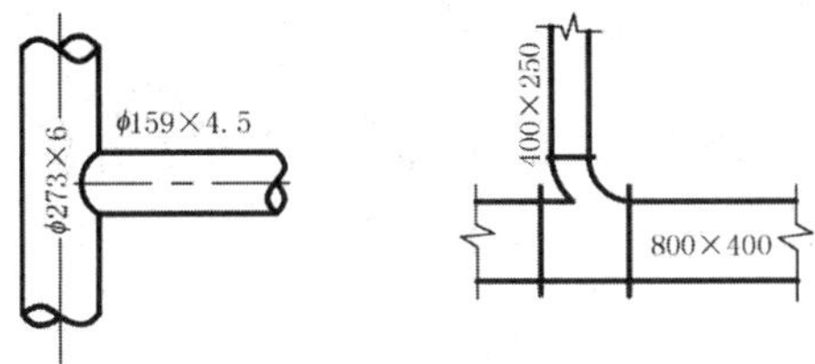

图 9-23　管道截面尺寸标注

(2) 标高和尺寸的标注。

① 通风空调平面图上应标注出设备、管道中心线与建筑定位轴线间的尺寸关系，如图 9-24 所示。剖面图上标出设备、管道中心标高(圆管)或管底标高(矩形管截面尺寸变化而管底保持水平时)，必要时还需注出该层地面的尺寸，如图 9-25 所示。

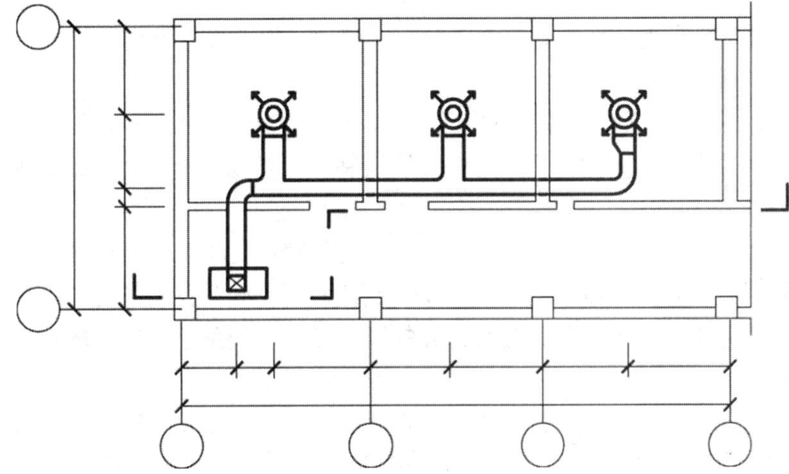

图 9-24　通风空调平面图尺寸标注

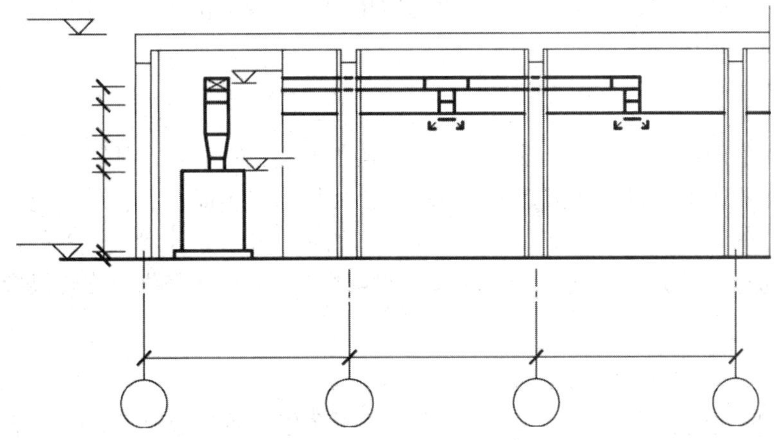

图 9-25　通风空调剖面尺寸标注

② 通风空调轴测图中的主要设备、部件均应标出编号，管道要注明管径或截面尺寸，以及管道标高。如不注管道标高时，应用文字说明。

2. 通风空调平面图

1) 内容

通风空调平面图用来表达通风管道、设备的平面布置情况，主要说明以下内容：

(1) 工艺设备(如通风机、吸气罩、送风口等)的主要轮廓线、位置尺寸、标注编号及工艺设备的规格和型号。

(2) 通风管、异径管、弯头、三通等管接头均用规定线型绘出，并注明风管的断面尺寸，以及设备、管道中心线与建筑定位轴线间的尺寸关系。

(3) 送风口、回风口、调节阀门等均用图例符号表示，并注明型号尺寸，同时用带箭头的符号表明进出风口的空气流动方向。

(4) 如有两个通风空调系统，应加注编号。

2) 绘制步骤及要求

(1) 用细实线抄绘建筑平面图的主要轮廓，底层平面图要画全定位轴线，楼层平面图可仅画边界定位轴线。

(2) 用图例绘出有关工艺设备的轮廓线，并标注设备名称及型号。其中，主要工艺设备，如通风机、除尘器、空调器等，用中实线绘制；次要设备及部件，如吸气罩、过滤器等，用细实线绘制。

(3) 用双线按比例以中实线绘出风管，从而把各设备及部件连接起来。多根风管出现重叠时，可根据需要将上面或下面的风管用折断线断开，同时在断开处加以文字说明。两根风管交叉时，可不断开绘制，其交叉部分的不可见轮廓线可不绘出。风管法兰盘用单线以中实线绘制。

(4) 注出工艺设备、风管的定位尺寸，即设备、管道中心线与建筑定位轴线或墙面间的尺寸关系和管道断面尺寸，圆形风管用“ϕ”表示，矩形风管用“宽 × 高”表示。

风管管径或断面尺寸宜标注在风管上或风管法兰盘处延长的细实线上方。对于送风小室即简单的空气处理室，只需标注通风机的定位尺寸，各细部构造尺寸另有详图。

3. 通风空调剖面图

1) 内容

通风空调剖面图表示管道及设备在高度方向的布置情况。对于比较复杂的管道系统，当平面图和轴测图不足以表达清楚时，需绘制剖面图。对于简单的管道系统，可省略剖面图。通风空调剖面图与平面图基本相同，所不同的是，在表示风管及设备的位置尺寸时，需注出它们的标高。圆管注出管道中心标高，矩形管截面尺寸变化而管底保持水平时，应注出管底标高。

2) 绘制步骤及要求

(1) 在通风空调剖面图上绘制剖切符号。对于多层房屋且管道又比较复杂的，每层剖面图上均需画出剖切符号，剖切的投射方向一般宜向上、向左。

(2) 绘出房屋建筑剖面图的主要轮廓。其步骤是先绘出地面线，再绘制定位轴线，然后绘出墙身、楼层、屋面、梁及柱，最后绘出楼梯、门窗等。其中，除地面线用粗实线外，其他部分均用细线绘制。

(3) 用图例符号绘出有关工艺设备、部件轮廓线，并标注设备名称及型号。采用的线型与平面图相同。

(4) 用双线按比例以中实线绘出风管，其要求与平面图相同。

(5) 注明房屋地面和楼面的标高、设备和风管的位置尺寸及标高。

图 9-26 为某厂房的通风空调平、剖面图。平面图表明了空调处理室、机械设备、风管、风口等的位置及尺寸。1—1 剖面图表明了该通风空调系统的设备、风管等在垂直方向的布置和标高情况，并可看出风管的高度尺寸变化。送风管的上表皮(上表面)水平，下表皮倾斜，其标高标注在上表面上；回风管下表皮水平，上表皮倾斜，其标高标注在下表面上。同时，越靠近风管端部，截断面积越小，这和送风、排风量的大小有关。送风口都是 7 号风口，规格为 500 × 250，回风口都是 8 号风口，规格为 500 × 250。平面图中的风管尺寸 600 × 500 表示风管截断面的宽 × 高，而剖面图中的风管尺寸 600 × 400 表示风管截断面的高 × 宽。

4. 通风空调轴测图

1) 内容

通风空调的平、剖面图虽然能把管道和设备的情况表达出来，但管道在空间转折或交叉较多时，图线常有重叠而出现表达不清楚的情况。因此，工程上需绘制轴测图来表达通风空调系统。通风空调轴测图是根据各层通风空调平面图中通风管道及设备的平面位置和竖向标高绘制而成的，它表明各种设备、部件及管道系统的空间位置关系。该图比较完整、清晰地表达了通风空调系统的全貌。在通风空调轴测图中，要绘出各种设备的外轮廓和各类部件的图例符号，并注出它们的名称、规格和型号。风管要注出截面尺寸、标高及风口位置，有坡度时要注明坡度、坡向等。

2) 绘制步骤及要求

(1) 选择轴测类型、确定轴测方向。通风空调轴测图一般采用正面斜等测或正等测投影法绘制，选择轴测类型、确定轴测方向等与采暖系统轴测图大致相同。

(2) 确定绘图比例。通风空调轴测图一般采用与对应的平面图、剖面图相同的比例。当管道系统复杂时，也可放大比例。

(3) 按比例绘出各种设备，管道及弯头、三通、异径管等配件及设备与管道连接处的法兰盘等部分。通风管道有单线和立体形象两种画法。当采用单线绘制时，轴测图中要画出各种设备的外轮廓和各类配件的图例符号；当采用立体形象画法时，轴测图中要画出各种设备和各类配件的立体形象。

(4) 可以分段绘制，但分段的接头处需用细虚线连接或用文字说明。

(5) 注明主要设备和部件的编号、规格及型号。注出风管的截面尺寸或管径、标高及风口位置，有坡度时注明坡度、坡向等。

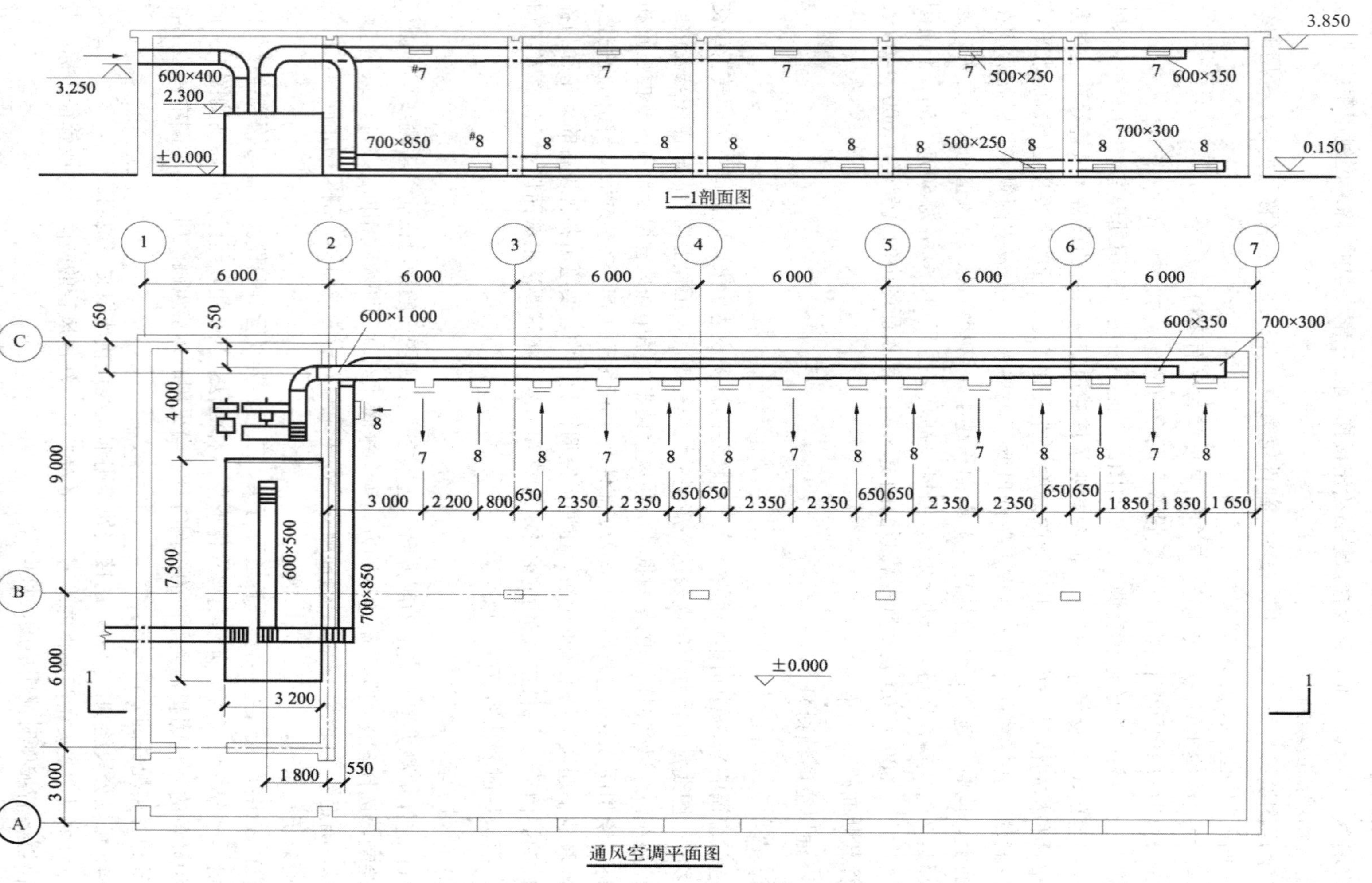

图 9-26　某厂房的通风空调平、剖面图

5. 通风空调详图

在通风空调平面图、剖面图及通风空调轴测图中，没有表示出各种设备如通风机、除尘器等的安装尺寸及方法，也没有显示出一些吸气罩、风管的加工尺寸及方法等。因此，为了满足通风空调工程施工中各种设备及管道的加工和安装要求，通风空调工程图中也要有详图，当选用标准图时要注明标准图的编号。该部分内容在本处不做详述。

第三节 电 气 工 程 图

一、电气工程图的组成与内容

电气工程图是阐述电气工程的结构和功能，描述电气装置的工作原理，提供安装接线和维护使用信息的施工图。

一般情况下，电气工程图主要由以下内容组成。

1. 首页

首页的内容主要包括电气工程图的目录、图例、设备明细表、设计说明等。图例一般只列出本套施工图涉及的一些特殊图例。设备明细表只列出该项电气工程的一些主要设备的名称、型号、规格和数量等，供订货参考。设计说明主要阐述该项电气工程设计的依据、基本指导思想与原则，补充图中未能表明的工程特点、安装方法、工艺要求、特殊设备的安装方法及其他使用注意事项等。

2. 电气系统图

电气系统图又称配电系统图，如变配电工程的供配电系统图、照明工程的照明系统图、电缆电视系统图等。系统图反映了系统的基本组成、主要电气设备、元件之间的连接情况以及它们的规格、型号、参数等。

3. 电气平面图

电气平面图是表示电气设备与线路平面位置的图纸，是进行建筑电气设备安装的重要依据。

电气平面图应表示出建筑物轮廓线、轴线号、房间名称、楼层标高、门、窗、墙体、梁柱、平台和绘图比例等。电气平面图应绘制出安装在本层的电气设备、敷设在本层和连接本层电气设备的线缆、路由等信息。进出建筑物的线缆，其保护管应注明与建筑轴线的定位尺寸、穿建筑外墙的标高和防水形式。

电气平面图应标注电气设备、线缆敷设路由的安装位置、参照代号等，并应采用用于平面图的图形符号绘制。电气平面图、剖面图中局部需另绘制电气详图或电气大样图时，应在局部处标注电气详图或电气大样图编号，在电气详图或电气大样图下方标注其编号和比例。电气设备布置在不同的楼层时应分别绘制其电气平面图，电气设备布置在相同的楼层可只绘制其中一个楼层的电气平面图。

建筑专业的建筑平面图采用分区绘制时，电气平面图也应分区绘制，分区部位和编号宜与建筑专业一致，并应绘制分区组合示意图，各区电气设备线缆连接处应加标注。强电和弱电应分别绘制电气平面图。

4. 电气控制原理图

电气控制原理图主要用于表现某一具体设备或系统的电气工作原理，用以指导该设备与系统的安装、接线、调试、使用与维护。它是电气工程图的重要组成部分，是读图中的重点和难点，主要包括系统中各电气设备的电气控制原理，用以指导电气设备的安装和控制系统的调试运行工作。

5. 安装接线图

安装接线图是表现某一设备内部各种电气元件之间连线的图样，用以指导电气安装接线、查线，主要包括电气设备的布置与接线，其应与控制原理图对照阅读，进行系统的配线和调校。

6. 安装大样图

安装大样图是详细表示电气设备安装方法的图纸，对安装部件的各部位注有具体图形和详细尺寸，是进行安装施工和编制工程材料计划的重要参考。

7. 电缆清册

电缆清册用表格的形式表示该系统中电缆的规格、型号、数量、走向、敷设方法、头尾接线部位等内容，一般使用电缆较多的工程均有电缆清册，简单的工程通常没有电缆清册。

8. 主要设备材料表及预算

主要设备材料表是把某一电气工程所需的主要设备、元件、材料和有关数据列成表格，用来表示其名称、符号、型号、规格、数量、备注等内容。其应与图联系起来阅读。根据建筑电气施工图编制的主要设备材料表和预算，要作为施工图设计文件提供给建筑单位。

二、电气工程的图形符号、参照代号及标注方法

1. 电气工程的常见图形符号

电气图形符号的种类很多，一般都画在电气系统图、平面图、原理图和接线图上，用以标明电气设备、装置、元器件和电气线路在电气系统中的位置、功能和作用。

图形符号可放大或缩小。当图形符号旋转或镜像时，其中的文字宜为视图的正向。当图形符号有两种表达形式时，可任选其中一种形式，但同一工程应使用同一种表达形式。

当现有图形符号不能满足设计要求时，可按图形符号生成原则产生新的图形符号。新产生的图形符号宜由一般符号与一个或多个相关的补充符号组合而成。补充符号可置于一般符号的里面、外面或与其相交。

电气工程图样宜采用表 9-6 的常用图形符号。

表 9-6　电气工程图样的常用图形符号

序号	常用图形符号		说明	应用类别
	形式 1	形式 2		
1		3	导线组(示出导线数,如示出三根导线)	电路图、接线图、平面图、总平面图、系统图
2			软连接	
3			端子	
4			端子板	电路图
5			T 形连接	电路图、接线图、平面图、总平面图、系统图
6			导线的双 T 连接	
7			跨接连接(跨越连接)	
8			阴接触件(连接器的)、插座	电路图、接线图、系统图
9			阳接触件(连接器的)、插头	电路图、接线图、平面图、系统图
10			定向连接	电路图、接线图、平面图、系统图
11	M 1~		单相笼式感应电动机有绕组分相引出端子	电路图
12	M 3~		三相绕线式转子感应电动机	
13			双绕组变压器，一般符号(形式 2 可表示瞬时电压的极性)	电路图、接线图、平面图、总平面图、系统图，形式 2 只适用电路图
14			绕组间有屏蔽的双绕组变压器	
15			一个绕组上有中间抽头的变压器	
16			星形—三角形连接的三相变压器	
17	4		具有 4 个抽头的星形—星形连接的三相变压器	
18	3		单相变压器组成的三相变压器，星形—三角形连接	

续表一

序号	常用图形符号		说明	应用类别
	形式 1	形式 2		
19			电压互感器	电路图、接线图、系统图，形式 2 只适用电路图
20			电流互感器，一般符号	电路图、接线图、平面图、总平面图、系统图，形式 2 只适用电路图
21			具有两个铁心，每个铁心有一个次级绕组的电流互感器，见注(3)，其中形式 2 中的铁心符号可以略去	电路图、接线图、系统图，形式 2 只适用电路图
22			在一个铁心上具有两个次级绕组的电流互感器，形式 2 中的铁心符号必须画出	电路图、接线图、系统图，形式 2 只适用电路图
23			具有三条穿线一次导体的脉冲变压器或电流互感器	电路图、接线图、系统图，形式 2 只适用电路图
24			三个电流互感器(四个次级引线引出)	
25			整流器	电路图、接线图、系统图
26			逆变器	
27			整流器/逆变器	
28			原电池长线代表阳极，短线代表阴极	
29			静止电能发生器，一般符号	电路图、接线图、平面图、系统图
30			光电发生器	电路图、接线图、系统图
31			剩余电流监视器	

续表二

序号	常用图形符号		说明	应用类别
	形式 1	形式 2		
32			动合(常开)触点，一般符号；开关，一般符号	电路图、接线图
33			动断(常闭)触点	
34			先断后合的转换触点	电路图、接线图
35			中间断开的转换触点	
36			先合后断的双向转换触点	
37	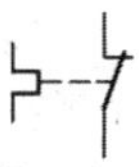		热继电器，动断触点	电路图、接线图
38	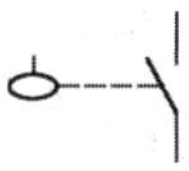		液位控制开关，动合触点	电路图、接线图
39	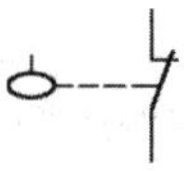		液位控制开关，动断触点	
40	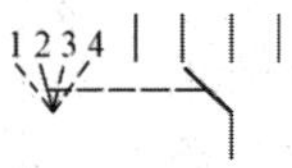 1 2 3 4		带位置图示的多位开关，最多 4 位	电路图

序号	常用图形符号		说明	应用类别
	形式 1	形式 2		
41			接触器；接触器的主动合触点(在非操作位置上触点断开)	电路图、接线图
42			接触器；接触器的主动断触点(在非操作位置上触点闭合)	
43			隔离器	
44			隔离开关	
45			带自动释放功能的隔离开关(具有由内装的测量继电器或脱扣器触发的自动释放功能)	
46			断路器，一般符号	
47			带隔离功能的断路器	
48	 V		电压表	电路图、接线图、系统图
49	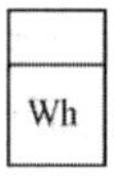 Wh		电能表(瓦时计)	

续表三

序号	常用图形符号 形式 1	常用图形符号 形式 2	说明	应用类别
50	Wh		复费率电能表(示出二费率)	
51			信号灯，一般符号，见注(5)	电路图、接线图、平面图、系统图
52			音响信号装置，一般符号(电喇叭、电铃、单击电铃、电动汽笛)	
53			蜂鸣器	
54			发电站(规划的)	总平面图
55			发电站(运行的)	
56			热电联产发电站(规划的)	
57			热电联产发电站(运行的)	
58			变电站、配电所(规划的，可在符号内加上任何有关变电站详细类型的说明)	

序号	常用图形符号 形式 1	常用图形符号 形式 2	说明	应用类别
59			变电站、配电所(运行的)	总平面图
60		MS	电动机启动器，一般符号	电路图、接线图、系统图，形式 2 用于平面图
61		SDS	星—三角启动器	
62		SAT	带自耦变压器的启动器	
63		ST	带可控硅整流器的调节—启动器	
64			电源插座、插孔，一般符号(用于不带保护极的电源插座)，见注(6)	平面图
65	3		多个电源插座(符号表示三个插座)	
66			带保护极的电源插座	平面图
67			单相二、三极电源插座	
68			带保护极和单极开关的电源插座	

续表四

序号	常用图形符号		说明	应用类别
	形式1	形式2		
69			带隔离变压器的电源插座(剃须插座)	
70			开关，一般符号(单联单控开关)	
71			双联单控开关	
72			灯，一般符号，见注(7)	平面图
73	E		应急疏散指示标志灯	
74			应急疏散指示标志灯(向右)	
75			应急疏散指示标志灯(向左)	
76			应急疏散指示标志灯(向左、向右)	
77			专用电路上的应急照明灯	
78			自带电源的应急照明灯	

序号	常用图形符号		说明	应用类别
	形式1	形式2		
79			进入线束的点(本符号不适用表示电气连接)	电路图、接线图、平面图、总平面图、系统图
80			电阻器，一般符号	
81			电容器，一般符号	
82			半导体二极管，一般符号	电路图
83			发光二极管，一般符号	
84			双向三极闸流晶体管	
85			PNP晶体管	
86			电机，一般符号，见注(2)	电路图、接线图、平面图、系统图
87	M 3~		三相笼式感应电动机	电路图

续表五

序号	常用图形符号		说明	应用类别
	形式1	形式2		
88	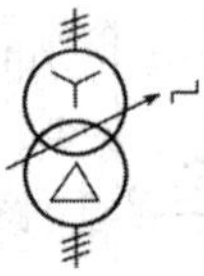	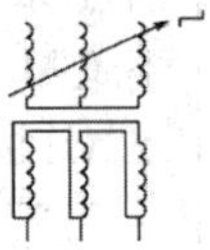	具有分接开关的三相变压器，星形—三角形连接	电路图、接线图、平面图、系统图，形式2只适用电路图
89	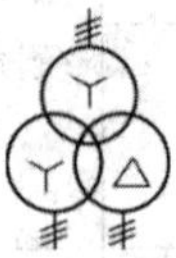	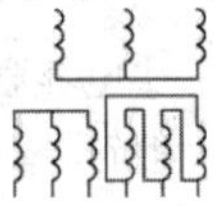	三相变压器，星形—星形—三角形连接	电路图、接线图、系统图，形式2只适用电路图
90		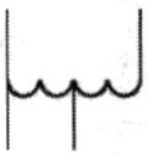	自耦变压器，一般符号	电路图、接线图、平面图、总平面图、系统图，形式2只适用电路图
91		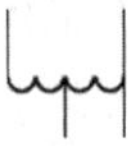	单相自耦变压器	电路图、接线图、系统图，形式2只适用电路图
92		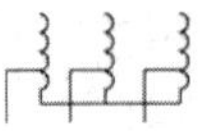	三相自耦变压器，星形连接	
93	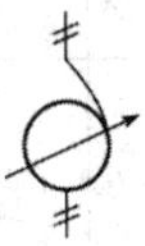		可调压的单相自耦变压器	

序号	常用图形符号		说明	应用类别
	形式1	形式2		
94		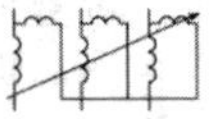	三相感应调压器	电路图、接线图、系统图，形式2只适用电路图
95			电抗器，一般符号	
96	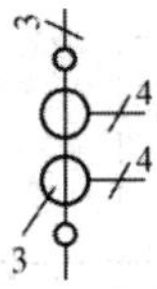	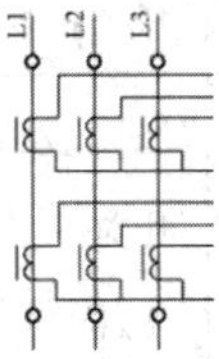	具有两个铁心，每个铁心有一个次级绕组的三个电流互感器，见注(3)	
97	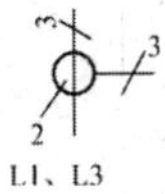	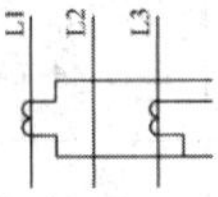	两个电流互感器，导线L1和导线L3；三个次级引线引出	
98	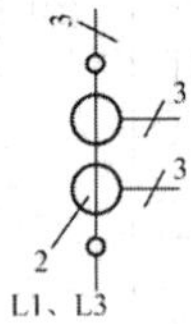	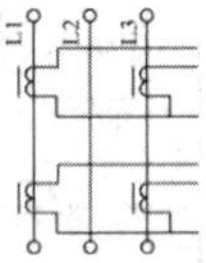	具有两个铁心，每个铁心有一个次级绕组的两个电流互感器，见注(3)	
99			物件，一般符号，见注(4)	电路图、接线图、平面图、系统图
100				
101				

续表六

序号	常用图形符号		说明	应用类别
	形式 1	形式 2		
102	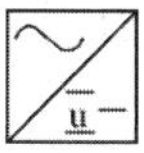		有稳定输出电压的变换器	电路图、接线图、系统图
103			频率由 f_1 变到 f_2 的变频器(f_1 和 f_2 可用输入和输出频率的具体数值代替)	电路图、系统图
104			直流/直流变换器	电路图、接线图、系统图
105	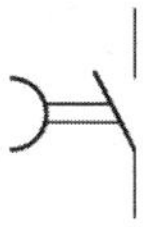		延时断开的动合触点(当带该触点的器件被释放时，此触点延时断开)	电路图、接线图
106			延时断开的动断触点(当带该触点的器件被吸合时，此触点延时断开)	电路图、接线图

序号	常用图形符号		说明	应用类别
	形式 1	形式 2		
107	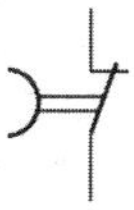		延时闭合的动断触点(当带该触点的器件被释放时，此触点延时闭合)	电路图、接线图
108	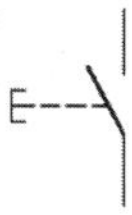		自动复位的手动按钮开关	电路图、接线图
109	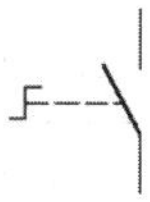		无自动复位的手动旋转开关	电路图、接线图
110	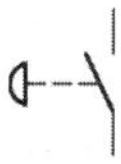		具有动合触点且自动复位的蘑菇头式的应急按钮开关	电路图、接线图
111	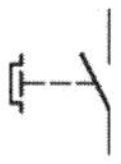		带有防止无意操作的手动控制的具有动合触点的按钮开关	电路图、接线图
112			剩余电流动作断路器	电路图、接线图
113			带隔离功能的剩余电流动作断路器	电路图、接线图
114			继电器线圈，一般符号；驱动器件，一般符号	电路图、接线图

续表七

序号	常用图形符号 形式1	常用图形符号 形式2	说明	应用类别	序号	常用图形符号 形式1	常用图形符号 形式2	说明	应用类别
115	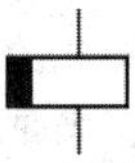		缓慢释放继电器线圈	电路图、接线图	124			接闪杆	接线图、平面图、总平面图、系统图
116	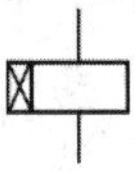		缓慢吸合继电器线圈						
117	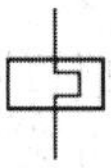		热继电器的驱动器件		125			架空线路	总平面图
118			熔断器，一般符号		126			电力电缆井/人孔	
119			熔断器式隔离器		127			手孔	
					128			电缆梯架、托盘和槽盒线路	平面图、总平面图
120			熔断器式隔离开关		129			电缆沟线路	
121			火花间隙		130			中性线	电路图、平面图、系统图
122			避雷器		131			保护线	
123			多功能电气控制与保护开关电器(CPS)(该多功能开关器件可通过使用相关功能符号表示可逆功能、断路器功能、隔离功能、接触器功能和自动脱扣功能。当使用该符号时，可省略不采用的功能符号要素)	电路图、系统图	132	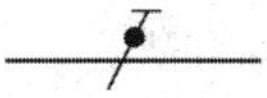		保护线和中性线共用线	
					133			带中性线和保护线的三相线路	
					134			向上配线或布线	平面图
					135			向下配线或布线	
					136			垂直通过配线或布线	

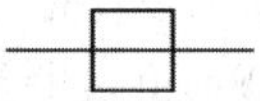

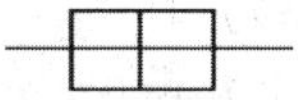

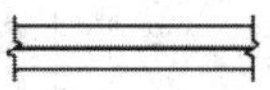

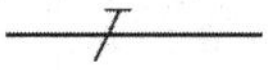

续表八

序号	常用图形符号 形式1	形式2	说明	应用类别	序号	常用图形符号 形式1	形式2	说明	应用类别
137			由下引来配线或布线	平面图	151			按钮	平面图
138			由上引来配线或布线		152			带指示灯的按钮	
139			连接盒；接线盒		153			防止无意操作的按钮(例如借助于打碎玻璃罩进行保护)	
140			三联单控开关		154			荧光灯，一般符号(单管荧光灯)	
141			n联单控开关，n>3		155			二管荧光灯	
142			带指示灯的开关(带指示灯的单联单控开关)		156			三管荧光灯	
143			带指示灯的双联单控开关		157			多管荧光灯，n>3	
144			带指示灯的三联单控开关		158			单管格栅灯	
145			带指示灯的n联单控开关，n>3		159			双管格栅灯	
146			单极限时开关		160			三管格栅灯	
147	SL		单极声光控开关		161			投光灯，一般符号	
148			双控单极开关		162			聚光灯	
149			单极拉线开关		163			风扇；风机	
150			风机盘管三速开关						

注：(1) 当电气元器件需要说明类型和敷设方式时，宜在符号旁标注下列字母：EX—防爆；EN—密闭；C—暗装。

(2) 当电机需要区分不同类型时，符号“★”可采用下列字母表示：G—发电机；GP—永磁发电机；GS—同步发电机；M—电动机；MG—能作为发电机或电动机使用的电机；MS—同步电动机；MGS—同步发电机、电动机等。

(3) 符号中加上端子符号(○)表明是一个器件，如果使用了端子代号，则端子符号可以省略。

(4) □可作为电气箱(柜、屏)的图形符号，当需要区分其类型时，宜在□内标注下列字母：LB—照明配电箱；ELB—应急动力配电箱；PB—动力配电箱；EPB—应急动力配电箱；WB—电能表箱；SB—信号箱；TB—电源切换箱；CB—控制箱、操作箱。

(5) 当信号灯需要指示颜色时，宜在符号旁标注下列字母：YE—黄；RD—红；GN—绿；BU—蓝；WH—白。如果需要指示光源种类，宜在符号旁标注下列字母：Na—钠气；Xe—氙；Ne—氖；IN—白炽灯；Hg—汞；I—碘；EL—电致发光的；ARC—弧光；IR—红外线的；FL—荧光的；UV—紫外线的；LED—发光二极管。

(6) 当电源插座需要区分不同类型时，宜在符号旁标注下列字母：1P—单相；3P—三相；1C—单相暗敷；3C—三相暗敷；1EX—单相防爆；3EX—三相防爆；1EN—单相密闭；3EN—三相密闭。

(7) 当灯具需要区分不同类型时，宜在符号旁标注下列字母：ST—备用照明；SA—安全照明；LL—局部照明灯；W—壁灯；C—吸顶灯；R—筒灯；EN—密闭灯；G—圆球灯；EX—防爆灯；E—应急灯；L—花灯；P—吊灯；BM—浴霸。

2. 电气图参照代号

使用参照代号，可以表示不同层次的产品，也可以把产品的功能信息或位置信息联系起来。

(1) 参照代号的构成。参照代号有三种构成方式：前缀符号加字母代码；前缀符号加字母代码和数字；前缀符号加数字。

(2) 参照代号的标注。参照代号宜水平书写。当符号用于垂直布置图样时，与符号相关的参照代号应置于符号的左侧；当符号用于水平布置图样时，与符号相关的参照代号应置于符号的上方。与项目相关的参照代号，应清楚地关联到项目上，不应与项目交叉，否则可借助引出线。电气设备常用参照代号宜采用表 9-7 的字母代码。

表 9-7 电气设备常用参照代号的字母代码

项目种类	设备、装置和元件名称	参照代号的字母代码		项目种类	设备、装置和元件名称	参照代号的字母代码	
		主类代码	含子类代码			主类代码	含子类代码
两种或两种以上的用途或任务	35 kV 开关柜	A	AH	两种或两种以上的用途或任务	应急动力配电箱(柜、屏)	A	APE
	20 kV 开关柜		AJ		控制、操作箱(柜、屏)		AC
	10 kV 开关柜		AK		励磁箱(柜、屏)		AE
	6 kV 开关柜		—		照明配电箱(柜、屏)		AL
	低压配电柜		AN		应急照明配电箱(柜、屏)		ALE
	并联电容器箱(柜、屏)		ACC		电度表箱(柜、屏)		AW
	直流配电箱(柜、屏)		AD		弱电系统设备箱(柜、屏)		—

续表一

项目种类	设备、装置和元件名称	参照代号的字母代码	
		主类代码	含子类代码
两种或两种以上的用途或任务	保护箱(柜、屏)		AR
	电能计量箱(柜、屏)		AM
	信号箱(柜、屏)		AS
	电源自动切换箱(柜、屏)		AT
	动力配电箱(柜、屏)		AP
把某一输入变量(物理性质、条件或事件)转换为供进一步处理的信号	测量电阻(分流)	B	BE
	测量变送器		BE
	气表、水表		BF
	差压传感器		BF
	流量传感器		BF
	接近开关、位置开关		BG
	接近传感器		BG
	时钟、计时器		BK
	温度计、湿度测量传感器		BM
	压力传感器		BP
	烟雾(感烟)探测器		BR

项目种类	设备、装置和元件名称	参照代号的字母代码	
		主类代码	含子类代码
把某一输入变量(物理性质、条件或事件)转换为供进一步处理的信号	热过载继电器	B	BB
	保护继电器		BB
	电流互感器		BE
	电压互感器		BE
	测量继电器		BE
材料、能量或信号的存储	电容器	C	CA
	线圈		CB
	硬盘		CF
	存储器		CF
	磁带记录仪、磁带机		CF
	录像机		CF
提供辐射能或热能	白炽灯、荧光灯	E	EA
	紫外灯		EA
	电炉、电暖炉		EB
	电热、电热丝		EB
	灯、灯泡		—

续表二

项目种类	设备、装置和元件名称	参照代号的字母代码 主类代码	参照代号的字母代码 含子类代码
把某一输入变量(物理性质、条件或事件)转换为供进一步处理的信号	感光(火焰)探测器		BR
	光电池		BR
	速度计、转速计		BS
	速度变换器		BS
	温度传感器、温度计		BT
	麦克风		BX
	视频摄像机		BX
	火灾探测器		
	气体探测器		—
	测量变换器		
	位置测量传感器		BG
	液位测量传感器		BL
启动能量流或材料流，产生用作信息载体或参考源的信号。生产一种新能量、材料或产品	发电机	G	GA
	直流发电机		GA
	电动发电机组		GA
	柴油发电机组		GA
	蓄电池、干电池		GB
	燃料电池		GB
	太阳能电池		GC
	信号发生器		GF
	不间断电源		GU

项目种类	设备、装置和元件名称	参照代号的字母代码 主类代码	参照代号的字母代码 含子类代码
	激光器		
	发光设备		
	辐射器		
直接防止(自动)能量流、信息流、人身或设备发生危险或意外的情况，包括用于防护的系统和设备	热过载释放器	F	FD
	熔断器		FA
	安全栅		FC
	电涌保护器		FC
	接闪器		FE
	接闪杆		FE
	保护阳极(阴极)		FR
提供信息	报警灯、信号灯	P	PG
	监视器、显示器		PG
	LED(发光二极管)		PG
	铃、钟		PB
	计量表		PG
	电流表		PA
	电能表		PJ
	时钟、操作时间表		PT
	无功电能表		PJR

续表三

项目种类	设备、装置和元件名称	参照代号的字母代码	
		主类代码	含子类代码
处理(接收、加工和提供)信号或信息(用于防护的物体除外，见F类)	继电器	K	KF
	时间继电器		KF
	控制器(电、电子)		KF
	输入、输出模块		KF
	接收机		KF
	发射机		KF
	光耦器		KF
	控制器(光、声学)		KG
	阀门控制器		KH
	瞬时接触继电器		KA
	电流继电器		KC
	电压继电器		KV
	信号继电器		KS
	瓦斯保护继电器		KB
	压力继电器		KPR
提供驱动用机械能(旋转或线性机械运动)	电动机	M	MA
	直线电动机		MA
	电磁驱动		MB
	励磁线圈		MB
	执行器		ML
	弹簧储能装置		ML
提供信息	打印机	P	PF
	录音机		PF
	电压表		PV

项目种类	设备、装置和元件名称	参照代号的字母代码	
		主类代码	含子类代码
	最大需用量表		PM
	有功功率表		PW
	功率因数表		PPF
	无功电流表		PAR
	(脉冲)计数器		PC
	记录仪器		PS
提供信息	频率表	P	PF
	相位表		PPA
	转速表		PT
	同位指示器		PS
	无色信号灯		PG
	白色信号灯		PGW
	红色信号灯		PGR
	绿色信号灯		PGG
	黄色信号灯		PGY
	显示器		PC
	温度计、液位计		PG
受控切换或改变能量流、信号流或材料流(对于控制电路中的信号，见K类和S类)	断路器	Q	QA
	接触器		QAC
	晶闸管、电动机启动器		QA
	隔离器、隔离开关		QB
	熔断器式隔离器		QB
	熔断器式隔离开关		QB
	接地开关		QC

续表四

项目种类	设备、装置和元件名称	参照代号的字母代码 主类代码	含子类代码	项目种类	设备、装置和元件名称	参照代号的字母代码 主类代码	含子类代码
受控切换或改变能量流、信号流或材料流（对于控制电路中的信号，见K类和S类)	旁路断路器	Q	QD	保护物体在一定的位置	支柱绝缘子	U	UB
	电源转换开关		QCS		强电梯架、托盘和槽盒		UB
	剩余电流保护断路器		QR		瓷瓶		UB
	软启动器		QAS		弱电梯架、托盘和槽盒		UG
	综合启动器		QCS		绝缘子		—
	星—三角启动器		QSD	从一地到另一地导引或输送能量、信号、材料或产品	高压母线、母线槽	W	WA
	自耦降压启动器		QTS		高压配电线缆		WB
	转子变阻式启动器		QRS		低压母线、母线槽		WC
限制或稳定能量、信息或材料的运动或流动	电阻器、二极管	R	RA		低压配电线缆		WD
	电抗线圈		RA		数据总线		WF
	滤波器、均衡器		RF		控制电缆、测量电缆		WG
	电磁锁		RL		光缆、光纤		WH
	限流器		RN		信号线路		WS
	电感器		—				

续表五

项目种类	设备、装置和元件名称	参照代号的字母代码 主类代码	参照代号的字母代码 含子类代码
把手动操作转变为进一步处理的特定信号	控制开关	S	SF
	按钮开关		SF
	多位开关(选择开关)		SAC
	启动按钮		SF
	停止按钮		SS
	复位按钮		SR
	试验按钮		ST
	电压表切换开关		SV
	电流表切换开关		SA
保持能量性质不变的能量变换，已建立的信号保持信息内容不变的变换，材料形态或形状的变换	变频器、频率转换器	T	TA
	电力变压器		TA
	DC/DC 转换器		TA
	整流器、AC/DC 变换器		TB
	天线、放大器		TF
	调制器、解调器		TF
	隔离变压器		TF
	控制变压器		TC
	整流变压器		TR
	照明变压器		TL
	有载调压变压器		TLC
	自耦变压器		TT

项目种类	设备、装置和元件名称	参照代号的字母代码 主类代码	参照代号的字母代码 含子类代码
从一地到另一地导引或输送能量、信号、材料或产品			
	电力(动力)线路		WP
	照明线路		WL
	应急电力(动力)线路		WPE
	应急照明线路		WLE
	滑触线		WT
连接物	高压端子、接线盒	X	XB
	高压电缆头		XB
	低压端子、端子板		XD
	过路接线盒、接线端子箱		XD
	低压电缆头		XD
	插座、插座箱		XD
	接地端子、屏蔽接地端子		XE
	信号分配器		XG
	信号插头连接器		XG
	(光学)信号连接		XH
	连接器		—
	插头		—

标注参照代号的特殊情况：

(1) 当电气设备的图形符号在图样中不会引起混淆时，可不标注其参照代号，如电气平面图中的照明开关或电源插座，如果没有特殊要求，可只绘制图形符号。

(2) 当电气设备的图形符号在图样中不能清晰地表达其信息，例如电气平面图中的照明配电箱，如果数量大于等于 2 且规格不同时，只绘制图形符号已不能区别，需要在图形符号附近加注参照代号 AL1、AL2 等。

3. 电气图中的其他标注方法

电气图样中的电气线路可采用表 9-8 的线型符号绘制。供配电系统设计文件的标准宜采用表 9-9 的文字符号。设备端子和导体宜采用表 9-10 的标志和标识。电气图样中常用的辅助文字符号宜按表 9-11 执行。强电和弱电设备的辅助文字符号宜按表 9-12 和表 9-13 执行。

表 9-8　图样中的电气线路线型符号

序号	线型符号		说明	序号	线型符号		说明
	形式 1	形式 2			形式 1	形式 2	
1	S	——S——	信号线路	9	TV	——TV——	有线电视线路
2	C	——C——	控制线路	10	BC	——BC——	广播线路
3	EL	——EL——	应急照明线路	11	V	——V——	视频线路
4	PE	——PE——	保护接地线	12	GCS	——GCS——	综合布线系统线路
5	E	——E——	接地线	13	F	——F——	消防电话线路
6	LP	——LP——	接闪线、接闪带、接闪网	14	D	——D——	50 V 以下的电源线路
7	TP	——TP——	电话线路	15	DC	——DC——	直流电源线路
8	TD	——TD——	数据线路	16			光缆，一般符号

表 9-9 供配电系统设计文件标注的文字符号

序号	文字符号	名称	单位	序号	文字符号	名称	单位
1	U_n	系统标称电压，线电压(有效值)	V	11	I_c	计算电流	A
2	U_r	设备的额定电压，线电压(有效值)	V	12	I_{st}	启动电流	A
3	I_r	额定电流	A	13	I_p	尖峰电流	A
4	f	频率	Hz	14	I_s	整定电流	A
5	P_r	额定功率	kW	15	I_k	稳态短路电流	kA
6	P_n	设备安装功率	kW	16	$\cos\phi$	功率因数	—
7	P_c	计算有功功率	kW	17	U_{kr}	阻抗电压	%
8	Q_c	计算无功功率	kW	18	i_p	短路电流峰值	kA
9	S_c	计算视在功率	kVA	19	S''_{KQ}	短路容量	MVA
10	S_r	额定视在功率	kVA	20	K_d	需要系数	—

表 9-10 设备端子和导体的标志和标识

序号	导 体		文字符号	
			设备端子标志	导体和导体终端标识
1	交流导体	第 1 线	U	L1
		第 2 线	V	L2
		第 3 线	W	L3
		中性导体	N	N
2	直流导体	正极	+ 或 C	L+
		负极	– 或 D	L–
		中间点导体	M	M
3	保护导体		PE	PE
4	PEN 导体		PEN	PEN

表 9-11　常用的辅助文字符号

序号	文字符号	中文名称	序号	文字符号	中文名称
1	A	电流	34	EX	防爆
2	A	模拟	35	F	快速
3	AC	交流	36	FA	事故
4	A、AUT	自动	37	PL	脉冲
5	ACC	加速	38	PM	调相
6	ADD	附加	39	PO	并机
7	ADJ	可调	40	PR	参量
8	AUX	辅助	41	R	记录
9	ASY	异步	42	R	右
10	B、BRK	制动	43	R	反
11	BC	广播	44	RD	红
12	BK	黑	45	RES	备用
13	BU	蓝	46	R、RST	复位
14	BW	向后	47	RTD	热电阻
15	C	控制	48	RUN	运转
16	CCW	逆时针	49	S	信号
17	CD	操作台(独立)	50	ST	启动
18	CO	切换	51	S、SET	置位、定位
19	CW	顺时针	52	SAT	饱和
20	D	延时、延迟	53	STE	步进
21	D	差动	54	FB	反馈
22	D	数字	55	FM	调频
23	D	降	56	FW	正、向前
24	DC	直流	57	FX	固定
25	DCD	解调	58	G	气体
26	DEC	减	59	GN	绿
27	DP	调度	60	H	高
28	DR	方向	61	HH	最高(较高)
29	DS	失步	62	HH	手孔
30	E	接地	63	HV	高压
31	EC	编码	64	IN	输入
32	EM	紧急	65	INC	增
33	EMS	发射	66	IND	感应

续表

序号	文字符号	中文名称	序号	文字符号	中文名称
67	L	左	87	O/E	光电转换器
68	L	限制	88	P	压力
69	L	低	89	P	保护
70	LL	最低(较低)	90	STP	停止
71	LA	闭锁	91	SYN	同步
72	M	主	92	SY	整步
73	M	中	93	SP	设定点
74	M、MAN	手动	94	T	温度
75	MAX	最大	95	T	时间
76	MIN	最小	96	T	力矩
77	MC	微波	97	TM	发送
78	MD	调制	98	U	升
79	MH	人孔(人井)	99	UPS	不间断电源
80	MN	监听	100	V	真空
81	MO	瞬间(时)	101	V	速度
82	MUX	多路用的限定符号	102	V	电压
83	NR	正常	103	VR	可变
84	OFF	断开	104	WH	白
85	ON	闭合	105	YE	黄
86	OUT	输出			

表 9-12 强电设备的辅助文字符号

序号	文字符号	中文名称	序号	文字符号	中文名称
1	DB	配电屏(箱)	11	LB	照明配电箱
2	UPS	不间断电源装置(箱)	12	ELB	应急照明配电箱
3	EPS	应急电源装置(箱)	13	WB	电能表箱
4	MEB	总等电位端子箱	14	IB	仪表箱
5	LEB	局部等电位端子箱	15	MS	电动机启动器
6	SB	信号箱	16	SDS	星—三角启动器
7	TB	电源切换箱	17	SAT	自耦降压启动器
8	PB	动力配电箱	18	ST	软启动器
9	EPB	应急动力配电箱	19	HDR	烘手器
10	CB	控制箱、操作箱			

表 9-13　弱电设备的辅助文字符号

序号	文字符号	中文名称	序号	文字符号	中文名称
1	DDC	直接数字控制器	14	KY	操作键盘
2	BAS	建筑设备监控系统设备箱	15	STB	机顶盒
3	BC	广播系统设备箱	16	VAD	音量调节器
4	CF	会议系统设备箱	17	DC	门禁控制器
5	SC	安防系统设备箱	18	VD	视频分配器
6	NT	网络系统设备箱	19	VS	视频顺序切换器
7	TP	电话系统设备箱	20	VA	视频补偿器
8	TV	电视系统设备箱	21	TG	时间信号发生器
9	HD	家居配线箱	22	CPU	计算机
10	HC	家居控制器	23	DVR	数字硬盘录像机
11	HE	家居配电箱	24	DEM	解调器
12	DEC	解码器	25	MO	调制器
13	VS	视频服务器	26	MOD	调制解调器

三、电气工程图的识读方法

电气工程图的识读方法如下：

(1) 熟悉电气图例符号，弄清图例、符号所代表的内容。常用的电气工程图例及文字符号可参见国家颁布的电气图形符号标准。

(2) 结合电工、电子线路等相关基础知识看图。

(3) 结合电路元器件的结构和工作原理看图。无论何种电气图，都是由各种电子元器件组成的，只要了解这些元器件的性能、结构、工作原理、相互控制关系以及在整个电路中的地位和作用，看懂电气图就不难了。

(4) 结合典型电路看图。典型电路就是常见的基本电路，如电动机正、反转控制电路，顺序控制电路，行程控制电路等，不管多么复杂的电路，总能将其分割成若干个典型电路。先搞清每个典型电路的原理和作用，再将典型电路串联起来看，就能把一个复杂电路看懂了。

(5) 结合有关图纸说明看图。在看各种电气图时，一定要看清电气图的技术说明。它有助于了解电路的大体情况，便于抓住看图重点，达到顺利看图的目的。

(6) 结合土建施工图进行识读。电气施工与土建施工结合得非常紧密，施工中常常涉及各工种之间的配合问题。电气施工平面图只反映电气设备的平面布置情况，结合土建施工图的阅读还可以了解电气设备的立体布设情况。

四、电气工程图的识读步骤

电气工程图的识读步骤如下：

(1) 阅读说明书。对任何一个系统、装置或设备，在看图之前，首先应了解它们的机械结构、电气传动方式、对电气控制的要求、电动机和电器元件的大体布置情况、设备的使用操作方法，以及各种按钮、开关、指示器等的作用。此外，还应了解使用要求、安全注意事项等，从而对系统、装置或设备有一个较全面完整的认识。

(2) 看图纸说明。图纸说明包括图纸目录、技术说明、元器件明细表和施工说明书等。识图时，首先要看清楚图纸说明书中的各项内容，搞清设计内容和施工要求，这样就可以了解图纸的大体情况并抓住识图重点。

(3) 看标题栏。图纸中标题栏也是重要的组成部分，它包括电气图的名称及图号等有关内容，由此可对电气图的类型、性质、作用等有明确的认识，同时可大致了解电气图的内容。

(4) 看概略图(系统图或框图)。看图纸说明后，就要看概略图，从而了解整个系统或分系统的概况，即它们的基本组成、相互关系及主要特征，为进一步理解系统或分系统的工作方式、原理打下基础。

(5) 看电路图。电路图是电气图的核心，对一些小型设备，电路不太复杂，看图相对容易些。但对一些大型设备，电路比较复杂，看图难度较大，应按照由简到繁、由易到难、由粗到细的步骤逐步看深、看透，直到完全明白、理解。一般应先看相关的逻辑图和功能图。

(6) 看接线图。接线图是以电路图为依据绘制的，因此要对照电路图来看接线图。看接线图时，也要先看主电路，再看辅助电路。看接线图要根据端子标志、回路标号，从电源端顺次查下去，搞清楚线路的走向和电路的连接方法，即搞清楚每个元器件是如何通过连线构成闭合回路的。

识读电气图时必须熟悉电气施工图的图例、符号、标注及画法；必须具有相关电气安装与应用的知识和施工经验；明确施工图识读的目的，准确计算工程量；善于发现图中的问题，在施工中加以纠正。

【本章小结】

本章主要介绍了建筑给水排水工程图的组成、分类、画法、要求，采暖工程图的组成、分类、画法、要求，通风空调工程图的画法、要求，电气工程图的组成、内容、符号、参照代号、标注方法、识读方法、识读步骤等内容。通过本章的学习，可以对建筑给水排水工程图、采暖工程图、通风空调工程图、电气工程图有一定的认识，能熟练绘制、应用这些设备工程图。

【课后练习】

1. 什么是室内给水排水工程图？
2. 简述室内给水系统的组成。
3. 简述室内给水系统的布置方式。
4. 绘制室内给水管道平面布置图可采用何种比例？
5. 简述室内排水管道的分类。
6. 简述采暖工程的组成。
7. 简述采暖轴测图的绘制方法及要求。
8. 简述通风空调平面图的内容。
9. 什么是电气控制原理图？
10. 电气图标注参照代号的特殊情况有哪些？

第十章　道路桥涵施工图

第一节　道 路 施 工 图

一、道路施工图的一般规定

1. 图线

(1) 图线的宽度(*b*)应从 2.0 mm、1.4 mm、1.0 mm、0.7 mm、0.5 mm、0.35 mm、0.25 mm、0.18 mm、0.13 mm 中选取。

(2) 每张图上的图线线宽不宜超过 3 种。基本线宽(*b*)应根据图样比例和图的复杂程度确定。线宽组合宜符合表 10-1 的规定。

表 10-1　线 宽 组 合

线宽类别	线宽系列/mm				
b	1.4	1.0	0.7	0.5	0.35
0.5*b*	0.7	0.5	0.35	0.25	0.25
0.25*b*	0.35	0.25	0.18(0.2)	0.13(0.15)	0.13(0.15)

注：表中括号内的数字为代用的线宽。

(3) 图纸中常用的线型及线宽应符合表 10-2 的规定。

表 10-2　图纸中常用的线型及线宽

名　称	线　型	线　宽
加粗粗实线	————————	1.4～2.0*b*
粗实线	————————	*b*
中粗实线	————————	0.5*b*
细实线	————————	0.25*b*
粗虚线	— — — — — — —	*b*
中粗虚线	— — — — — — —	0.5*b*
细虚线	— — — — — — —	0.25*b*
粗点画线	—·—·—·—	*b*
中粗点画线	—·—·—·—	0.5*b*
细点画线	—·—·—·—	0.25*b*

续表

名　称	线　　型	线　　宽
粗双点画线	▬ · · ▬▬ · · ▬▬ · ·	b
中粗双点画线	━ · · ━━ · · ━━ · ·	$0.5b$
细双点画线	— · · —— · · —— · ·	$0.25b$
折断线	——╱╲——	$0.25b$
波浪线	～～～	$0.25b$

(4) 虚线、长虚线、点画线、双点画线和折断线应按图 10-1 所示的画法绘制。

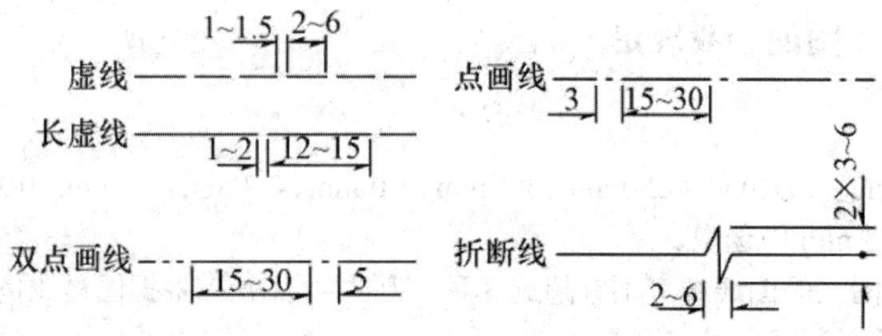

图 10-1　图线的画法

(5) 相交图线的绘制应符合下列规定：

① 当虚线与虚线或虚线与实线相交接时，不应留空隙，如图 10-2(a)所示；

② 当实线的延长线为虚线时，应留空隙，如图 10-2(b)所示；

③ 当点画线与点画线或点画线与其他图线相交时，交点应设在线段处，如图 10-2(c)所示。图线间的净距不得小于 0.7 mm。

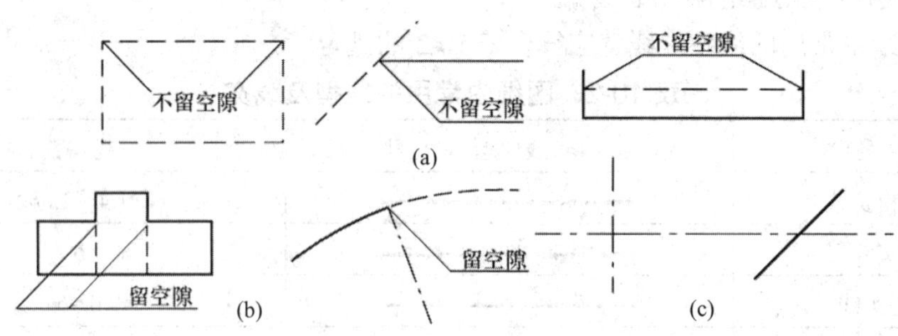

图 10-2　相交图线的画法

2. 坐标

(1) 坐标网格应采用细实线绘制，南北方向的轴线代号为 X，东西方向的轴线代号为 Y。坐标网格也可采用十字线代替，如图 10-3(a)所示。

坐标值的标注应靠近被标注点，书写方向应平行于网格或在网格延长线上。数值前应标注坐标轴线代号，当无坐标轴线代号时，图纸上应绘制指北标志，如图 10-3(b)所示。

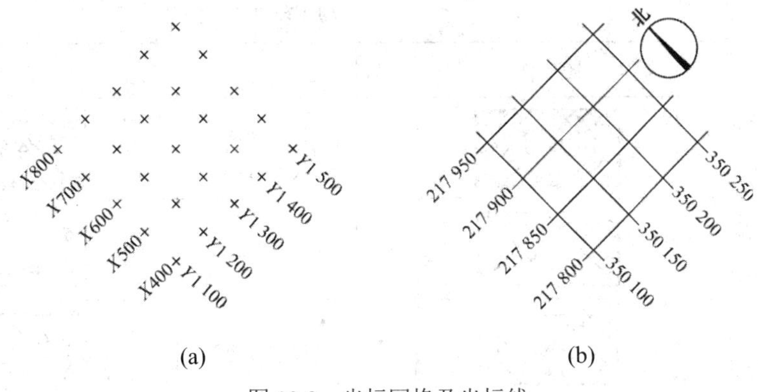

图 10-3　坐标网格及坐标线

(2) 当坐标数值的位数较多时，可将前面相同的数字省略，但应在图纸中说明。坐标数值也可采用间隔的形式标注。

(3) 当需要标注的控制坐标点不多时，宜采用引出线的形式标注。水平线上、下应分别标注 *X* 轴、*Y* 轴的代号及数值，如图 10-4 所示。当需要标注的控制点坐标较多时，图纸上可仅标注点的代号，坐标数值可在适当位置列表示出。坐标数值的计量单位应采用 m，并精确至小数点后三位。

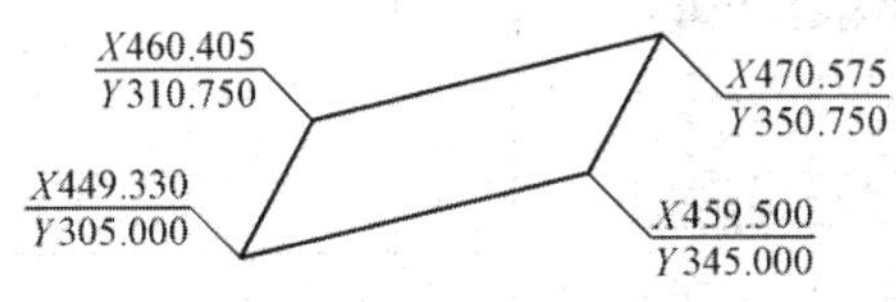

图 10-4　控制点坐标的标注

3. 比例

(1) 绘图的比例应为图形线性尺寸与相应实物实际尺寸之比。比例大小即比值大小，如 1∶50 大于 1∶100。

(2) 绘图比例应根据图面布置合理、匀称、美观的原则，按图形大小及图面复杂程度确定。

(3) 比例应采用阿拉伯数字表示，宜标注在视图图名的右侧或下方，字高可为视图图名字高的 0.7 倍，如图 10-5(a)所示。

当同一张图纸中的比例完全相同时，可在图标中注明，也可在图纸中的适当位置采用标尺标注。当竖直方向与水平方向的比例不同时，可用 *V* 表示竖直方向的比例，用 *H* 表示水平方向的比例，如图 10-5(b)所示。

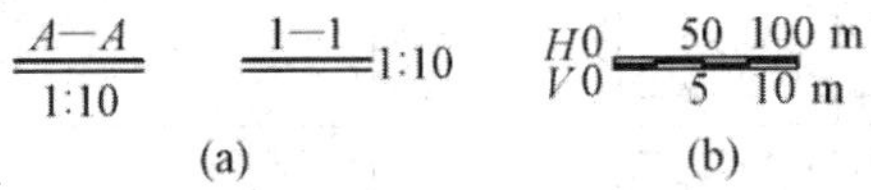

A—A
1:10
1—1 1:10
(a)

H0　50　100 m
V0　5　10 m
(b)

图 10-5　比例的标注

4. 图例

道路施工图常用图例如表 10-3～表 10-5 所示。

表 10-3　常用材料图例

序号	名称	图例	序号	名称		图例
1	细粒式沥青混凝土		16	石灰粉煤灰碎砾石		
2	中粒式沥青混凝土		17	泥结碎砾石		
3	粗粒式沥青混凝土		18	泥灰结碎砾石		
4	沥青碎石		19	级配碎砾石		
5	沥青贯入碎砾石		20	填隙碎石		
6	沥青表面处置		21	天然沙砾		
7	水泥混凝土		22	干砌片石		
8	钢筋混凝土		23	浆砌片石		
9	水泥稳定土		24	浆砌块石		
10	水泥稳定沙砾		25	木材	横	
11	水泥稳定碎砾石				纵	
12	石灰土		26	金属		
13	石灰粉煤灰		27	橡胶		
14	石灰粉煤灰土		28	自然土		
15	石灰粉煤灰沙砾		29	夯实土		

表 10-4　道路工程平面设计图图例

图例	名　称	图例	名　称
3　6　n×3　2	平箅式雨水口(单、双、多箅)	3	护坡 边坡加固
	偏沟式雨水口(单、双、多箅)	6　2	边沟过道(长度超过规定时按实际长度绘制)
	联合式雨水口(单、双、多箅)	实际长度　实际宽度	大、中、小桥(大比例尺时绘双线)
DN××　L=××m	雨水支管	2　涵洞(一字洞口) 2　涵洞(八字洞口)	需绘洞口具体做法及导流措施时，宽度按实际宽度绘制
4　1　4　1	标柱	4　实际长度　4　2	倒虹吸
1　10　10　1	护栏	实际长度　实际净跨　实际宽度	过水路面 混合式过水路面
实际长度　实际宽度　≥4	台阶、礓礤、坡道	实际宽度　1.5　1.5	铁路道口
1.5	盲沟	2　实际长度　5　5	渡槽
实际长度　4　按管道图例	管道加固	2　起止桩号	隧道
实际长度　1.5	水簸箕、跌水	实际长度　2　起止桩号	明洞
1.5	挡土墙、挡水墙	实际长度	栈桥(大比例尺时绘双线)
	铁路立交(长、宽角按实际绘制)	雨　升降标高	迁杆、伐树、迁移、升降雨水口、探井等
	边沟、排水沟及地区排水方向		迁坟、收井等(加粗)
	干浆砌片石(大面积)	12k　d=10 mm	整千米桩号
	拆房(拆除其他建筑物及刨除旧路面相同)		街道及公路立交按设计实际形状(绘制各组成部分)参考有关图例

表 10-5　道路路面结构材料断面图例

图例	名称	图例	名称	图例	名称
	单层式沥青表面处理		水泥混凝土		石灰土
	双层式沥青表面处理		加筋水泥混凝土		石灰焦渣土
	沥青砂黑色石屑(封面)		级配砾石		矿渣
	黑色石屑碎石		碎石、破碎砾石		级配砂石
	沥青碎石		粗砂		水泥稳定土或其他加固土
	沥青混凝土		焦渣		浆砌块石

二、道路施工图的组成及图示内容

道路施工图由表达线路整体状况的道路路线工程图和表达各工程实体构造的桥梁、隧道和涵洞等工程图组合而成。

道路施工图是用来说明道路路线的走向、线形，沿线的地形地物，路线的标高和坡度，路基宽度和边坡，路面结构，土壤、地质情况，以及路线上的附属构筑物(如桥梁、涵洞、挡土墙等)的位置及其与路线的相互关系的图样。它主要包括道路路线平面图、道路路线纵断面图、道路路基横断面图及道路平交与立交图。

1. 道路路线平面图

道路路线平面图是从上向下投影得到的水平投影，也就是利用标高投影法绘制的道路沿线周围区域的地形图。道路路线平面图通过在地形图上画出同样比例的路线水平投影图来表示道路的走向和弯曲度，主要用来表示道路的平面位置、线形、沿线的地形地物等。

道路路线平面图的绘制要点如下：

(1) 先画地形图，再画路线中心线。

(2) 等高线按先粗后细的步骤徒手画出，要求线条光滑过渡。计曲线标注时字头应朝向高处。

(3) 路线平面图应从左向右绘制，桩号按左小右大的顺序标注。

(4) 路线中心线用宽度约为计曲线 2 倍的粗实线，按先曲线后直线的顺序画出。

(5) 当一条路线的平面图分画在几张图纸上时，每张图纸中路线的起止处都要画上与路线垂直的点画线作为接图线，并标注该处桩号。

(6) 平面图的植物图例应朝上或向北绘制。每张图纸的右上角应有角标(或用表格形式)注明该张图纸的序号及总张数。

(7) 路线平面图一般绘制在 A3 图纸上，根据路线长度需要，也可进行加长，但应符合有关制图的加长规则。

2. 道路路线纵断面图

道路路线纵断面图是假想用铅垂面沿道路中心线剖切，然后展开成平行于投影面的平面，并向投影面作正投影得到的图形。纵断面图包括高程标尺、图样和测设数据表三部分内容。

道路路线纵断面图主要用来表达道路的纵向设计线形及沿线地面的高低起伏状况。

3. 道路路基横断面图

道路路基横断面图是用假想的剖切平面垂直于道路中心线剖切而得到的图形，主要用于表达路线的横断面形状、填挖高度、边坡坡长及路线中心桩处横向地面的情况。横断面图的水平方向和高度方向宜采用相同的比例，一般采用的比例为 1∶200、1∶100 或 1∶50。

在横断面图中，路面线、路肩线、边坡线、护坡线均用粗实线表示，路面厚度用中粗实线表示，原有地面线用细实线表示，路中心线用细点画线表示。

如不考虑地物关系，很多桩号处所作的横断面图是完全相同的。

4. 道路平交与立交图

人们把道路与道路、道路与铁路相交时所形成的公共空间部分称作交叉口。根据通过交叉口的道路所处的空间位置，交叉口可分为平面交叉口和立体交叉口。

(1) 平面交叉口形式。平面交叉口是指各相交道路的中线在同一高程相交的道口。常见的平面交叉口形式有十字形、T 形、X 形、Y 形、错位交叉和复合交叉等，如图 10-6 所示。

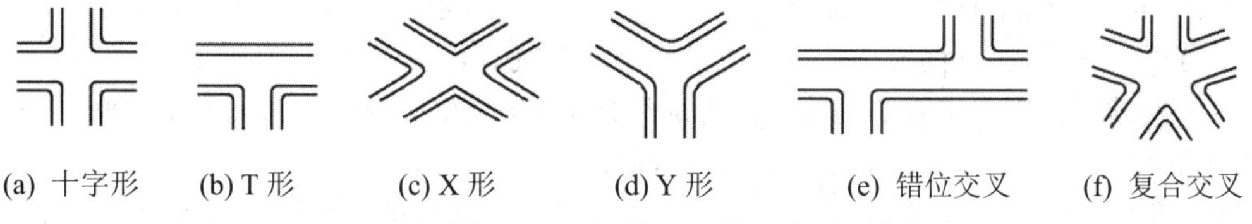

(a) 十字形　(b) T 形　(c) X 形　(d) Y 形　(e) 错位交叉　(f) 复合交叉

图 10-6　平面交叉口的形式

(2) 立体交叉口形式。平面交叉口的通过能力有限，当无法满足交通要求时，需要采用立体交叉口，以提高交叉口的通过能力和车速。立体交叉口是指交叉道路在不同高程相交的道口，车轴各自保持其较高行车速度通过交叉口，因此道路的立体交叉口是一种保证安全和提高交叉口通行能力的有效方法。立体交叉口按立体交叉结构物的形式不同，分为隧道式和跨线桥式两种基本形式。其中，跨线桥式有下穿式和上跨式两种，如图 10-7 所示。

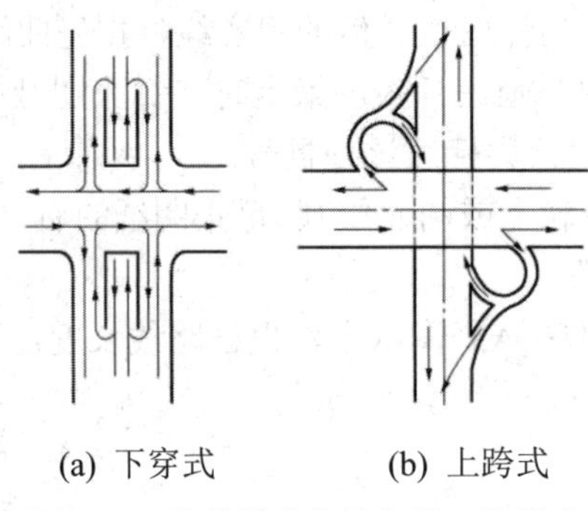

(a) 下穿式　(b) 上跨式

图 10-7　跨线桥式立体交叉口的形式

三、道路施工图的识读

1. 路线平面图的识读

路线平面图中包含大量信息，在读图时应着重注意判读图中的以下数据：

(1) 里程桩号。里程桩号的表示如下：“K”表示千米，K 后面的数字表示距路线起点的整千米数，如 K88 表示该点与路线起点的距离为 88 km；整千米桩后面的“+”号表示整千米加上某一距离，该距离单位为米，如 K88 + 688 表示该点与路线起点的距离为 88 688 m；两个整千米桩之间标有百米桩，以数字 1，2，3，…，9 表示，表明至前一个整千米桩的距离，如标示为 6 的百米桩，表示至前一个整千米桩的距离为 600 m。

(2) 在公路路线平面图中常常存在断链情况的标注。例如，假定在图中交点 JD_{185} 与 JD_{186} 之间标有“K66 + 500 = K64 + 350 断链 2150 m 长”的桩点，该桩点称为断链桩；该桩点具有两个里程数，前一个里程数用于该桩点以前路线里程的计量，后一个里程数用于该桩点以后路线里程的计量。计量的有效范围为至前或至后一个断链桩点为止，若无前、后断链桩点存在，则顺延至路线起点或终点。

当路线局部改线后，路线长度会发生增减，计量路线长度的里程也会发生变化，为了将里程数的变化限制在改线范围之内而设置断链桩；断链桩前的里程按改线后的实测里程，而断链桩以后的里程仍按改线前的里程不变。

断链桩点位标注的两个里程数，当“=”号前面的里程数大于后面的里程数时称为“长链”，当“=”前面的里程数小于后面的里程数时称为“短链”。

(3) 路线平面图中绘有等高线，沿等高线梯度方向标注的数字，如 280、290、300 等为该等高线的高程，标于每 10 m 高差的等高线上。

(4) 平面图的空余位置列有曲线表，表中的符号为汉语拼音字母，其含义可查设计文件的常用符号表。在路线平面图中，主要符号有 JD(交点)、$\varDelta_Z$(左偏角，表示路线沿前进方向左偏的角度，$\varDelta$ 即为新的路线前进方向与原来的路线前进方向的夹角)、$\varDelta_Y$(右偏角，表示路线沿前进方向右偏的角度，$\varDelta$ 即为新的路线前进方向与原来的路线前进方向的夹角)、R(平曲线半径)、T(切线长)、L(曲线长)、E(外矢距)、ZY(直圆点，即直线段与圆曲线的交点)、YZ(圆直点，即圆曲线与直线段的交点)、ZH(直缓点，即直线段与缓和曲线的交点)、HZ(缓直点，即缓和曲线与直线段的交点)、HY(缓圆点，即缓和曲线与圆曲线的交点)、YH(圆缓点，即圆曲线与缓和曲线的交点)、QZ(曲线中点)、BM(水准点)等。

(5) 图中还用相应的图示表示桥梁、隧道、涵洞等构造物，可参阅有关图例。

(6) 图中路线两侧地形、地物的判读，在具备基本的地形图的读图知识后就很容易进行。

下面以图 10-8 所示的 11#公路地形及平面图为例，介绍阅读公路平面图的方法。

(1) 比例。该图采用的比例为 1∶2 000。

(2) 方向。由图中的风向频率玫瑰图和指北针可知，该公路为南北走向，起点位于南边，即 K0 + 000，终点为 K0 + 564.899。

(3) 水准点。图 10-8 中线路起点、终点的水准点地面标高分别为 97.52 m、103.38 m，用 $\frac{97.52}{BM_1}$、$\frac{103.38}{BM_2}$ 表示。

(4) 地形。用等高线表示地形的起伏。图 10-8 中，起点至 JD_1(转折点)的地势较平坦，高程从 97.52 m 到 94.55 m。这段路左侧有三个台地，高程分别为 90.3 m、88.28 m、86.85 m。从 JD_1 至 JD_2 中点 QZ K0 + 330.89 线路右侧台地地面高程为 99.60 m，左侧台地地面高程为 86.85 m，高差达到 12.75 m。线路由 JD_2 至终点，经过两个山头鞍部(垭口)，此外地面标高约为 104.56 m，即从 JD_1 至终点线路为上坡式。

(5) 地貌、地物。在地形图上的地貌、地物都是按规定图例绘制的。

在路线平面图上采用等高线表示地形，用图例来表示地物。

2. 路线纵断面图的识读

路线纵断面图包含大量信息，在读图时应注意判读以下数据：

(1) 里程桩号。里程桩号栏按图示比例标有里程桩位、百米桩位、变坡点桩位、平曲线和竖曲线各要素桩位以及各桩之间插入的整数桩位。一般施工图设计纵断面图中插入整数桩位后相邻桩的间距不大于 20 m；数据“K××”表示整千米数，如 K56 表示该处里程为 56 km；100、200 等为百米桩，变坡点桩、曲线要素桩大多为非整数桩。

(2) 地面高程、设计高程、填高挖深。图中纵坐标为高程，标出的范围以能表达出地面标高的起伏为度。将外业测量得到的各中线桩点原地面高程与里程桩号对应，点绘在坐标系中，连接各点即可得出地面线。将按设计纵坡计算出的各桩号设计高程与里程桩号对应，点绘于坐标系中，连接各点可得出道路的设计线。将地面高程和设计高程值列于与桩号对应的图幅下方表中的地面高程栏和设计高程栏。设计线在地面线以上的路段为填方路段，每一桩号的设计高程减地面高程之值即为填筑高度，即图幅下方表中填(高)栏中的值；地面线在设计线以上的路段为挖方路段，每一桩号的地面高程减设计高程之值即为挖深值，在挖(深)栏中表示。在纵断面图中示出的填挖高度仅表示该处中线位置的填挖高度，填挖工程量还要结合横断面图才能进行计算。

(3) 坡度、坡长。坡度、坡长栏中的值是纵坡设计(拉坡)的最终结果值，在纵坡设计中，通常将变坡点设置在直线段的整桩号上，故坡长一般为整数。在图幅下方表中的坡长、坡度栏中，沿道路前进方向向上倾斜的斜线段表示上坡、向下倾斜的斜线段表示下坡；在斜线段的上方示出的值是坡度值(百分数表示，下坡为负)，斜线段下方示出的值为坡长值(单位：m)。

(4) 平曲线。平曲线栏中示出的是平曲线的设置情况，沿路线前进方向向左(表示左偏)

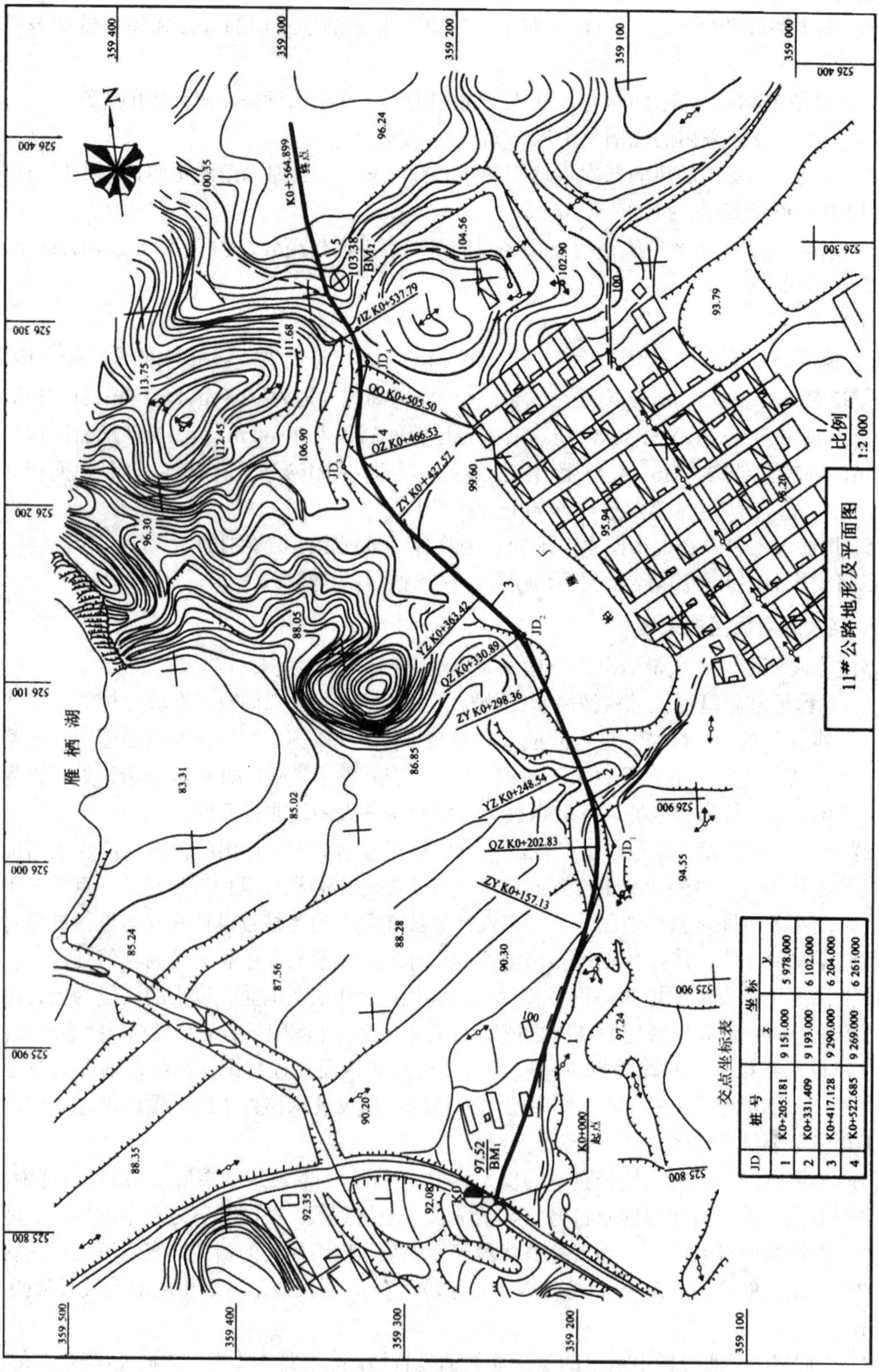

交点坐标表

JD	桩号	坐标 x	坐标 y
1	K0+205.181	9 151.000	5 978.000
2	K0+331.409	9 193.000	6 102.000
3	K0+417.128	9 290.000	6 204.000
4	K0+522.685	9 269.000	6 261.000

图 10-8　11#公路地形及平面图

或向右(表示右偏)的台阶垂直短线仅次于曲线起点和终点，并用文字标出了该曲线的交点编号(如 JD_{119})、平曲线半径(如 $R = 1\ 200$)和曲线长(如 $L = 190$)。

(5) 土壤地质概况。图幅下方土壤地质概况栏中分段示出了道路沿线的土壤地质概况。

(6) 竖曲线。在纵断面图上用两端带竖直短线的水平线表示竖曲线。竖直短线在水平线上方的表示凹竖曲线，竖直短线在水平线下方的表示凸竖曲线。竖直短线分别与竖曲线的起点和终点对齐，并标出 R(竖曲线半径)、T(竖曲线切线长)和 E(竖曲线外距)。在工程量计算中，会涉及竖曲线的里程桩号、设计高程和地面高程。

(7) 结构物。在纵断面图上用竖直线段标示出桥梁、涵洞的位置。在竖直线段左边标出结构物的结构形式、跨(孔)径、跨(孔)数；在竖直线段右边示出的(如 K66 + 180)表示该结构物的中心桩号。有隧道时，还需标出隧道的进口位置、出口位置、里程桩号和隧道名称。

(8) 长链、短链。若路线存在长链或短链的情况，则要在纵断面图中的相应桩点标出长链、短链的数据。

下面以图 10-9 所示的路线纵断面图为例，介绍阅读路线纵断面图的方法。

(1) 图样部分。图中水平方向表示长度，竖直方向表示高程。图中不规则的细折线表示设计路中心线的地面线，由一系列中心桩的地面高程依次连接而成。图中粗实线表示路线纵向设计线。由地面线和设计线可以确定填挖方地段和填挖高度。在设计线纵坡变更处设置竖曲线，用“┌┴┐”表示，并在其上标注竖曲线(半径 $R = 22\ 000$、切线长 $T = 139$、外距 $E = 0.44$)。另外，图中沿线标有四个圆管涵，分别标出了其里程桩号。

路线平面图与纵断面图一般安排在两张图纸上，在某些情况下，也可放在同一张图纸上。如高等级公路，因设计要求其平曲线半径较大，平面图与纵断面图长度相差不大，故一般放在同一张图纸上，相互对应。

(2) 资料表部分。资料表与图样上下竖直对正布置，列有地质概况、设计高程、地面高程、坡度/距离、里程桩号、直线及平曲线等栏，即资料表中序号顺次为 1～6 的栏(如在路线纵断面图第 1 页图纸中，同时列出各栏的序号和标题，故在后面的各页中可只列序号)。从图中的坡度和距离栏中可看出，在 K50 + 120 处有变坡点，设为凸形曲线；从直线及平曲线栏中可看出该路段的平曲线，表示它具有右偏角的圆曲线，并标出交角点编号(JD_{16})、圆曲线半径($R = 2\ 500$)和偏角角度值($\alpha = 22°\ 14'52''$)。

3. 路基横断面图的识读

路基横断面图是按照路基设计表中的每一桩号和参数绘制出的。图中除表示该横断面的形状外，还标明了该横断面的里程桩号，中桩处的填(高)挖(深)值，填、挖面积，以中线为界的左、右路基宽度等数据。

通常，设计图中的路基标准横断面图上标注有各细部尺寸，如行车道宽度、路肩宽度、分隔带宽度、填方路堤边坡坡度、挖方路堑边坡坡度、台阶宽度、路基横坡坡度、设计高程位置、路中线位置、超高旋转轴位置、截水沟位置、公路界、公路用地范围等。标准横断面图中的数据仅表示该道路路基在通常情况下的横断面设计情况，在特定情况下，如存在超高、加宽等，路基横断面的有关数据应在路基横断面图中查找。

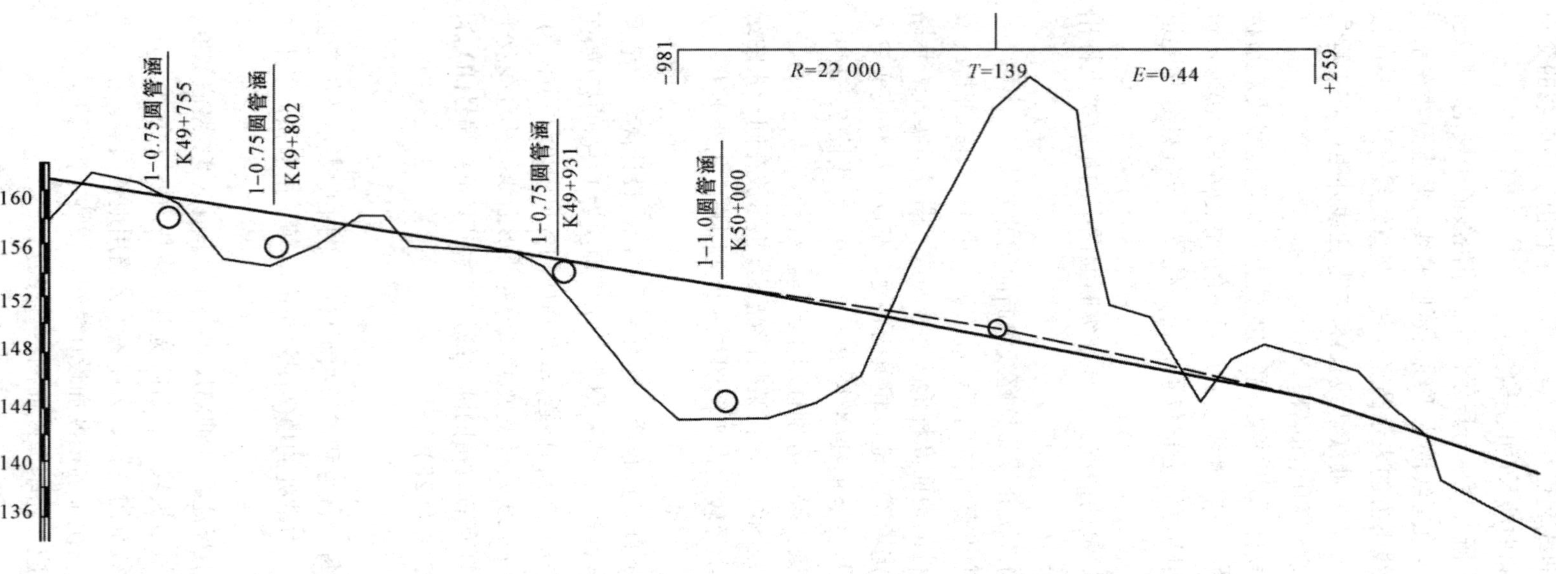

5	2	3
K49+700		
720.00	160.398	161.42
740.00	159.890	160.55
760.00	159.382	158.83
780.00	158.874	154.93
800.00	158.366	154.43
820.00	157.858	155.96
840.00	157.350	158.21
850.00	157.096	158.09
863.00	156.766	155.88
866.50	156.677	155.88
881.00	156.309	155.71
900.00	155.826	155.36
909.00	155.597	155.29
922.00	155.267	154.37
945.00	154.683	149.92
962.00	154.251	145.52
980.00	153.794	143.00
K50	153.278	143.20
20.00	152.744	143.20
40.00	152.192	144.20
60.00	151.622	146.20
80.00	151.033	153.75
100.00	150.426	160.02
120.00	149.801	166.13
140.00	149.158	168.16
155.00	148.664	165.75
176.00	147.955	155.74
184.00	147.679	151.44
190.00	147.741	150.72
207.00	146.871	144.30
230.00	146.039	147.65
245.00	145.484	150.91
260.00	144.918	150.00
280.00	144.158	149.00
300.00	143.398	144.37
320.00	142.638	140.63
340.00	141.878	138.84
358.00	141.206	137.56

1　泥盆系泥质灰岩、灰岩，节理裂隙较发育，强风化，表层残，坡积土，厚0.5~2.0m，局部部分软土

4　420　−2.54%　+120　150.238　238　−3.80%

6　JD_{16}　$\alpha=22°14'52''$　$R=2\ 500$　$L_s=0$

图 10-9　路线纵断面图

下面以图 10-10 所示的路基横断面图为例，介绍阅读路基横断面图的方法。

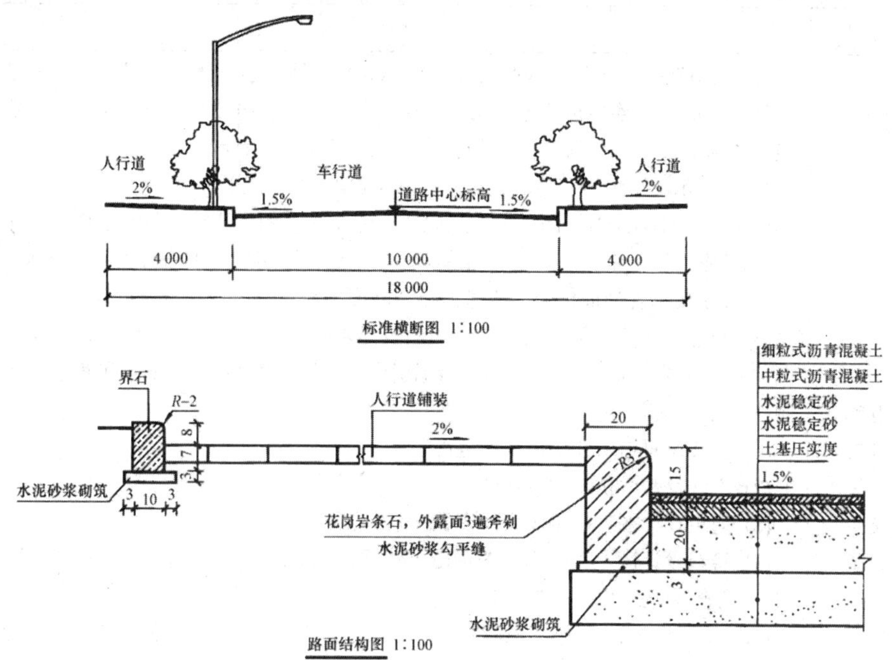

图 10-10 路基横断面图

从图 10-10 可以看出：道路宽 18 m，其中车行道宽 10 m，两侧人行道各宽 4 m。路面排水坡度为 1.5%，箭头方向表示流水方向。路面结构图采用 1∶100 的详图表示方法。

4. 道路平交与立交图的识读

道路平交与立交图的识读项目与内容见表 10-6。

表 10-6 道路平交与立交图的识读项目与内容

序号	项目	内 容
1	平面交叉工程设计图及其识读	(1) 平面交叉工程数量表。该表列出了除交通工程及沿线设施以外、在平面交叉区内(包括交叉区内主线)的所有工程量及材料数量等。 (2) 平面交叉布置图。该图绘出了地形、地物、主线、被交叉公路或铁路、交通岛等；注明了交叉点桩号及交角，水准点位置、编号及高程，管线及排水设施的位置等。 (3) 平面交叉设计图。该图绘出了环形和渠化交叉的平面、纵断面和横断面及标高数据图等。对该部分图表的阅读主要是结合平面交叉布置图和设计图核定其工程数量表中的数量
2	互通式立体交叉设计图及其读图	(1) 互通式立体交叉平面图。该图类似于道路平面图，绘出了被交叉公路、匝道、变速车道、跨线桥及其交角、互通式立体交叉区综合排水系统等。 (2) 互通式立体交叉线位图。该图绘出了坐标网格并标注了坐标，示出了主线、被交叉公路及匝道(包括变速车道)中心线、桩号(千米桩、百米桩、平曲线主要桩位)、平曲线要素等，列出了交点、平曲线控制点坐标。 (3) 互通式立体交叉纵断面图。该图类似于道路纵断面图，示出了主线、被交叉公路、匝道的纵断面。

续表

序号	项目	内　容
2	互通式立体交叉设计图及其读图	(4) 匝道连接部设计图和匝道连接部标高数据图。匝道连接部设计图示出了互通式立体交叉简图及连接部位置，绘有匝道与主线、匝道与被交道路、匝道与收费站、匝道与匝道等连接部分的设计图(包括中心线、行车道、路缘带、路肩、鼻端边线、未绘地形)，并示出了桩号、各部尺寸、缘石平面图和断面图等。 匝道连接部标高数据图示出了互通式立体交叉简图及连接部位，绘出了连接细部平面(包括中心线、中央分隔带、路缘带、行车道、硬路肩、土路肩、鼻端边线、未绘地形)，并示出了各断面桩号、路拱横坡和断面中心线以及各部分宽度。 (5) 互通式立体交叉区内路基、路面及排水设计图表。该部分图表包括路基标准横断面图、路基横断面设计图、路面结构图、排水工程设计图、防护工程设计图等，并附有相应的表格。 (6) 主线及匝道跨线桥桥型布置图表。 (7) 主线及跨线桥结构设计图表。 (8) 通道设计图表、涵洞设计图表。 (9) 管线设计图。管线设计图示出了管线的布置(包括平面位置、标高、形式、孔径等)，检查井的布置、结构形式等。 (10) 附属设施设计图。该部分设计图示出了立体交叉范围内的其他各项工程，如挡土墙、交通工程、沿线设施预埋管道、阶梯、绿化等工程的位置、形式、结构、尺寸、采用的材料、工程数量等方面的内容。 互通式立体交叉设计图包含的图纸内容较多，既有道路方面的，又有桥涵结构方面的，还有防护、排水等方面的。在读图时，要系统地阅读，将各部分图纸的有机联系、相互之间的关系弄清楚，特别要注意核定其位置关系、构造关系、尺寸关系的正确性及其施工方面的协调性、施工方法的可行性等
3	分离式立体交叉设计图及其阅读	(1) 分离式立体交叉平面图。该图包括桥梁两端的全部引道在内，示出了主线、被交叉公路或铁路、跨线桥及其交角、里程桩号、平曲线要素、护栏、防护网、管道及排水设施位置等。 (2) 分离式立体交叉纵断面图。该图与路线纵断面图类似，有时该图与平面图合并绘制在一幅图面上。 (3) 被交叉公路横断面图和路基、路面设计图。该图示出了被交叉公路的标准横断面图、路基各横断面图、路面结构设计图等。 (4) 分离式立体交叉桥的桥型布置图。该图示出了分离式立体交叉桥的桥型布置，图中示出了设计的桥梁的结构形式，桥的平面、纵断面(立面)、横断面，墩台设计情况、地质情况、里程桩号、设计高程，路线的平曲线、竖曲线设计要素等。 (5) 分离式立体交叉桥结构设计图。该图示出了桥的上部结构、下部结构、基础等各部分结构的细部构造、尺寸、所用材料以及对施工方法、施工工艺方面的要求等。 (6) 其他构造物设计图。若被交叉公路内有挡土墙、涵洞、管线等其他构造物，则在该图中示出。 由于分离式立体交叉设计图包含的图册较多，涉及的工程内容包括道路、桥梁、涵洞、支挡结构等，因此，应系统地阅读，将各部分图纸之间的关系、相互之间的联系弄清楚，特别是与造价编制有关的内容，如工程数量、所用材料及数量、施工方法、技术措施等

第二节 桥涵施工图

一、桥梁施工图的图示内容

一座桥梁的图纸应将桥梁的位置、整体形状、大小及各部分的结构、构造、施工方法和所用材料等详细、准确地表示出来。桥梁施工图一般包括桥位平面图、桥位地质断面图、桥梁总体布置图、构件结构图和大样图等。

1. 桥位平面图

桥位平面图主要表示道路通过江河时建造桥梁的平面位置，一般表达在道路路线平面图上，采用小比例(如 1∶500、1∶1 000、1∶2 000 等)绘制，在该平面图上用图例 表示桥梁。

桥位平面图中的植被、水准符号等均应以正北方为准，而图中文字方向则可按路线要求及总图标方向来确定。

2. 桥位地质断面图

桥位地质断面图是根据水文调查和地质钻探所得资料绘制的，它包括河床断面图、最高最低水位线和常年水位线。桥位地质断面图和桥位平面图是桥梁设计和计算土石方量的重要依据。

为了显示地质和河床深度情况，桥位地质断面图特意把地形高度(标高)的比例较水平方向的比例放大数倍画出。如图 10-11 所示，地形高度的比例采用 1∶200，水平方向的比例采用 1∶50，图中还画出了 CK_1、CK_2、CK_3 三个钻孔的位置，并在图下方列出了钻孔的有关数据资料。

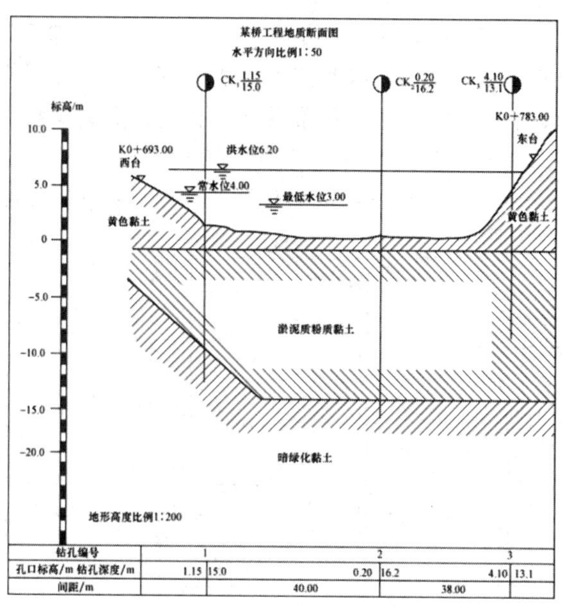

图 10-11 桥位地质断面图

3. 桥梁总体布置图

桥梁总体布置图用来表达桥梁上部结构、下部结构和附属构件的组成情况，主要表达桥梁的结构形式、路径、起始里程桩号、总体尺寸、设计高程、设计线、主要部位的标高，同时还表示了各构件的相对位置关系以及有关说明，作为进一步设计时计算桥梁、桥墩、桥台、基础数据和施工时确定桥墩、桥台位置，安装构件控制标高的重要依据。

桥梁总体布置图由立面图、平面图和剖面图组成。图 10-12 所示为梁式桥梁总体布置图。

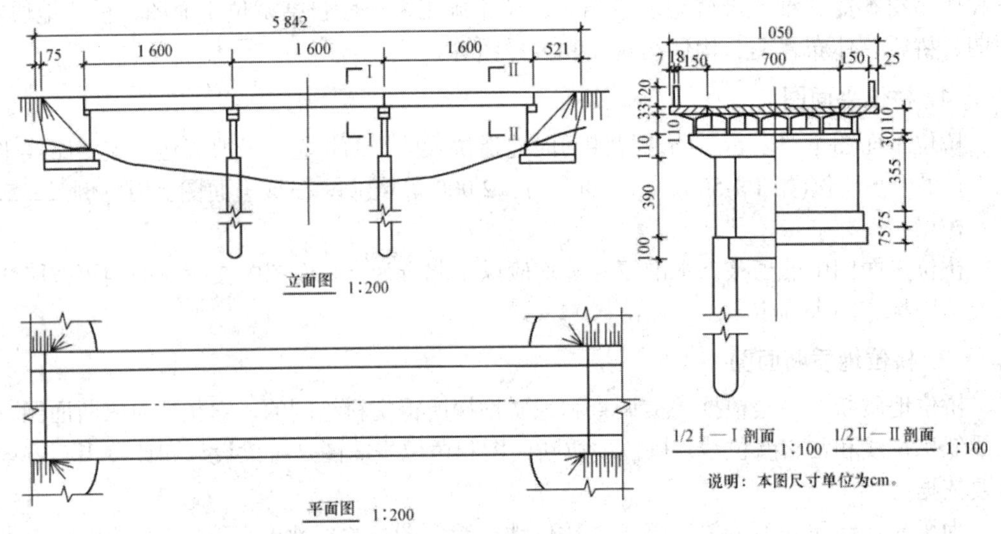

图 10-12　梁式桥梁总体布置图

4. 构件结构图和大样图

在桥梁总体布置图中，由于采用的比例较小，桥梁的各部分构件没有详细、完整地表达出来，因此，还必须采用较大比例画出桥型结构图，把构件(通常指桥墩、桥台、主梁配筋等)的形状、大小完整地表达出来，以此作为施工的依据。这种图称为构件结构图或构件图，也称为详图，一般每一个构件都由立面图、平面图、剖面图和断面图等组成。常用比例为 1∶10～1∶50，当需要局部放大时，可用比例 1∶3～1∶10。

图 10-13 为钢桁加劲梁一般构造图的一部分，表达了钢桁架杆件的截面图及尺寸。

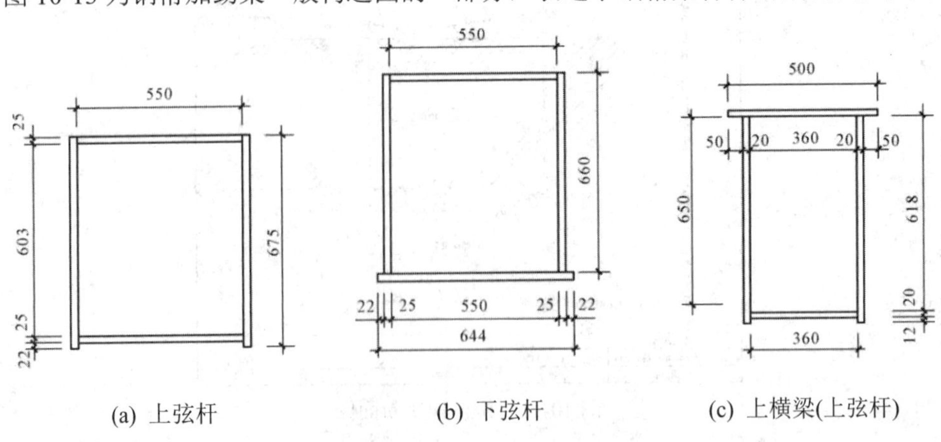

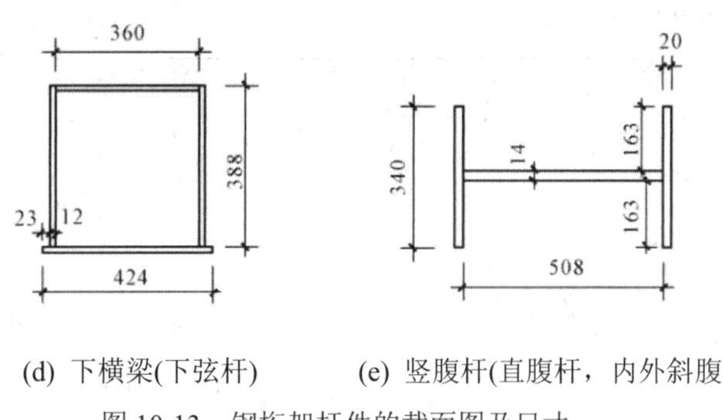

(d) 下横梁(下弦杆)　　　(e) 竖腹杆(直腹杆，内外斜腹杆)

图 10-13　钢桁架杆件的截面图及尺寸

二、涵洞工程图的图示内容

涵洞是公路工程中宣泄少量水流的构造物，按其构造形式可分为圆管涵、盖板涵、拱涵；按其断面形状可分为圆形涵、拱形涵、矩形涵等。当选定涵洞形式和断面形状后，它的工程图是比较简单的，按照进水洞口、管身、出水洞口和基础等组成部分绘制。

涵洞工程图主要表达涵洞的内部构造，所以通常用纵剖面图来代替立面图。纵剖面图是沿涵洞的中心线位置纵向剖切的，凡是剖到的部分，如截水墙、涵底、拱顶、防水层、端墙帽、路基等都应按规定的剖视图绘制，并画出相应的材料图例；能看到的各部分，如翼墙、端墙、涵台、基础等，也应画出它们的位置。若进水洞口和出水洞口的构造和形式基本相同，整个涵洞是左右对称的，则纵剖面图可只画出一半。

管涵一般构造图已将涵洞平面、纵剖面、端立面、横断面表达清楚，如图 10-14 所示。若注明相关尺寸，则可作为设计图样。

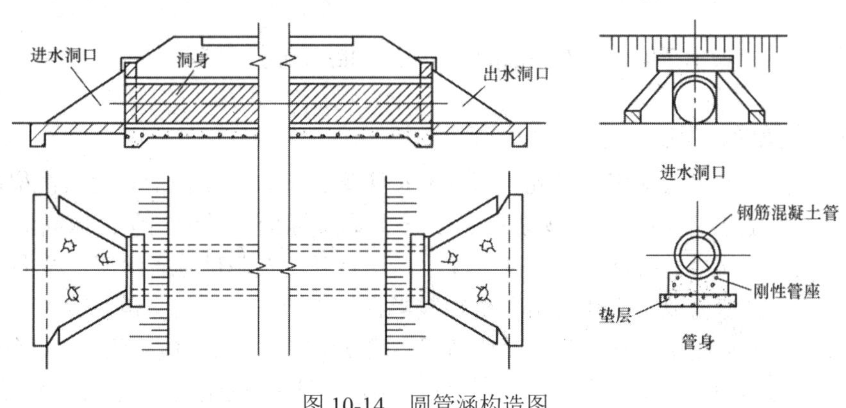

图 10-14　圆管涵构造图

三、桥涵施工图的识读

1. 桥位平面图的识读

特大、大桥及复杂中桥有桥位平面图，该图示出了地形，桥梁位置、里程桩号、直线或平曲线要素，桥长、桥宽，墩台形式、位置和尺寸，锥坡、调治构造物布置等。通过该图的阅读，应对该桥有一个总体概念。

下面以图 10-15 所示的桥位平面图为例，介绍阅读桥位平面图的方法。

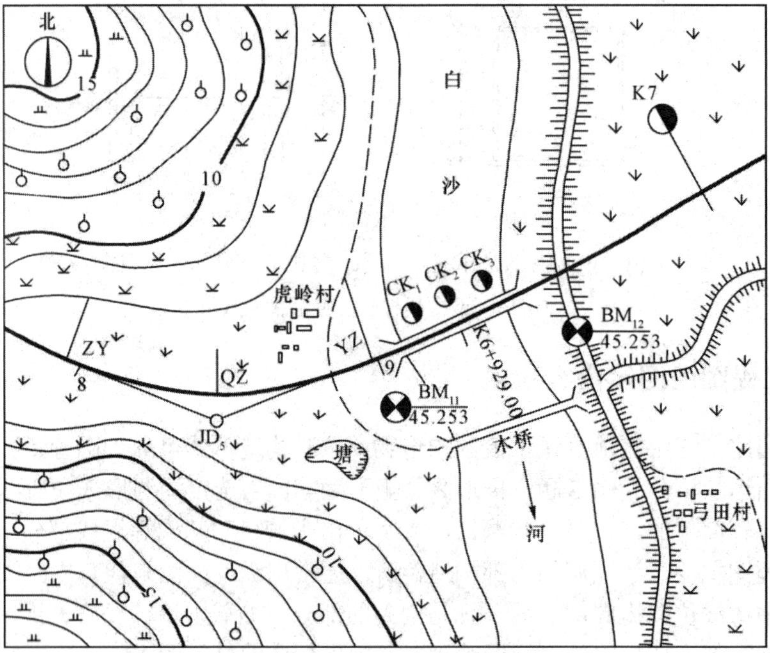

图 10-15　桥位平面图

图 10-15 显示了桥梁所在的平面位置与路线连接情况，以及地图上桥位所处的道路、河流、水准基点、地质钻孔等。图上符号含义如下：CK_1、CK_2表示桥台、桥墩地质钻孔编号；K7为里程标，图上表示 7 km；$\frac{BM_{11}}{45.253}$的分子为水准点编号，分母为高程。

2. 桥型布置图的识读

由于桥梁的结构形式很多，因此，通常要按照设计所取的结构形式绘出桥型布置图。该图在一张图纸上绘有桥的立面(或纵断面)、平面和横断面，并示出了河床断面、地质分界线、钻孔位置及编号、特征水位、冲刷深度、墩台高度及基础埋置深度、桥面纵坡以及各部尺寸和高程。弯桥或斜桥还示出了桥轴线半径、水流方向和斜交角；特大、大桥在该图的下部各栏中还列出了里程桩号、设计高程、坡度、坡长、竖曲线要素、平曲线要素等。在桥型布置图的读图和熟悉过程中，要重点读懂和弄清桥梁的结构形式、组成、结构细部组成情况、工程量的计算情况等。

3. 桥梁细部结构设计图的识读

在桥梁上部结构、下部结构、基础及桥面系等细部结构设计图中，详细绘出了各细部结构的组成、构造并标示了尺寸等。如果采用标准图作为细部结构的设计图，则图册中可能对其细部结构没有一一绘制，但在桥型布置图中一定会注明标准图的名称及编号。在阅读和熟悉这部分图纸时，应重点读懂并弄清其结构的细部组成、构造、结构尺寸和工程量，复核各相关图纸之间细部组成、构造、结构尺寸和工程量的一致性。

4. 小桥、涵洞设计图的识读

小桥、涵洞的设计图册中，通常有布置图、结构设计图和小桥、涵洞工程数量表、过水路面设计图和工程数量表等。

小桥布置图绘出了立面(或纵断面)、平面、横断面、河床断面，标明了水位、地质概况、各部尺寸、高程和里程等。

涵洞布置图绘出了设计涵洞处原地面线及涵洞纵向布置，斜涵还绘制了平面和进出口的立面情况、地基土质情况、各部尺寸和高程等。

对结构设计图，采用标准图的，则可能未绘制结构设计图，但在平面布置图中应注明标准图的名称及编号；进行特殊设计的，则应绘制结构设计图；对交通工程及沿线设施所需要的预埋件、预留孔及其位置等，在结构设计图中也应予以标明。

图册中应列有小桥或涵洞的工程数量表，在表中列有小桥或涵洞的中心桩号、交角(若为斜交)、孔数和孔径、桥长或涵长、结构类型，涵洞的进出口形式，小桥的墩台、基础形式，工程及材料数量等。

设计有过水路面的，则在设计图册中应有过水路面设计图和工程数量表。在过水路面设计图中，绘制立面(或纵断面)、平面、横断面设计图；在工程数量表中，列出起讫桩号、长度、宽度、结构类型、说明、采用的标准图编号、工程及材料数量等。

【本章小结】

本章主要介绍了道路施工图的一般规定、组成、图示内容、识读，桥涵施工图的图示内容，涵洞工程图的图示内容，桥涵施工图的识读等内容。通过本章的学习，可以对道路桥涵施工图有一定的认识，能熟练应用、绘制道路桥涵施工图。

【课后练习】

1. 什么是道路施工图?
2. 道路路线平面图的绘制要点有哪些？
3. 什么是路基横断面图？图中标明了哪些内容？
4. 什么是桥梁总体布置图？
5. 简述桥梁细部结构设计图的识读。

参考文献

[1] 中华人民共和国住房和城乡建设部. GB/T 50001—2017 房屋建筑制图统一标准[S]. 北京：中国建筑工业出版社，2017.

[2] 中华人民共和国住房和城乡建设部，中华人民共和国国家质量监督检验检疫总局. GB/T 50104—2010 建筑制图标准[S]. 北京：中国建筑工业出版社，2011.

[3] 中华人民共和国住房和城乡建设部，中华人民共和国国家质量监督检验检疫总局. GB/T 50105—2010 建筑结构制图标准[S]. 北京：中国建筑工业出版社，2011.

[4] 中华人民共和国住房和城乡建设部. 混凝土结构施工图平面整体表示方法制图规则和构造详图(现浇混凝土框架、剪力墙、梁、板). 16G101-1 平面整体表示方法制图规则和构造详图[S]. 北京：中国计划出版社，2016.

[5] 郭春燕. 建筑制图[M]. 北京：北京理工大学出版社，2011.

[6] 鲍凤英. 怎样识读建筑施工图[M]. 北京：金盾出版社，2011.

[7] 莫章金，毛家华. 建筑工程制图与识图[M]. 北京：高等教育出版社，2013.

[8] 陈倩华，王晓燕. 土木建筑工程制图[M]. 北京：清华大学出版社，2011.

[9] 张士芬. 建筑制图[M]. 2 版. 重庆：重庆大学出版社，2011.

[10] 何铭新. 建筑工程制图[M]. 4 版. 北京：高等教育出版社，2010.

[11] 侯献语，王旭东. 土木工程制图与识图[M]. 北京：中国电力出版社，2016.

[12] 张会平. 土木工程制图[M]. 2 版. 北京：北京大学出版社，2014.